Karl Kuhlemann
Nonstandard-Analysis

Weitere empfehlenswerte Titel

Philosophie der Mathematik
Thomas Bedürftig, Roman Murawski, 2019
ISBN 978-3-11-054519-7, e-ISBN (PDF) 978-3-11-054698-9,
e-ISBN (EPUB) 978-3-11-054536-4

Können Hunde rechnen?
Norbert Herrmann, 2021
ISBN 978-3-11-073836-0, e-ISBN (PDF) 978-3-11-073395-2,
e-ISBN (EPUB) 978-3-11-073398-3

Analysis
Walter Rudin, 2022
ISBN 978-3-11-075042-3, e-ISBN (PDF) 978-3-11-075043-0,
e-ISBN (EPUB) 978-3-11-075049-2

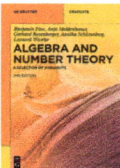

Algebra and Number Theory. A Selection of Highlights
Benjamin Fine, Anja Moldenhauer, Gerhard Rosenberger,
Annika Schürenberg, Leonard Wienke, 2023
ISBN 978-3-11-078998-0, e-ISBN (PDF) 978-3-11-079028-3,
e-ISBN (EPUB) 978-3-11-079039-9

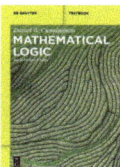

Mathematical Logic. An Introduction
Daniel Cunningham, 2023
ISBN 978-3-11-078201-1, e-ISBN (PDF) 978-3-11-078207-3,
e-ISBN (EPUB) 978-3-11-078219-6

Karl Kuhlemann

Nonstandard-Analysis

In der Hochschul-Didaktik, Logik und Philosophie

DE GRUYTER

Mathematics Subject Classification 2020
26E35, 97I10, 00A30

Autor
Dr. Karl Kuhlemann
Altenberge
Deutschland
kus.kuhlemann@t-online.de

ISBN 978-3-11-122425-1
e-ISBN (PDF) 978-3-11-122902-7
e-ISBN (EPUB) 978-3-11-123021-4

Library of Congress Control Number: 2023942996

Bibliografische Information der Deutschen Nationalbibliothek
Die Deutsche Nationalbibliothek verzeichnet diese Publikation in der Deutschen Nationalbibliografie;
detaillierte bibliografische Daten sind im Internet über
http://dnb.dnb.de abrufbar.

Coverabbildung: Eoneren / E+ / Getty Images
Satz: VTeX UAB, Lithuania
Druck und Bindung: CPI books GmbH, Leck

www.degruyter.com

In Liebe für meine Frau Susanne

Vorwort

Wie kann es infinitesimale reelle Zahlen geben? Wie kann es unendlich große natürliche Zahlen geben? Und wie kann man solche Zahlen für die Lehre der Analysis nutzen und gleichzeitig interessante Einblicke in die Grundlagen der Mathematik gewähren? Dieses Buch gibt Antworten auf diese Fragen und erläutert den theoretischen Rahmen, der sie ermöglicht. Es ist damit teils Lehrbuch, teils Monographie.

Der Lehrbuchteil (Kapitel 1 und 2) hält ein dem Grundstudium angemessenes Niveau ein und bietet sich daher als Grundlage für eine die Analysisvorlesungen ergänzende Lehrveranstaltung an. Der Monographieteil (Kapitel 3 bis 7) stellt die theoretischen Hintergründe ausführlicher dar und diskutiert sie in einem erweiterten Kontext unter den Aspekten der Hochschul-Didaktik, Logik und Philosophie.

Kapitel 1 beginnt mit einem einführenden Beispiel, gibt eine vorläufige Antwort auf die Frage, warum es sich lohnen könnte, sich mit Nonstandard-Analysis zu befassen, und wirft einen kritischen Blick auf die herkömmliche Lehre der Analysis.

Derzeit wird die Nonstandard-Analysis in der Hochschullehre kaum berücksichtigt. Wir argumentieren, dass die Nonstandard-Analysis nicht nur für die Lehre wertvoll ist, sondern auch für das Verständnis der Standard-Analysis und der Mathematik insgesamt. Ein axiomatischer Ansatz, der unterschiedliche Sprachebenen berücksichtigt (zum Beispiel bei der Unterscheidung zwischen Einsensummen und den natürlichen Zahlen der Theorie), führt in natürlicher Weise zu einer Nichtstandardtheorie. Zur Motivation können historische Ideen von Leibniz aufgegriffen werden. Kapitel 2 enthält ein ausgearbeitetes Konzept, das diesem Weg folgt.

Kapitel 3 stellt die wichtigsten Zugänge zur Nonstandard-Analysis vor. Wir gehen detailliert auf den Omega-Kalkül von Schmieden und Laugwitz, Robinsons modelltheoretischen Ansatz und Nelsons interne Mengenlehre ein. Andere axiomatische, mit der internen Mengenlehre verwandte Zugänge werden gröber skizziert, wobei der Schwerpunkt auf den jeweiligen Unterschieden liegt.

Kapitel 4 zeigt, wie die verschiedenen Zugänge in der elementaren Analysis verwendet werden können. Wir werfen einen Blick in gängige Analysislehrbücher, berichten über eine Umfrage unter Analysisdozenten und diskutieren verbreitete Bedenken gegenüber der Nonstandard-Analysis.

In Kapitel 5 untersuchen wir, in welcher Weise die Nonstandard-Analysis gewohnte Vorstellungen über Mathematik herausfordert. Insbesondere befassen wir uns hierbei mit dem Unendlichen, dem Kontinuum, der Mengenlehre und den natürlichen Zahlen.

In Kapitel 6 diskutieren wir logische, modelltheoretische und mengentheoretische Untersuchungen, um mögliche mathematische Gründe aufzuzeigen, die zu Vorbehalten gegenüber der Nonstandard-Analysis führen können. Auch verschiedene Grundlagenpositionen sowie ontologische, epistemologische und anwendungsbezogene Fragestellungen werden angesprochen.

Kapitel 7 fasst die wesentlichen Ergebnisse der vorangegangenen Kapitel zusammen und diskutiert mögliche Konsequenzen für die Lehre.

https://doi.org/10.1515/9783111229027-201

Insgesamt ist es das Ziel dieses Buches, zu zeigen, wie Nonstandard-Analysis Einführungskurse sinnvoll ergänzen und das Bewusstsein für die Grundlagen der Analysis und der Mathematik im Allgemeinen fördern kann. Dies könnte insbesondere für Studierende und Lehrende der Analysis interessant sein, aber auch für Anwender der Analysis, die sich für die Grundlagen dieses Fachs interessieren.

Ich bedanke mich bei Herrn Markus Haase (Christian-Albrechts-Universität zu Kiel) für seine hilfreichen Kommentare, speziell seine Anregungen zum Aufbau des Buches, sowie bei Herrn Thomas Bedürftig (Leibniz Universität Hannover) und Herrn Roman Murawski (Adam Mickiewicz Universität, Poznań), die mit wertvollen Hinweisen zum vorliegenden Ergebnis beigetragen haben. Ich danke dem De-Gruyter-Verlag für die Gelegenheit zur Veröffentlichung des Buches, insbesondere Frau Nadja Schedensack für die gute Betreuung während des Publikationsprozesses.

Altenberge, im Juli 2023 Karl Kuhlemann

Inhalt

Abbildungsverzeichnis

https://doi.org/10.1515/9783111229027-202

Tabellenverzeichnis

https://doi.org/10.1515/9783111229027-203

1 Einleitung

1.1 Ein Beispiel zur Einstimmung

Eine einfache Aufgabe aus der Analysis 1 lautet: Bestimmen Sie den Grenzwert der unendlichen geometrischen Reihe

$$q^0 + q^1 + q^2 + q^3 + \cdots,$$

wobei q eine beliebige reelle Zahl mit $|q| < 1$ ist.

Der erste wichtige Schritt zur Lösung ist die Erkenntnis, dass für die Partialsummen der Reihe gilt:

$$q^0 + q^1 + q^2 + q^3 + \cdots + q^n = \frac{1 - q^{n+1}}{1 - q}. \tag{1.1}$$

Im klassischen Beweis geht es dann so weiter, dass man mit zuvor bewiesenen Sätzen über Folgengrenzwerte (letztlich also mit einer ε-Argumentation) zeigt, dass (q^{n+1}) eine Nullfolge ist und $(\frac{1-q^{n+1}}{1-q})$ daher den Grenzwert $\frac{1}{1-q}$ hat.

Was halten Sie dagegen von folgendem Beweis? Wir summieren in (1.1) bis zu einem unendlich großen Index n und ignorieren im Ergebnis etwaige unendlich kleine Anteile. Da mit n auch $n + 1$ unendlich groß und daher q^{n+1} unendlich klein ist, führt dies ebenfalls auf den Grenzwert $\frac{1}{1-q}$. Das wäre ein Beweis im Stile von Johann Bernoulli oder Leonhard Euler. In einer heutigen Analysisklausur würde ein solcher Beweis allerdings wohl kaum akzeptiert werden, denn es stellen sich doch einige Fragen:

1. Was sollen unendlich große und unendlich kleine Zahlen in diesem Zusammenhang sein?
2. Was soll q^k für ein unendlich großes k bedeuten, eine unendlichfache Multiplikation von q mit sich selbst?
3. Was soll eine Summierung bis zu einem unendlich großen Index n bedeuten?
4. Gilt die Formel (1.1) auch für ein unendlich großes n?

Auf die erste Frage geben wir vorläufig folgende Antwort: Eine reelle Zahl soll unendlich groß heißen, wenn sie größer als jede in der gewöhnlichen Analysis definierbare reelle Zahl ist, insbesondere also größer als jede Einsensumme $1 + \cdots + 1$. Unendlich kleine Zahlen sind Kehrwerte unendlich großer Zahlen.

Die weiteren Fragen stellen wir für einen Moment zurück und werfen stattdessen – der Fairness halber – auch zum klassischen Beweis eine Frage auf: Aus welcher Menge dürfen wir die Werte für n in (1.1) nehmen? Die Antwort scheint klar: aus der Menge $\mathbb{N}_0 := \mathbb{N} \cup \{0\}$. Aber wie wird die Menge $\mathbb{N}$ in der Analysis definiert? Die „naive Definition" $\mathbb{N} := \{1, 2, 3, \ldots\}$ scheidet dabei aus, denn sie ist ja gar keine Definition. Möglich und in zahlreichen Lehrbüchern zu finden ist die Definition von $\mathbb{N}$ als Schnittmenge aller induktiven Teilmengen von $\mathbb{R}$ (siehe Abschnitt 1.3.2).

https://doi.org/10.1515/9783111229027-001

Diese Definition schließt allerdings die Existenz unendlich großer natürlicher Zahlen (im Sinne unserer vorläufigen Definition) keineswegs aus. Der tiefere Grund für diese zunächst wohl überraschende Feststellung ist, dass man die naiven natürlichen Zahlen (mit denen man zum Beispiel die Anzahl der Einsen in einem Einsensummenterm zählt) unterscheiden muss von den natürlichen Zahlen einer mathematischen Theorie wie der Analysis oder der Mengenlehre.

Wenn aber die Existenz unendlich großer Zahlen in $\mathbb{N}_0$ nicht ausgeschlossen ist, dann muss man die oben gestellten Fragen 2 bis 4 ganz analog auch für die klassische Analysis stellen: Was soll q^k für ein allgemeines (möglicherweise unendlich großes) $k \in \mathbb{N}_0$ bedeuten? Was soll eine Summierung bis zu einem beliebigen (möglicherweise unendlich großen) Index $n \in \mathbb{N}_0$ bedeuten? Gilt die Formel (1.1) für beliebige (möglicherweise unendlich große) $n \in \mathbb{N}_0$?

Selbstverständlich hat die klassische Analysis hierauf Antworten, denn die Potenzen und Partialsummen in (1.1) sind streng genommen nicht durch Produktterme $q \cdots q$ bzw. Summenterme $q^0 + \cdots + q^n$, sondern *rekursiv* definiert, also durch $q^0 := 1$ und $q^{k+1} := q \cdot q^k$ bzw. $s_0 := q^0$ und $s_{n+1} := s_n + q^{n+1}$. Daher sind sie (nach dem Rekursionssatz) für *alle* $n \in \mathbb{N}_0$ definiert. Und die Formel (1.1) wird durch vollständige Induktion bewiesen und gilt daher (nach dem Satz der vollständigen Induktion) für *alle* $n \in \mathbb{N}_0$.

Nur: Der Rekursionssatz und der Satz der vollständigen Induktion gelten ganz unabhängig davon, ob es in $\mathbb{N}_0$ unendlich große Zahlen gibt oder nicht. Sie folgen schlicht aus der Definition von $\mathbb{N}_0$ und etwas Mengenlehre (die in der Analysis 1 allerdings in der Regel intuitiv und ohne explizite Angabe von Axiomen verwendet wird). Die Fragen 2 bis 4 werfen in Bezug auf unendlich große Zahlen also Scheinprobleme auf.

Um den an Bernoulli und Euler angelehnten Beweis zu rechtfertigen, bleibt die Frage, ob es unendlich große Zahlen in $\mathbb{N}_0$ gibt. Bei einer axiomatischen Vorgehensweise ist das eine Frage der *Vereinbarung*, und Vereinbarungen zu treffen, die zu unendlich großen Zahlen in $\mathbb{N}_0$ führen, ist nachweislich ohne zusätzliches Risiko möglich und nicht verwegener als die Vereinbarung, dass unendliche Mengen existieren, was heute mit dem Unendlichkeitsaxiom in ZFC (dem *Zermelo-Fraenkel'schen Axiomensystem mit Auswahlaxiom*) allgemein akzeptiert wird. Dies ergibt sich aus der Untersuchung von Nichtstandardtheorien wie der *internen Mengenlehre* von Edward Nelson und verwandter Theorien, die konservative Erweiterungen von ZFC sind.

In Kapitel 2 zeigen wir, wie eine vereinfachte Version einer solchen Nichtstandardtheorie in der elementaren Analysis zum Einsatz kommen kann. Zuvor arbeiten wir noch etwas genauer heraus, warum es sich lohnen könnte, sich mit Nonstandard-Analysis zu befassen (Abschnitt 1.2), und worin die im Eingangsbeispiel angedeutete Problematik bei konventionellen Analysiseinführungen besteht (Abschnitt 1.3).

1.2 Warum sollte man sich mit Nonstandard-Analysis befassen?

Die heutige Analysis ist aus der Infinitesimalrechnung von Leibniz und Newton hervorgegangen. Zwei Jahrhunderte lang gehörten Infinitesimalien, also unendlich kleine Größen, zum Handwerkszeug der Mathematiker und bescherten der neu entstandenen Disziplin einen außerordentlichen Aufschwung, bevor sie durch den Weierstraß'schen Grenzwertbegriff und die Konstruktion der reellen Zahlen durch Cantor und Dedekind entbehrlich geworden zu sein schienen und schließlich aus der Analysis verbannt wurden.

Ein knappes Jahrhundert später kehrten sie im Rahmen der *Nonstandard-Analysis* – jetzt streng modelltheoretisch begründet – in die Analysis zurück. Warum aber sollte man sich wieder mit Infinitesimalien befassen, wenn man sich ihrer zuvor erfolgreich entledigt hatte und die Analysis offenbar gut ohne sie auskommt?

Detlef Laugwitz hat die Frage „Was ist Infinitesimalmathematik und wozu betreibt man sie?" 1978 folgendermaßen beantwortet:

> Wozu also betreibt man irgendeine Mathematik? Ich sehe vor allem drei mögliche Rechtfertigungsgründe,
> 1.   den der Anwendung im weitesten Sinne, sei es in der Lösung von Problemen innerhalb und außerhalb der Mathematik, sei es durch die Neu- oder Weiterentwicklung von Methoden;
> 2.   den des Unterrichts, sei es durch Beiträge zu den Inhalten oder durch eine Verbesserung der Vermittlung;
> 3.   den der Reflexion auf die Mathematik selbst, seien es ihre Geschichte oder ihre Weiterentwicklung.
> ([124], S. 10.)

Die angeführten Rechtfertigungsgründe können im Prinzip bis heute Gültigkeit beanspruchen. Nonstandard-Analysis hat das Instrumentarium der Mathematik bereichert und Ergebnisse auf verschiedenen mathematischen und mathematisch geprägten Gebieten hervorgebracht, zum Beispiel in Topologie, Stochastik, Funktionalanalysis, aber auch in Mathematischer Physik oder Ökonomie (siehe Abschnitt 4.5.6). Sie kann Beweise einfacher und übersichtlicher machen, die Vermittlung von Grundbegriffen der Analysis unterstützen und zum Verständnis historischer Infinitesimalrechnung beitragen. Der Wert der Nonstandard-Analysis bemisst sich also in verschiedenen Dimensionen: mathematisch, didaktisch, historisch.

Gerade die historische Perspektive ist durchaus ungewohnt. Die Pionier- und Blütezeit der Analysis wird heute gerne so gesehen, dass begnadete Mathematiker unter Anwendung fragwürdiger Methoden zu tiefen und richtigen Ergebnissen gekommen sind, die nun im Rahmen der Standard-Analysis endlich streng begründet werden können, seien es der Hauptsatz, die Beschreibung der „Kettenlinie", Leibniz' Reihenentwicklung für π oder Eulers berühmte Gleichung $e^{i\pi} + 1 = 0$. Laugwitz hielt es jedoch für falsch, den Bezug zur Geschichte nur in dieser Weise zu sehen. Vielmehr verband er mit dem Studium der alten Schriften die Chance, Quellen aufzudecken, die durch die konventionelle Analysis teilweise verschüttet waren und die jetzt durch die Nonstandard-Analysis wieder befruchtend wirken können ([124], S. 13 f.). Er selbst hat hierfür zahlreiche Beispiele gegeben von Leibniz und Bernoulli über Euler bis Cauchy.[1]

Mathematik ist – wie jede andere Wissenschaft – dem historischen Wandel unterworfen. Ihre Methoden und Begriffe entwickeln sich. Das gilt auch für die Analysis. Während diese Feststellung auf die Vergangenheit bezogen selbstverständlich anmutet, wirkt sie im Hinblick auf die Zukunft fast befremdlich. Aus unserer heutigen Sicht erscheint uns die Analysis – zumindest was ihre Grundlagen angeht – mit dem Weierstraß'schen Grenzwertbegriff und der mengentheoretischen Konstruktion der reellen Zahlen zu einem befriedigenden Abschluss gekommen zu sein und alles Ringen um die heute etablierten Begriffe wie ein konsequentes Streben auf das erreichte Ziel hin. Aber die heutige Analysis muss weder als Ziel noch als Abschluss einer zwangsläufigen Entwicklung gesehen werden. Noch einmal Laugwitz:

> Für mich ist die Erweiterung des Verständnisses für die historische Entwicklung ein Hauptmotiv für die Beschäftigung mit Infinitesimalmethoden. Von einer systematischen und einigermaßen vollständigen Geschichtsschreibung sind wir noch weit entfernt. Viele Darstellungen gehen von einer finalistischen Auffassung aus: Die Entwicklung wird vom gegenwärtigen Stand aus gesehen, wobei dieser als Ziel der Geschichte erscheint. Nachdem wir jetzt mehrere Theorien zur Begründung der Analysis kennen, ist die Geschichtsschreibung – sogar die finalistisch orientierte – zu revidieren. Analoges gilt für die Beziehungen zwischen Zahlen und Kontinuum, nachdem die Identifikation des Kontinuums mit $\mathbb{R}$ wieder in Frage gestellt ist ([125], S. 254).

Eine aktuelle Kritik einer teleologischen Sicht auf die Entwicklung der Analysis findet man zum Beispiel in [11], Abschnitt 4.

Ob die Geschichte hätte anders verlaufen können, bleibt ein Stück weit Spekulation. Die tatsächliche Entwicklung hat zu dem geführt, was wir heute Standard-Analysis nennen. Welche Rolle kommt in dieser Situation der Nonstandard-Analysis zu? Ist sie lediglich eine logische Spielerei, eine eigentlich unnötige Unternehmung, um überkommene und überflüssig gewordene Ideen einer dunklen Epoche im Nachhinein mit einem seriösen Unterbau auszustatten? Oder ist sie vielmehr die Analysis der Zukunft? Im Vorwort zur zweiten Auflage von Robinsons Buch *Non-Standard Analysis* hat Kurt Gödel hierzu eindeutig Position bezogen:

> I would like to point out a fact that was not explicitly mentioned by Professor Robinson, but seems quite important to me; namely that non-standard analysis frequently simplifies substantially the proofs, not only of elementary theorems, but also of deep results. This is true, e. g., also for the proof of the existence of invariant subspaces for compact operators, disregarding the improvement of the result; and it is true in an even higher degree in other cases. This state of affairs should prevent a rather common misinterpretation of non-standard analysis, namely the idea that it is some kind of extravagance or fad of mathematical logicians. Nothing could be farther from the truth. Rather

---

1 Die Rolle der Infinitesimalien speziell in den Arbeiten von Leibniz und Cauchy ist unter Historikern bis heute umstritten. Siehe hierzu zum Beispiel [167, 10, 113, 4, 11, 12].

there are good reasons to believe that non-standard analysis, in some version or other, will be the analysis of the future.

One reason is the just mentioned simplification of proofs, since simplification facilitates discovery. Another, even more convincing reason, is the following: Arithmetic starts with the integers and proceeds by successively enlarging the number system by rational and negative numbers, irrational numbers, etc. But the next quite natural step after the reals, namely the introduction of infinitesimals, has simply been omitted. I think, in coming centuries it will be considered a great oddity in the history of mathematics that the first exact theory of infinitesimals was developed 300 years after invention of the differential calculus ([172], S. xvi).

Angesichts der eindeutigen Dominanz der Standard-Analysis, auch ein halbes Jahrhundert nach diesem Zitat, scheint Gödels Einschätzung sich nicht bewahrheitet zu haben. Andererseits ist ein halbes Jahrhundert nicht sehr viel im Verhältnis zur Geschichte der Analysis insgesamt. Auch die heutigen Grundbegriffe der Standard-Analysis, wie reelle Zahl, Funktion oder Menge, haben sich erst innerhalb mehrerer Jahrzehnte durchgesetzt. Und Gödel dachte sicher in längeren Zeiträumen, da er über die rückblickende Betrachtung „in coming centuries" spekulierte.

Im vorliegenden Buch soll die Frage nach dem Wert von Nichtstandardtheorien in der Analysis erneut gestellt werden, wobei didaktische und grundlagentheoretische Aspekte im Vordergrund stehen. Welche Zugänge zur Nonstandard-Analysis gibt es, und inwieweit sind sie für eine Analysiseinführung geeignet? Was denken Analysislehrende über den Einsatz von Nonstandard-Analysis in der Lehre? Welche Auswirkungen haben Nichtstandardtheorien auf das Selbstverständnis der Mathematik? Gerade die axiomatischen Zugänge und neueren modelltheoretischen Ergebnisse geben Anlass, gewohnte Vorstellungen über Standard- und Nichtstandardmathematik kritisch zu hinterfragen. Ebenso werden wir der Frage nachgehen, ob aus bestimmten philosophischen Grundlagenpositionen heraus eine Bevorzugung der Standardtheorie gegenüber den Nichtstandardtheorien ableitbar ist.

Doch beginnen wir mit einem Blick auf die Theorie der reellen Zahlen, wie sie in der Analysis üblicherweise gelehrt wird.

1.3 Die reellen Zahlen in konventionellen Analysiskursen

Die reellen Zahlen können über den rationalen Zahlen (mit mengentheoretischen Mitteln) auf unterschiedliche Weise konstruiert werden, zum Beispiel mittels Fundamentalfolgen oder Dedekind'scher Schnitte. Diese Arbeit wurde im Wesentlichen 1872 von Cantor und Dedekind geleistet ([44, 55]). Dieses Jahr kann daher als Geburtsjahr der reellen Zahlen gelten. Eine weitere Konstruktionsmöglichkeit nutzt Intervallschachtelungen ([9]). Axiomatische Beschreibungen der reellen Zahlen gehen auf Hilbert ([96]) und Tarski ([204]) zurück.

Insgesamt kann das Zahlensystem (über die Zwischenstufen $\mathbb{N}_0$, $\mathbb{Z}$, $\mathbb{Q}$, $\mathbb{R}$, $\mathbb{C}$) in der reinen Mengenlehre ZFC (sogar bereits in Z^0) aufgebaut werden ([61], S. 82–84).[2] $\mathbb{N}_0$ wird dabei mit der kleinsten transfiniten Ordinalzahl ω identifiziert (siehe Abschnitt 5.2.2). Alle vollständig angeordneten Körper sind auf eindeutige Weise isomorph zu $(\mathbb{R}, 0^\mathbb{R}, 1^\mathbb{R}, +^\mathbb{R}, \cdot^\mathbb{R}, <^\mathbb{R})$ ([145], S. 42).

1.3.1 Axiomatische Einführung

In Analysiskursen werden die reellen Zahlen zumeist axiomatisch eingeführt. Allerdings sind die reellen Zahlen arithmetisch nicht in einer Sprache der Prädikatenlogik erster Stufe (die Quantifizierungen „für alle …" oder „es gibt …" nur über den reellen Zahlen zulässt) charakterisierbar. Axiomatisierungen auf der ersten Stufe, bei denen das mengentheoretisch formulierte Vollständigkeitsaxiom durch ein arithmetisch formuliertes Axiomenschema ersetzt wird (siehe zum Beispiel [25], S. 355 f.), lassen immer auch Nichtstandardmodelle zu. Es ist möglich, die reellen Zahlen in einer Sprache der zweiten Stufe (die auch Quantifizierungen über Relationen über $\mathbb{R}$ zulässt) zu charakterisieren, aber eine solche Sprache reicht nicht, wenn auch Objekte höherer Ordnung, wie Mengen von Teilmengen von $\mathbb{R}$ oder Mengen von Funktionen, betrachtet werden sollen. Üblich sind daher Axiomatisierungen unter Einbeziehung der Mengenlehre. Im Grunde handelt es sich dabei um Erweiterungen einer axiomatischen Mengenlehre, wobei die benutzten Mengenlehre-Axiome in den Analysis-Lehrbüchern in der Regel nicht explizit genannt werden.

Das in Deutschland weitverbreitete Lehrbuch von Otto Forster beginnt (nach einem einleitenden Paragraphen zur vollständigen Induktion) in § 2 mit den Worten

> Wir setzen in diesem Buch die reellen Zahlen als gegeben voraus. Um auf sicherem Boden zu stehen, werden wir in diesem und den folgenden Paragraphen einige Axiome formulieren, aus denen sich alle Eigenschaften und Gesetze der reellen Zahlen ableiten lassen ([72], S. 17).

Anschließend werden zunächst die Körperaxiome und die Anordnungsaxiome vorgestellt, die noch rein arithmetisch (also ohne Mengenvokabular) formulierbar sind. Beim archimedischen Axiom und bei den Definitionen von reellen Zahlenfolgen, Konvergenz und Vollständigkeit (mittels Cauchy-Folgen) tritt dann die Menge $\mathbb{N}$ der natürlichen Zahlen in Erscheinung, wobei die Unterscheidung zwischen Metasprache und Objektsprache relevant wird (siehe Abschnitt 5.4.5), denn die naheliegende „Definition" von $\mathbb{N}$ als Menge aller Einsensummen $1 + \cdots + 1$ ist in der Objektsprache nicht möglich, da sie ei-

---

2 Z^0 enthält die folgenden Axiome: Extensionalitäts-, Aussonderungs-, Paarmengen-, Vereinigungsmengen-, Potenzmengen- und Unendlichkeitsaxiom. Z enthält zusätzlich das Fundierungsaxiom, ZF darüber hinaus noch das Ersetzungsaxiom (Paar- und Aussonderungsaxiom sind dann überflüssig). In ZFC kommt noch das Auswahlaxiom hinzu. Zur Formulierung der genannten Axiome siehe Abschnitt 2.4.

nen Rückgriff auf metasprachliche Begriffe beinhaltet. Andererseits darf das Symbol $\mathbb{N}$ erst dann zur Formulierung von Axiomen, Definitionen und Sätzen der Analysis benutzt werden, *wenn* es in der Objektsprache definiert worden ist.[3]

Auch wenn man die Vollständigkeit von $\mathbb{R}$ durch das Supremumsaxiom oder das Dedekind'sche Schnittaxiom (und damit ohne $\mathbb{N}$) ausdrückt, braucht man die Menge $\mathbb{N}$ spätestens bei der Grenzwertdefinition. Heuser schreibt:

> Unser Programm, die gesamte Analysis aus dem System der Axiome (A1) bis (A9) [Körperaxiome, Anordnungsaxiome, Schnittaxiom] zu gewinnen, hat die befremdliche Konsequenz, *daß wir beim gegenwärtigen Stand der Dinge nicht wissen* (jedenfalls vorgeben müssen, nicht zu wissen), *was die natürlichen Zahlen sind* [...] ([92], S. 48, Hervorhebung im Original).

Genauer bedeutet dies, dass wir aufgrund der vereinbarten Axiome zunächst nicht wissen, was die *objektsprachlichen* natürlichen Zahlen, also die natürlichen Zahlen, die wir in unserer Theorie verwenden wollen, sind – zumindest nicht, was sie in ihrer *Gesamtheit* sind. Was wir haben, sind die naiven, *metasprachlichen* natürlichen Zahlen, mit denen wir durch Einsensummenterme jeweiliger Länge entsprechende objektsprachliche Zahlen definieren können, zum Beispiel $2 := 1 + 1, 3 := 1 + 1 + 1$ und so weiter. Was wir damit noch nicht haben, ist die *Menge* $\mathbb{N}$.

1.3.2 Die natürlichen Zahlen

Ein korrekter Weg, um die Menge der (objektsprachlichen) natürlichen Zahlen als Teilmenge von $\mathbb{R}$ (oder analog als Teilmenge eines beliebigen angeordneten Körpers K) zu gewinnen, ist folgender:

1. Man nenne eine Menge $M \subseteq \mathbb{R}$ *induktiv*, wenn $1 \in M$ ist und wenn mit jedem $x \in M$ auch $x + 1 \in M$ ist.[4]
2. Man definiere $\mathbb{N}$ als den Durchschnitt aller induktiven Teilmengen von $\mathbb{R}$.

Die Definition ist möglich, da es induktive Teilmengen von $\mathbb{R}$ gibt (zum Beispiel $\mathbb{R}$ selbst) und da der Durchschnitt induktiver Mengen wieder induktiv ist. Voraussetzung sind Mengenaxiome, die diese Schlüsse zulassen (hier insbesondere das Potenzmengenaxiom und das Schema der Aussonderungsaxiome).

---

[3] Wenn man $\mathbb{N}$ als eigenes Konstantensymbol in die ursprüngliche Symbolmenge aufnähme (oder alternativ ein einstelliges Relationssymbol für das Prädikat „ist eine natürliche Zahl"), liefe es auf das Gleiche hinaus, denn man müsste das Axiomensystem dann um entsprechende definierende Axiome für die neue Konstante bzw. das neue Prädikat ergänzen.

[4] Je nachdem, ob 0 zu $\mathbb{N}$ gehören soll oder nicht, wird entweder $0 \in M$ oder $1 \in M$ für induktive Mengen M verlangt. In [145] und [72] ist zum Beispiel $0 \in \mathbb{N}$, in [27] und [92] dagegen $0 \notin \mathbb{N}$. Entsprechend unterscheiden sich die Definitionen induktiver Teilmengen von $\mathbb{R}$ bzw. die Definitionen von $\mathbb{N}$. In diesem Buch vereinbaren wir $0 \notin \mathbb{N}$ und $\mathbb{N}_0 := \mathbb{N} \cup \{0\}$.

Die Menge $\mathbb{N}$ ist nach Definition die (im Sinne der Mengeninklusion) kleinste induktive Teilmenge von $\mathbb{R}$, das heißt, für jedes induktive $M \subseteq \mathbb{R}$ gilt $\mathbb{N} \subseteq M$. Eine unmittelbare Folgerung ist der Satz der vollständigen Induktion: Jede induktive Teilmenge von $\mathbb{N}$ ist mit $\mathbb{N}$ identisch. Daraus ergibt sich als wichtige Konsequenz das *Wohlordnungsprinzip* für $\mathbb{N}$: Jede nicht leere Teilmenge von $\mathbb{N}$ enthält ein kleinstes Element (siehe Abschnitt 2.5.6).

Auch Forster definiert die Menge der natürlichen Zahlen in $\mathbb{R}$ als kleinste induktive Teilmenge von $\mathbb{R}$ und bezeichnet sie vorübergehend mit $\mathcal{N}$.[5] Dass diese Menge die ‚richtigen' ([72], S. 28) natürlichen Zahlen enthält (und die Bezeichnung $\mathbb{N}$ damit gerechtfertigt ist), begründet er damit, dass sie die (mengentheoretisch formulierten) Peano-Axiome erfüllt, welche die natürlichen Zahlen nach dem Satz von Dedekind charakterisieren (siehe Abschnitt 5.5.1). Zuvor schreibt er:

> $\mathcal{N}$ besteht also genau aus den Zahlen, die sich aus der 0 durch sukzessive Addition von 1 erhalten lassen ([72], S. 28).

Wie oben angemerkt, ist eine solche Formulierung insofern problematisch, als sie die Sprachebenen vermischt. Durch sukzessive Addition von 1 erhält man zwar zu jeder metasprachlichen natürlichen Zahl (die angibt, wie viele Einsen man addiert hat) eine objektsprachliche natürliche Zahl. Es ist aber in der Objektsprache nicht möglich, die Menge genau dieser Zahlen zu bilden. Daher ist nicht auszuschließen, dass die Menge $\mathbb{N}$ Zahlen enthält, die nicht durch Terme der Form $1 + \cdots + 1$ erreicht werden. Solche Zahlen wären mit Fug und Recht *unendlich groß* zu nennen. Dieses Phänomen werden wir in Abschnitt 5.5.2 genauer analysieren. Auch die Peano-Axiome verhindern nicht, dass es in $\mathbb{N}$ (und nach dem Satz von Dedekind damit in jeder Peano-Struktur) unendlich große Zahlen geben kann.

Hat man die Menge $\mathbb{N}$, wie oben beschrieben, in der Objektsprache zur Verfügung, kann man das archimedische Axiom wie bei Forster formulieren. Ebenso kann man Folgen, Cauchy-Folgen und die Konvergenz von Folgen definieren und das Vollständigkeitsaxiom wie bei Forster formulieren („Jede Cauchy-Folge konvergiert").

Statt des archimedischen Axioms und des mittels Cauchy-Folgen formulierten Vollständigkeitsaxioms wird in anderen Lehrbüchern das Supremumsaxiom (z. B. in [56, 84]) oder das Dedekind'sche Schnittaxiom (z. B. in [27, 92]) verwendet. Die archimedische Anordnung von $\mathbb{R}$ und die Konvergenz aller Cauchy-Folgen sind dann Folgerungen. Wird die Vollständigkeit über das Intervallschachtelungsaxiom definiert (wie z. B. in [122]), wird wieder zusätzlich das archimedische Axiom gebraucht. Bei jeder dieser Varianten der Axiomatisierung ist $\mathbb{N}$ als kleinste induktive Teilmenge von $\mathbb{R}$ zu definieren. Nicht alle Autoren machen sich (und ihren Lesern) diese Mühe. In [56] und [122] werden

---

5 In früheren Ausgaben definiert Forster die positiven natürlichen Zahlen als endliche Einsensummen, vermischt also die Sprachebenen (vgl. zum Beispiel [71], S. 15).

einfach die naiv eingeführten natürlichen Zahlen ($\mathbb{N} = \{1, 2, 3, \ldots\}$) in $\mathbb{R}$ weiterverwendet.

Behrends gibt zunächst eine „unkritische" ([27], S. 37) Definition von $\mathbb{N}$ (innerhalb eines angeordneten Körpers K) an:

> Unter den natürlichen Zahlen in K verstehen wir die Gesamtheit derjenigen Elemente, die sich als endliche Summe von Einsen schreiben lassen, also $1, 1+1, 1+1+1$, usw.; üblicherweise schreibt man $2 := 1+1, 3 := 1+1+1, \ldots$ Wir werden hier das Zeichen $\mathbb{N}$ für die Menge der natürlichen Zahlen in K verwenden ([27], S. 37).

Anschließend räumt er ein, dass diese Definition nicht zum Weiterarbeiten tauge, weil nicht klar sei, was „endliche Summe" oder „usw." bedeuten solle, und führt den Leser zur „kritischen" ([27], S. 38) Definition $\mathbb{N} := \bigcap \mathcal{M}$ ($\mathcal{M}$ das System der induktiven Teilmengen von K). Allerdings erliegt er direkt danach der Versuchung, die natürlichen Zahlen mit den Einsensummen gleichzusetzen, wenn er schreibt:

> Es ist plausibel, dass dieses $\mathbb{N}$ gerade die Zahlen $1, 1+1$, usw. enthalten muss:
> - 1 muss zu $\mathbb{N}$ gehören, da 1 in allen induktiven Mengen liegt, ebenso $1+1, 1+1+1, \ldots$
> - Andere Elemente als $1, 1+1, 1+1+1, \ldots$ können nicht in $\mathbb{N}$ liegen. Die 0 z. B. deswegen nicht, weil $\{x \mid x \in K, x > 0\}$ eine induktive Menge ist, die 0 nicht enthält ([27], S. 38).

Ähnliches findet man bei Heuser (der die Menge der natürlichen Zahlen mit **N** bezeichnet). **N** wird als Schnittmenge aller induktiven Teilmengen des angeordneten Körpers K definiert. Im Kapitel „Folgerungen aus dem Schnittaxiom" steht dann:

> Wir werden sehen [...], daß die vertraute Vorstellung von der nach oben unbeschränkten Menge **N** tatsächlich zutrifft; der Beweis hierfür kann jedoch das Schnittaxiom nicht entbehren, mit anderen Worten: Er kann nicht mit alleiniger Benutzung der Körper- und Ordnungsaxiome erbracht werden (es gibt „nichtarchimedisch" angeordnete Körper, deren „natürliche Zahlen" – die n-gliedrigen Summen $1 + 1 + \cdots + 1$, 1 das Einselement des Körpers – alle unter einem festen Körperelement liegen; [...]) ([92], S. 71.)

Zwar ist richtig, dass die Menge der natürlichen Zahlen in der Menge der reellen Zahlen nach oben unbeschränkt ist und dass es nichtarchimedisch angeordnete Körper gibt, aber die natürlichen Zahlen dürfen nicht mit den n-gliedrigen Summen $1 + 1 + \cdots + 1$ identifiziert werden, da n hier eine metasprachliche natürliche Zahl ist.

1.3.3 Vollständige Induktion und rekursive Definitionen

Forster behandelt das „Beweisprinzip der vollständigen Induktion" in § 1, also *vor* – und damit *außerhalb* – der axiomatischen Einführung der reellen Zahlen. Er schreibt, die Wirkungsweise dieses Beweisprinzips sei leicht einzusehen, da man (wenn der Induktionsanfang $A(n_0)$ und der Induktionsschritt $A(n) \Rightarrow A(n+1)$ für beliebiges $n \geq n_0$ gezeigt sind) durch wiederholte Anwendung des Induktionsschrittes auf $A(n_0 + 1)$, $A(n_0 + 2)$,

$A(n_0 + 3)$ und so weiter schließen könne. Diese Argumentation trägt allerdings nur *potentiell* unendlich weit und eignet sich für metasprachliche Induktionen, sie berechtigt nicht zum Schluss auf $A(n)$ für *alle* $n \in \mathbb{N}$, also nicht zur *vollständigen* Induktion innerhalb der Theorie der reellen Zahlen (vgl. Abschnitt 2.5.5). Wenn aber, wie in § 2 in [72] angekündigt, „alle Eigenschaften und Gesetze der reellen Zahlen" aus den Axiomen abgeleitet werden sollen, so muss das auch für das Beweisprinzip der vollständigen Induktion gelten.

Behrends leitet das Induktionsprinzip (jede induktive Teilmenge von $\mathbb{N}$ stimmt mit $\mathbb{N}$ überein) als Satz aus der Definition von $\mathbb{N}$ her und gibt folgende alternative Formulierung an:

> Um für eine Eigenschaft E, die für natürliche Zahlen *sinnvoll* formuliert werden kann, den Nachweis zu führen, dass E für alle natürlichen Zahlen *richtig* ist, braucht man nur zu zeigen:
> – E ist für 1 richtig.
> – E richtig für $n \Rightarrow E$ richtig für $n + 1$.
> ([27], S. 39, Hervorhebung im Original.)

Zum Beweis betrachtet er die Menge $\{n \in \mathbb{N} \mid E$ ist richtig für $n\}$, die, wenn sie induktiv ist, mit $\mathbb{N}$ übereinstimmen muss. Hier wird stillschweigend vorausgesetzt, dass man mit einer „sinnvoll formulierten" Eigenschaft aus einer gegebenen Menge aussondern darf, was in ZFC mit dem Schema der Aussonderungsaxiome vereinbart und präzisiert wird. Dass die Frage, was eine sinnvoll formulierte Eigenschaft ist, ohne Sensibilität für Sprachebenen nicht trivial ist, haben wir eben gesehen. Die Menge

$$\{x \in \mathbb{R} \mid x \text{ ist durch einen Einsensummenterm darstellbar}\}$$

kann innerhalb der Theorie nicht gebildet werden, weil die „aussondernde Eigenschaft" objektsprachlich nicht formuliert werden kann, obwohl sie auf den ersten Blick sinnvoll aussieht.

Auch Heuser leitet das Induktionsprinzip als Satz aus der Definition von $\mathbb{N}$ her, vermischt allerdings später die Sprachebenen, wenn er eben dieses Prinzip anführt, um das Kommutativ- und das Assoziativgesetz für beliebig viele Summen bzw. Faktoren zu begründen ([92], S. 52), was mit metasprachlicher Induktion zu zeigen wäre.

Ein anderes Beispiel für die Vermischung von Metasprache und Objektsprache ist die Definition der Partialsummenfolge $(s_n)_{n \in \mathbb{N}}$ durch

$$s_n := \sum_{i=1}^{n} a_i := a_1 + \cdots + a_n$$

für $n \in \mathbb{N}$ und eine gegebene Folge $(a_i)_{i \in \mathbb{N}}$ (siehe z. B. [174], S. 59).

Die rechte Seite stellt einen Term der Objektsprache dar, der nur für eine metasprachliche natürliche Zahl n sinnvoll ist. Dies reicht zur Definition der Partialsummenfolge nicht aus. Korrekt ist die rekursive Definition

$$s_1 := a_1, \quad s_{n+1} := s_n + a_{n+1}.$$

Aber auch hier klafft eine Lücke in der Argumentation. Dass rekursive Definitionen überhaupt möglich sind, folgt aus dem (in Analysiskursen in der Regel nicht bewiesenen) Rekursionssatz. Der Rekursionssatz fußt auf dem Satz der vollständigen Induktion, der wiederum aus der Definition von $\mathbb{N}$ als kleinster induktiver Teilmenge von $\mathbb{R}$ folgt (siehe Abschnitt 2.5.6).

Der Rekursionssatz kann für Funktionen (die auf Mengen definiert sind) oder allgemeiner für Operationen (die auf dem gesamten Universum definiert sind) formuliert werden ([61], S. 73). Die zweite Version setzt das Ersetzungsaxiom voraus und wird dann gebraucht, wenn Operationen rekursiv definiert werden sollen, zum Beispiel die n-fache Potenzmenge einer Menge A durch $\mathcal{P}^1(A) := \mathcal{P}(A)$ und $\mathcal{P}^{n+1}(A) := \mathcal{P}(\mathcal{P}^n(A))$ für $n \in \mathbb{N}$.

1.3.4 Die implizit genutzten Mengenaxiome

Da die übliche Analysis sich der Mengensprache bedient, enthalten viele Analysis-Lehrbücher oder -Vorlesungsskripte eine kurze Einführung in die (naive) Mengenlehre (siehe z. B. [27, 56, 84, 92]). Es wird dabei stets darauf geachtet, dass die Mengenlehre nicht als zur Analysis gehörig erscheint. Vielmehr scheint die Mengenlehre einer anderen Ebene anzugehören und ein selbstverständlicher Unterbau zu sein, der mit der axiomatischen Theorie nichts zu tun hat. Behrends vergleicht das Verhältnis von Analysis zur Mengenlehre mit dem Verhältnis dessen, was man in der Fahrschule über das Autofahren lernt, zum Studium von Kraftfahrzeugbau und Verkehrsrecht. Er schreibt:

> So ähnlich verhält es sich mit dem Stellenwert der Mengenlehre innerhalb der Analysis. Es kann hier nicht die Absicht sein, Sie in die Feinheiten des Gebiets einzuführen, dafür ist in späteren Semestern immer noch Zeit. Hier geht es nur um ein *erstes Kennenlernen*, insbesondere brauchen wir einige *Vokabeln* ([27], S. 6, Hervorhebung im Original).

In der Tat braucht man für die Analysis keine höhere oder abstrakte Mengenlehre (z. B. Ordinalzahltheorie), aber wesentliche Grundsätze schon. Eine axiomatische Analysis mit dem Vokabular der Mengenlehre ist ohne Axiome, die den Umgang mit Mengen regeln, nicht möglich. Warum sollte man die Kommutativität der Addition reeller Zahlen axiomatisch fordern müssen, nicht aber die Möglichkeit, Vereinigungs- oder Potenzmengen zu bilden? Man kann Mengenlehre auch nicht auf die Metaspracheebene verbannen (als Hintergrundmengenlehre), wenn die Axiome der reellen Zahlen die Mengensprache verwenden. Man braucht die Mengenlehre als *Objektmengenlehre* innerhalb der Analysis.

Insgesamt werden für die Analysis die folgenden Axiome der ZFC-Mengenlehre benötigt (vgl. [25], S. 356 f.):

– Extensionalitätsaxiom,
– Potenzmengenaxiom,

- Vereinigungsmengenaxiom,
- Auswahlaxiom,
- Ersetzungsaxiom (Schema).

Das hier nicht aufgeführte Unendlichkeitsaxiom sichert in der ZFC-Mengenlehre die Existenz einer unendlichen Menge, die sich als Menge der natürlichen Zahlen deuten lässt und die die Basis für den weiteren Aufbau des Zahlensystems bildet. Wenn man auf die Konstruktion der reellen Zahlen verzichtet, wird stattdessen ein Axiom gebraucht, das die Existenz einer Menge fordert, die alle reellen Zahlen enthält. Das Unendlichkeitsaxiom aus ZFC ist dann überflüssig, da man die Menge der natürlichen Zahlen als Teilmenge von $\mathbb{R}$ erhält.

Das Paarmengenaxiom und das Aussonderungsaxiom folgen aus den vorgenannten ZFC-Axiomen. Sie werden aber oft in Einführungen in die axiomatische Mengenlehre (zum Beispiel [61]) gesondert angegeben, weil sie historisch betrachtet vor dem Ersetzungsaxiom formuliert worden sind und man mit ihnen über weite Strecken auch ohne Ersetzungsaxiom auskommt. Das Fundierungsaxiom aus ZFC wird für die Analysis nicht gebraucht. Es sorgt für einen hierarchischen Aufbau des Mengenuniversums (siehe Abschnitt 5.4.2). Beim Auswahlaxiom reicht in der Regel – zumindest für die elementare Analysis – die abzählbare Version (siehe Abschnitt 5.4.10). Alle genannten Mengenaxiome geben wir in Abschnitt 2.4 explizit an.

1.3.5 Endliche Mengen

Die meisten Analysis-Lehrbücher definieren zwar die Begriffe *abzählbar* und *überabzählbar* (und zeigen mit dem Cantor-Argument die Überabzählbarkeit von $\mathbb{R}$), würdigen aber den Begriff *endlich* keiner Definition (Behrends ist hier eine Ausnahme). Dabei ist dieser Begriff weniger trivial, als es zunächst den Anschein hat. Auch hier ist es wieder wichtig, zwischen den Sprachebenen zu unterscheiden.

Für die Objektsprache liegt folgende Definition nahe: Eine Menge M ist endlich, wenn es ein $n \in \mathbb{N}_0$ gibt, sodass M und $\{m \in \mathbb{N} \mid m \leq n\}$ gleichmächtig sind, wobei die Gleichmächtigkeit zwischen zwei Mengen wie üblich über die Existenz einer bijektiven Abbildung zwischen ihnen definiert ist. Die leere Menge ist von dieser Endlichkeitsdefinition eingeschlossen ($n = 0$).

Behrends gibt die gleiche Definition an und weist auch auf die unerwartete Schwierigkeit des Endlichkeitsbegriffs hin:

> Eine Menge M wird *endlich* genannt, wenn sie leer ist oder wenn es ein $n \in \mathbb{N}$ so gibt, dass die Menge $\{1, \dots, n\}$ (das ist die Abkürzung von $\{m \mid m \in \mathbb{N}, 1 \leq m \leq n\}$) und M gleichmächtig sind, wenn man also die Elemente aus M mit den Zahlen von 1 bis n durchnummerieren kann. Die Zahl n heißt die *Anzahl der Elemente von M*. Es gelten dann die folgenden Aussagen:
> - Eine Menge M ist genau dann endlich, wenn es keine echte Teilmenge von M gibt, die gleichmächtig zu M ist.

- Teilmengen endlicher Mengen sind wieder endlich.
- Die Vereinigung von zwei endlichen Mengen ist endlich.
- Die Potenzmenge einer endlichen Menge ist endlich.

Die *Beweise* sollen hier nicht geführt werden, da wir von diesen Ergebnissen keinen Gebrauch machen werden.[6] (Wenn Sie es selbst versuchen, werden Sie feststellen, dass sie schwieriger sind, als man es bei diesen „offensichtlichen" Tatsachen erwarten würde.) ([27], S. 66, Hervorhebungen im Original.)

Beweise für diese und weitere „offensichtliche" Tatsachen über endliche Mengen findet man zum Beispiel in [61], S. 77–81. Der erste Punkt in der Aufzählung oben ist die Äquivalenz von *endlich* und *Dedekind-endlich*; für den Beweis benötigt man in der Richtung „⇐" das Auswahlaxiom. Die Richtung „⇒" sowie die anderen Punkte in der Liste ergeben sich im Wesentlichen durch Induktionsbeweise. Schon die Wohldefiniertheit der Elementeanzahl muss durch vollständige Induktion erst gezeigt werden.

Folgender Satz über endliche Mengen wird in der Analysis häufig gebraucht (aber üblicherweise nicht bewiesen):
- Jede endliche nicht leere Teilmenge von $\mathbb{R}$ enthält eine kleinste Zahl (Minimum) und eine größte Zahl (Maximum).

Der Beweis kann durch vollständige Induktion nach der Elementeanzahl geführt werden (siehe Satz 6 in Abschnitt 2.5.7).

1.3.6 Wie streng darf es sein?

Ausgangspunkt der Kritik in diesem Abschnitt 1.3 über reelle Zahlen war die mangelnde Unterscheidung von Metasprache und Objektsprache in Analysiseinführungen und die daraus resultierende ungerechtfertigte Gleichsetzung der natürlichen Zahlen mit den Einsensummen. Ein weiterer Kritikpunkt war die Vernachlässigung der implizit verwendeten Mengenlehreaxiome.

Die Lehre der Analysis scheint hierdurch zunächst wenig beeinträchtigt zu sein. Die Mengenlehre wird zwar naiv gebraucht, aber im Sinne der (nicht explizit vereinbarten) ZFC-Axiome. Und die Analysis funktioniert anscheinend trotz der nicht sauberen Trennung von Sprachebenen. Sie funktioniert deswegen, weil wir beim Beweisen von Theoremen axiomatisch arbeiten und die theoretischen (also objektsprachlichen) natürlichen Zahlen und das theoretische „endlich" verwenden, obwohl viele dabei eher an die metasprachlichen natürlichen Zahlen und das metasprachliche „endlich" denken dürften. Wer verspürt schon die Notwendigkeit, zu beweisen, dass die Teilmenge einer endlichen Menge wieder endlich ist (Satz 5 in Abschnitt 2.5.7)?

---

6 Von einigen dieser Ergebnisse wird in der Analysis allerdings sehr wohl Gebrauch gemacht, zum Beispiel beim Beweis der Wohldefiniertheit des Integrals für Treppenfunktionen.

Der Punkt ist, dass die Vermischung der Sprachebenen das „Nichtstandard-Denken", wie es vielleicht der Intuition eines Leibniz und anderer Analysis-Pioniere zugrunde lag, behindert. Wir berauben uns so der Möglichkeit, arithmetisch-unendliche Zahlen in der Theorie der reellen Zahlen zu *denken*. Dabei sind sie (potentiell) vorhanden. Wir müssen sie nicht unbedingt erst konstruieren (zum Beispiel als hyperreelle Zahlen).

Die Vermischung von Sprachebenen und die Unterschlagung der in der Analysis benötigten Mengenlehreaxiome sind ein didaktischer Kompromiss, der bewusst Lücken in der Anwendung der axiomatischen Methode lässt und Abstriche bei der sonst hochgehaltenen mathematischen Strenge macht.

Eine (vielleicht beabsichtigte) Folge dieser Vorgehensweise ist, dass die sogenannte Standardtheorie (ungerechtfertigt) als ganz natürlich erscheint, während ebenso natürliche Nichtstandardtheorien unbeachtet bleiben. Unterscheidet man von Anfang an konsequent zwischen den Sprachebenen und bezieht die benötigte Mengenlehre ein, so führt dies in ganz natürlicher Weise zu einer (potentiell) reichhaltigeren Theorie. Es eröffnet die Möglichkeit einer Nonstandard-Analysis innerhalb der reellen Zahlen. Man braucht keine Körpererweiterung von $\mathbb{R}$, keine hyperreellen Zahlen, denn das Infinitesimale und alles, was daraus folgt, schlummert (potentiell) bereits unerkannt in $\mathbb{R}$. Zugleich bieten sich interessante Ansatzpunkte für eine Diskussion historischer Bezüge, mathematischer Grundlagen und des Selbstverständnisses der Mathematik. Ein solcher Ansatz erscheint mir daher zumindest für vorlesungsbegleitende oder -ergänzende Veranstaltungen zur Analysis erwägenswert. In Kapitel 2 wird genauer ausgeführt, wie dies konkret aussehen könnte.

In den Standardvorlesungen würde eine (gegenüber Nichtstandardmethoden) unvoreingenommene Sichtweise durch die Beachtung der folgenden Punkte begünstigt:
– Eine (behutsame) Sensibilisierung für die Unterscheidung von Sprachebenen und die Unterscheidung von metasprachlichen und objektsprachlichen natürlichen Zahlen.
– Die Wahrung der Option auf metasprachlich „unerreichbare Zahlen" durch präzise Formulierung: Jede Einsensumme ist eine natürliche Zahl, die Umkehrung bleibt offen.
– Eine (behutsame) Sensibilisierung für die Verwendung mengentheoretischer Axiome (die, sofern nicht explizit als Axiome formuliert, zumindest als bewusste zusätzliche Vereinbarungen wahrgenommen werden könnten).
– Einstieg und Experimente mit Grenzwerten *und* Nichtstandardelementen und -methoden in Anfängervorlesungen ohne formalen Aufwand.

Die Einbeziehung „infinitesimaler" Konzepte neben dem Grenzwertformalismus dient nicht nur der kritischen Würdigung der historischen Wurzeln der Analysis, sondern auch dem Verständnis mathematischer Grundlagen und dem intuitiven Erfassen von Begriffsbildungen und Beweisideen. Wie die weitere Analyse zeigen wird, ist dies gefahrlos möglich, denn Infinites und Infinitesimales ist ja potentiell vorhanden.

Gehören philosophische und geschichtliche Betrachtungen in die mathematische Ausbildung? Bedürftig und Murawski schreiben dazu:

> Philosophie der Mathematik ist, das zeigen Rückmeldungen von Studierenden und Lernenden an Schule und Universität, ein Defizit in der mathematischen Ausbildung. Es fehlt in der Lehre oft der Blick auf Hintergründe, Geschichte und Zusammenhänge ([24], Vorwort).

Es ist verständlich, dass man sich in den Grundvorlesungen zur Analysis nicht lange mit den natürlichen Zahlen, der Unterscheidung von Sprachebenen oder mengentheoretischen Überlegungen aufhalten möchte. Dort ist man schließlich bestrebt, möglichst schnell zu den *eigentlichen* Sätzen der Analysis vorzudringen. In einer Wahlveranstaltung besteht aber die Möglichkeit, diesen Themen etwas mehr Aufmerksamkeit zu widmen und so etwas Wesentliches über axiomatische Theorien und damit über die Mathematik insgesamt zu erfahren. Im nun folgenden Kapitel 2 soll es darum gehen, wie eine solche Veranstaltung konkret aussehen könnte.

2 Elemente einer vorlesungsergänzenden Veranstaltung

Die hier dargestellte Einführung ist als optionale, die Grundvorlesung begleitende oder ergänzende Veranstaltung gedacht. Es wird also davon ausgegangen, dass die Grundkonzepte der elementaren Analysis mit ihren herkömmlichen Definitionen bekannt sind. Dabei sollen in erster Linie folgende Ziele verfolgt werden:

1. das Bewusstsein schärfen für die Lücken an mathematischer Strenge in den Grundvorlesungen, für den mengentheoretischen Hintergrund sowie für die historischen Wurzeln der Analysis,
2. eine Reflexion der Grundlagen und des Selbstverständnisses der Mathematik als axiomatisch-deduktiver Wissenschaft anregen,
3. die Nonstandard-Analysis als optionale und effektive Bereicherung des Methodenspektrums vorstellen,
4. eine alternative und intuitive Beschreibung der Grundkonzepte der Analysis anbieten,
5. den Bezug zwischen Standard-Analysis und Nonstandard-Analysis herstellen,
6. den Stoff der Grundvorlesung unter einem neuen Blickwinkel wiederholen und festigen.

Es wird ein für das Grundstudium angemessenes Niveau eingehalten und auf eine Formalisierung der Sprache weitgehend verzichtet. Lediglich in den Beweisen zur Äquivalenz von Standard und Nichtstandard in Abschnitt 2.8 kommen vermehrt logische Formeln und Äquivalenzumformungen vor. Durch die angegebenen Erläuterungen sollten die Umformungen aber gut nachvollziehbar sein.

Die verwendete Mengenlehre wird zwar in die Axiomatik einbezogen, aber auf das Notwendigste beschränkt. Insbesondere werden keine anspruchsvolleren Konzepte wie Ultrafilter gebraucht. Die Nichtstandardaxiome sind eine abgeschwächte Version der zusätzlichen Axiome aus Edward Nelsons interner Mengenlehre ([153]). Ich beziehe mich dabei auf das Axiomensystem SPOT aus [103], füge aber (wie in Einführungsvorlesungen zur Analysis üblich) Axiome der reellen Zahlen hinzu, um die reellen Zahlen nicht in ZF konstruieren zu müssen.

Ein besonderes Augenmerk wird auf die Unterscheidung der naiven Alltagszahlen $1, 2, 3, \ldots$ von den natürlichen Zahlen der Theorie gelegt, denn hierin liegt ein Schlüssel zum Verständnis axiomatischer Theorien im Allgemeinen und zur optionalen Bereicherung um Nichtstandardelemente im Besonderen.

Aufgrund der verfolgten Ziele ist der hier eingeschlagene Weg nicht der direkteste, um Nichtstandardelemente in die Lehre der Analysis einzubauen. Einen solchen findet man etwa in der in Abschnitt 4.3.4 besprochenen axiomatischen Einführung der hyperreellen Zahlen. Mit dem elementaren Erweiterungsprinzip stehen dabei Nichtstandardmethoden unmittelbar zur Verfügung, allerdings um den Preis, dass die Schärfung des

https://doi.org/10.1515/9783111229027-002

Grundlagenbewusstseins und der Bezug zwischen Standard- und Nichtstandardmathematik im Hintergrund bleiben.

2.1 Historischer Anknüpfungspunkt Leibniz

Leibniz unterscheidet *assignable Größen* (Größen, die wir angeben können, wie 1, $-\frac{2}{3}$, $\sqrt{2}$, $10^{10^{10}}$) und *inassignable Größen* (Größen, die wir nicht angeben können, weil sie kleiner bzw. größer als jede assignable Größe sind).[1] Größen sind bei Leibniz stets positiv.

Eine Größe heißt *unendlich klein* oder *infinitesimal*, wenn sie kleiner als jede assignable Größe ist. Infinitesimale Größen sind insbesondere kleiner als jeder angebbare Stammbruch $\frac{1}{2}, \frac{1}{3}, \frac{1}{4}, \ldots$

Eine Größe heißt *unendlich groß*, wenn sie größer als jede assignable Größe ist. Unendlich große Größen sind insbesondere größer als jede angebbare natürliche Zahl $1, 2, 3, \ldots$

Inassignable Größen sollen sich – abgesehen davon, dass sie nicht angebbar sind – in nichts von assignablen Größen unterscheiden. In einem Brief an seinen Förderer Varignon vom 2. Februar 1702 beschreibt Leibniz dieses Transferprinzip so:

> [...] et il se trouve que les regles du fini reussissent dans l'infini [...] et que *viceversa*, les regles de l'infini reussissent dans le fini [...] ([131], S. 15, Hervorhebung im Original).[2]

Als Folgerung ergibt sich, dass wir mit unendlichen und infinitesimalen Größen wie gewohnt rechnen können. Zur Existenzfrage sagt Leibniz:

> Und es kommt nicht darauf an, ob es derartige Quantitäten in der Natur der Dinge gibt, denn es reicht aus, sie durch eine Fiktion einzuführen [...] ([133], S. 129).

Unter Verwendung solcher Fiktionen können wir etwa die Steigung der Normalparabel an der Stelle x bestimmen, indem wir uns dort ein Steigungsdreieck mit der infinitesimalen waagerechten Kathete dx denken und dessen Steigung errechnen als

$$\frac{(x + dx)^2 - x^2}{dx} = 2x + dx.$$

Dass man nun zur Bestimmung der Steigung der Kurve, hier also der Normalparabel, den infinitesimalen Summanden dx weglassen kann, begründet Leibniz folgendermaßen:

---

1 In [133] wird *assignabel* mit *angebbar* oder *zuweisbar* übersetzt, zum Beispiel in dem Zitat auf Seite 18 in diesem Abschnitt.

2 Übersetzung in [134], S. 355: [...] und es stellt sich heraus, dass die Regeln des Endlichen [auch] im Unendlichen erfolgreich [anzuwenden] sind [...] und dass *umgekehrt* die des Unendlichen [auch] im Endlichen erfolgreich [anzuwenden] sind [...].

> Ich halte nämlich mit Euklid, [Elementa,] Lib. 5, Defin. 5, homogene Größen nur dann für vergleich-
> bar, wenn die eine [Größe], falls man sie mit einer [hier] aber endlichen Zahl multipliziert, die
> andere [Größe] übertreffen kann. Und was sich nicht um eine solche Größe unterscheidet, erkläre
> ich für gleich. Dies haben auch Archimedes und alle anderen nach ihm so gehalten. Und genau dies
> ist gemeint, wenn man sagt, dass die Differenz [zweier Größen] kleiner als eine beliebige gegebene
> [Größe] ist ([134], S. 273 f.).

Diese „verallgemeinerte Gleichheit" lässt also infinitesimale Unterschiede zu. Jede gewöhnliche, endliche Größe ist gewissermaßen eingehüllt in eine fiktive Wolke verallgemeinert gleicher Größen, die man im Endergebnis wieder abstreifen kann.

Für Leibniz sind inassignable Größen nützliche Fiktionen,

> [...] da sie Abkürzungen des Redens und Denkens und daher des Entdeckens ebenso wie des Be-
> weisens liefern, so dass es nicht immer notwendig ist, Einbeschriebenes oder Umbeschriebenes zu
> benutzen und *ad absurdum* zu führen, und zu zeigen, dass der Fehler kleiner als ein beliebiger
> zuweisbarer ist ([133], S. 129).

Zugleich deutet Leibniz hier einen systematischen Zusammenhang an, zwischen dem
abkürzenden Rechnen mit inassignablen Größen und der umständlicheren, aber seit
der Antike anerkannten *Exhaustionsmethode*, bei der Einbeschriebenes und Umbe-
schriebenes benutzt und ad absurdum geführt wird. In einem Brief an Pinsson formuliert Leibniz die Rechtfertigung inassignabler Größen so:

> Car au lieu de l'infini ou de l'infiniment petit, on prend des quantités aussi grandes et aussi petites
> qu'il faut pour que l'erreur soit moindre que l'erreur donnée ([129]).[3]

Modern gewendet drückt sich hier die Äquivalenz von Nonstandard- und Standard-
Analysis aus. Auf beiden Wegen gelangt man zu den gleichen Ergebnissen, einmal mit ei-
nem echten Infinitesimalkalkül und einmal mit dem konventionellen Weierstraß'schen
Grenzwertkalkül.

2.2 Eine moderne Übersetzung der Leibniz'schen Ideen

In der hier skizzierten Einführung in die Analysis übertragen wir die im letzten Abschnitt vorgestellten Ansätze aus Leibniz' Infinitesimalkalkül in den Rahmen einer modernen axiomatischen Theorie.

-   Statt des historischen Größenbegriffs setzen wir den axiomatisch noch zu präzisie-
    renden Begriff der *reellen Zahl*. Dieser soll auch 0 und negative Zahlen umfassen.
-   Wir verstehen die Analysis als eine axiomatische Theorie, die von reellen Zahlen
    und Mengen (zusammenfassend auch *Objekte* genannt) handelt. Eine Funktion $f :
    X \to Y$ fassen wir als ihren Graphen $\{(x, f(x)) \mid x \in X\}$ und damit als Menge auf.

---

3 Denn anstelle des Unendlichen oder des unendlich Kleinen nimmt man so große oder so kleine Größen, wie nötig ist, damit der Fehler geringer sei, als der gegebene Fehler (eigene Übersetzung).

– Um assignable und inassignable Größen unterscheiden zu können, führen wir das Prädikat *standard* ein. Dieses wird nicht definiert, sondern gehört (wie *reelle Zahl* und *Menge*) zu den Grundbegriffen der axiomatischen Theorie.
– Alle Objekte, die wir in der Analysis eindeutig definieren können (insbesondere also alle explizit angebbaren Zahlen), sollen standard sein. Andererseits sollen sich Nichtstandardobjekte in nichts von Standardobjekten unterscheiden, was sich ohne das Prädikat *standard* ausdrücken lässt. Dies gewährleisten wir durch das *Transferaxiom*, welches die Rolle des oben zitierten Leibniz'schen Transferprinzips übernimmt, wonach Regeln des Endlichen auch im Unendlichen anwendbar sind und umgekehrt.
– Leibniz' „es reicht aus, sie durch eine Fiktion einzuführen" wird bei uns ein Axiom, das die Existenz von Nichtstandardzahlen fordert.

Bemerkung. Von einem formalistischen Standpunkt aus gesehen, unterscheidet sich der ontologische Status von Nichtstandardzahlen in keiner Weise von demjenigen aktual unendlicher Mengen. Auch Letztere existieren im Rahmen einer Theorie aufgrund entsprechender Axiome. Während heute die Fiktion unendlicher Mengen zumeist ohne Bedenken akzeptiert wird, war dies zu Leibniz' Zeiten nicht der Fall. Leibniz hielt zwar unendliche Größen für nützliche Fiktionen, unendliche Zusammenfassungen (also Mengen) jedoch für widersprüchlich, weil sie das Axiom „Das Ganze ist größer als sein Teil" verletzen (vgl. Abschnitt 5.2.2). In modernen, die Mengenlehre einbeziehenden Theorien kann heute beides existieren: unendliche Mengen und unendliche Größen (bzw. Zahlen).

2.3 Vorbemerkungen zur Axiomatik

Wir bauen die Analysis als axiomatische Theorie auf. Das heißt, wir stellen Axiome auf und leiten Sätze daraus ab. Die Begriffe, die in den Axiomen verwendet werden, sind die *Grundbegriffe* der Theorie. Sie werden nicht definiert. Zur Bereicherung der Sprache können *definierte Begriffe* eingeführt werden. Sie dienen dem Komfort.

Wir postulieren die Existenz eines *Theorie-Universums* (auch *Diskurs-Universum* oder kurz *Universum* genannt), in dem die Axiome (und damit auch die abgeleiteten Sätze) gelten. Dieses Universum verstehen wir als *aktual unendlich*. Das heißt, wir stellen uns vor, dass das Universum in seiner Gesamtheit fertig gegeben vorliegt. Quantifizierende Aussagen wie „Für alle x gilt … " oder „Es gibt ein x, für das … gilt" sind immer auf das Universum bezogen.

Es ist nicht möglich, innerhalb einer axiomatischen Theorie Aussagen zu formulieren oder zu beweisen, die aus der Theorie herausführen, die also Begriffe verwenden, die weder zu den Grundbegriffen noch zu den definierten Begriffen der Theorie gehören. Die Grundbegriffe der Analysis sind die einstelligen Prädikate *reelle Zahl* und *Menge*, die zweistelligen Rechenoperationen + und ·, die Konstanten 0 und 1 sowie die zweistelligen Prädikate $<$ und $\in$. In der hier vorgestellten Analysis kommt noch das einstellige Prädikat *standard* hinzu. Definierte Begriffe können zum Beispiel weitere Konstanten für Zahlen oder Mengen sein oder weitere Prädikate oder Operationen.

Neben den Grundbegriffen und definierten Begriffen dürfen Aussagen der Analysis im Prinzip nur noch das Gleichheitszeichen, logische Verknüpfungen und Quantifizierungen über Variablen (als Platzhalter für Objekte des Universums) enthalten. Variablen sind bei uns in der Regel kleine oder große lateinische Buchstaben, bei Bedarf indiziert oder mit anderen Unterscheidungszeichen. Eine Ausnahme von dieser Regel bilden die griechischen Buchstaben ε und δ, die traditionellerweise in der Analysis als Variablen für reelle Zahlen verwendet werden. Große Buchstaben kommen vorwiegend für Mengenvariablen zum Einsatz. Wir führen keine formale Sprache ein, verwenden aber gelegentlich die logischen Symbole $\forall$ („für alle"), $\exists$ („es gibt"), $\wedge$ („und"), $\vee$ („oder"), $\Rightarrow$ „wenn ... dann", $\Leftrightarrow$ („genau dann, wenn") zur Abkürzung und ansonsten die Umgangssprache.

Als metasprachliche Platzhalter für Aussagen und Aussageformen verwenden wir kleine griechische Buchstaben wie φ, χ, ψ. *Aussageformen* dürfen im Unterschied zu Aussagen *freie Variablen* (Variablen, die nicht durch einen Quantor gebunden sind) enthalten. Wenn nichts anderes gesagt ist, enthalte die Aussageform $\varphi(x_1, \ldots, x_n)$ höchstens die freien Variablen $x_1, \ldots, x_n$. Eine solche Aussageform definiert ein n-stelliges *Prädikat*. Einstellige Prädikate nennen wir auch *Eigenschaften*.

Eine Aussageform $\varphi(x_1, \ldots, x_n, y)$ heißt *funktional (in y)*, wenn es (aufgrund der noch festzulegenden Axiome) für alle $x_1, \ldots, x_n$ genau ein y mit $\varphi(x_1, \ldots, x_n, y)$ gibt. Die Variablen $x_1, \ldots, x_n$ heißen in diesem Zusammenhang *Eingangsparameter*, y der *Ausgangsparameter*. Eine funktionale Aussageform mit n Eingangsparametern definiert eine n-stellige *Operation*.[4] Für Operationen werden häufig eigene *Operatorsymbole* eingeführt, und man schreibt dann zum Beispiel $F(x_1, \ldots, x_n) = y$ (mit dem Operatorsymbol F) statt $\varphi(x_1, \ldots, x_n, y)$.

Eine funktionale Aussageform $\varphi(y)$ ohne Eingangsparameter $x_1, \ldots, x_n$ charakterisiert ein Objekt des Universums eindeutig. Zur Bezeichnung dieses Objekts kann dann ein neues Symbol, eine *Konstante*, eingeführt werden.

Aufgrund der bisherigen Ausführungen soll unser Universum reelle Zahlen und Mengen enthalten. Wir fordern aber nicht explizit, dass *alle* Objekte des Universums reelle Zahlen oder Mengen sind. Damit erhalten wir uns die Option, bei Bedarf weitere Grundbegriffe einzuführen (zum Beispiel, um den Aufwand zu sparen, sie mengentheoretisch zu definieren).

---

4 Operationen sind bezüglich der Belegung ihrer Eingangsparameter nicht eingeschränkt. Das heißt, sie sind immer auf dem *gesamten* Universum definiert. Wenn wir im Folgenden einige Operationen nur für einen bestimmten Bereich des Universums (zum Beispiel für den Bereich der Mengen oder der Mengen mit bestimmten Zusatzeigenschaften) explizit definieren, bedeutet dies, dass wir sie nur im Kontext dieses Bereichs verwenden. Außerhalb ihres intendierten Anwendungsbereichs kann ihr Wert willkürlich festlegt werden (zum Beispiel als $\emptyset$).

Wir fordern ebenfalls nicht explizit, dass reelle Zahlen *keine Mengen* sind. Damit ist unsere Theorie verträglich mit der reinen Mengenlehre ZFC, in der die reellen Zahlen mengentheoretisch definiert werden. Das heißt, unser Universum kann auch als ZFC-Universum aufgefasst werden.

2.4 Mengenlehre in der Analysis

Anders als in vielen Analysis-Einführungen werden wir die benötigten Mengenaxiome ausdrücklich in die Axiomatik einbeziehen. Mengen existieren nicht als naive, intuitiv gegebene Zusammenfassungen, sondern weil ihre Existenz aus Axiomen folgt. Nur so kann die Analysis als axiomatische Theorie verstanden werden. Die Existenz der Mengen ist, wie die Existenz der reellen Zahlen, eine *theoretische*, eine axiomatisch postulierte Existenz.

2.4.1 Die Standardmengenaxiome

Wir geben in diesem Abschnitt die Standardmengenaxiome an, die wir im Folgenden verwenden werden. Zuvor definieren wir noch: Eine Aussage(form) heißt *intern*, wenn sie das Prädikat *standard* weder direkt noch indirekt (das heißt über definierte Begriffe) enthält. Die übrigen Aussagen und Aussageformen heißen *extern*. Alle Aussagen (und Aussageformen) der konventionellen Analysis sind somit intern.

Axiom (Extensionalitätsaxiom). *Zwei Mengen sind gleich, wenn sie die gleichen Elemente enthalten.*

Axiom ($\mathbb{R}$-Existenzaxiom). *Es gibt eine Menge, die alle reellen Zahlen enthält.*[5]

Axiom (Aussonderungsaxiom, Schema). *Sei* $\varphi(x, x_1, \ldots, x_n)$ *eine* interne *Aussageform. Dann gilt für alle* $x_1, \ldots, x_n$*: Es gibt zu jeder Menge M eine Menge M', die genau alle* $x \in M$ *enthält, für die* $\varphi(x, x_1, \ldots, x_n)$ *gilt.*

Die (von $x_1, \ldots, x_n$ abhängige) Menge M' ist nach dem Extensionalitätsaxiom eindeutig bestimmt und wird mit $\{x \in M \mid \varphi(x, x_1, \ldots, x_n)\}$ bezeichnet. Der Fall $n = 0$ ist hier zugelassen und soll bedeuten, dass in φ außer x keine freien Variablen (auch *Parameter* genannt) vorkommen.

Auf der Basis dieser Axiome können die Konstanten $\mathbb{R}$ und $\emptyset$, die zweistellige Mengenoperation $\cap$, die einstellige Mengenoperation $\bigcap$ sowie das zweistellige Prädikat $\subseteq$ definiert werden.

---

5 Wir nennen dieses Axiom $\mathbb{R}$-Existenzaxiom zur Unterscheidung vom Existenzaxiom $\exists x\, x = x$, das in reinen Mengenlehren verwendet wird (sofern die Existenz einer Menge nicht aus anderen Axiomen folgt).

Nach dem Existenzaxiom gibt es eine Menge M, die alle reellen Zahlen enthält. Nach dem Aussonderungsaxiom und dem Extensionalitätsaxiom gibt es dann die eindeutig bestimmte (und von der konkreten Wahl von M unabhängige) Menge

$$\mathbb{R} := \{x \in M \mid x \text{ ist eine reelle Zahl}\}.$$

Ab jetzt können wir also $x \in \mathbb{R}$ statt „x ist eine reelle Zahl" schreiben.

Ebenso gibt es die eindeutig bestimmte Menge

$$\emptyset := \{x \in \mathbb{R} \mid x \neq x\}$$

(die *leere Menge*). Da die aussondernde Eigenschaft $x \neq x$ unerfüllbar ist, enthält $\emptyset$ keine Elemente. Wegen des Extensionalitätsaxioms ist $\emptyset$ die einzige Menge, die keine Elemente enthält.

Für Mengen X, Y gibt es die durch Aussonderung gebildeten Mengen

$$X \cap Y := \{x \in X \mid x \in Y\}$$

und

$$X \setminus Y := \{x \in X \mid x \notin Y\}.$$

$X \cap Y$ heißt der *Durchschnitt* oder die *Schnittmenge* von X und Y und enthält genau die Elemente, die in X *und* Y enthalten sind. $X \setminus Y$ heißt die *Differenzmenge* von X und Y und enthält genau die Elemente von X, die *nicht* in Y enthalten sind.

Mengen, deren Elemente wieder Mengen sind, nennen wir *Mengensysteme* oder auch *Mengenfamilien*. Für jedes nicht leere Mengensystem M und jedes $A \in M$ gibt es die durch Aussonderung gebildete Menge

$$\bigcap M := \{x \in A \mid \forall X \, (X \in M \Rightarrow x \in X)\}$$

(den *Durchschnitt* von M). Aufgrund der aussondernden Eigenschaft hängt die Definition nicht von A ab. $\bigcap M$ ist also wohldefiniert und enthält genau die Elemente, die in *allen* Mengen des Mengensystems M enthalten sind.

Für Mengen X, Y schreiben wir $X \subseteq Y$ (X ist eine *Teilmenge* von Y), wenn alle Elemente von X auch Elemente von Y sind. Etwas formaler:

$$X \subseteq Y \quad :\Leftrightarrow \quad X, Y \text{ sind Mengen und } \forall x \, (x \in X \Rightarrow x \in Y).$$

$X \subset Y$ bedeute $X \subseteq Y$ und $X \neq Y$ („X ist *echte Teilmenge* von Y").

Bemerkungen. 1. An dieser Stelle kann thematisiert werden, warum es kein analoges Existenzaxiom gibt, das die Existenz einer Menge fordert, die alle Mengen enthält.
2. Das Aussonderungsaxiom ist kein einzelnes Axiom, sondern ein sogenanntes *Axiomenschema*. Das heißt, für jede interne Aussageform hat man ein Axiom nach die-

sem Schema. Da Aussageformen keine Objekte des postulierten Universums, sondern Objekte unserer Sprache sind, kann man kein Axiom der Art „Für alle Aussageformen φ gilt . . . " formulieren. Stattdessen formuliert man die Axiome, die gelten sollen, als Schema. Obwohl nach diesem Schema potentiell unendlich viele Axiome gebildet werden können, dürfen in jedem Beweis nur endlich viele und konkret anzugebende Axiome verwendet werden.

3. Dass das Aussonderungsaxiom nur für interne Aussageformen formuliert ist, wird sich später als wesentlich herausstellen. Zunächst ist festzuhalten, dass dieses Axiom damit vollständig mit dem entsprechenden Axiom der konventionellen Analysis (wo es das Prädikat *standard* nicht gibt) übereinstimmt. Es gibt also, was die Mengenbildung betrifft, keine Einschränkungen gegenüber der konventionellen Analysis.

4. Eine Aussonderung mit externen Aussageformen, zum Beispiel

$$\{x \in \mathbb{R} \mid x \text{ ist standard}\}$$

ist durch das Aussonderungsaxiom nicht gedeckt und wird *illegale Mengenbildung* genannt. Ein solcher „Mengenterm" ist ebenso wenig definiert wie der „Bruch" $\frac{1}{0}$. Wir kommen in Abschnitt 2.7 darauf zurück.

Axiom (Paarmengenaxiom). *Für alle x, y gibt es eine Menge, die genau x und y als Elemente enthält. Sie ist nach dem Extensionalitätsaxiom eindeutig bestimmt und wird mit $\{x, y\}$ (die* Paarmenge *von x und y) bezeichnet.*

Axiom (Vereinigungsmengenaxiom). *Zu jedem Mengensystem M gibt es eine Menge, die genau die Elemente aller Mengen aus M enthält. Sie ist nach dem Extensionalitätsaxiom eindeutig bestimmt und wird mit $\bigcup M$ (die* Vereinigungsmenge *von M) bezeichnet.*

Axiom (Potenzmengenaxiom). *Zu jeder Menge M gibt es eine Menge, die genau die Teilmengen von M als Elemente enthält. Sie ist nach dem Extensionalitätsaxiom eindeutig bestimmt und wird mit $\mathcal{P}(M)$ (die* Potenzmenge *von M) bezeichnet.*

Mit dem Paarmengenaxiom definiert man *Einermengen* durch

$$\{x\} := \{x, x\}$$

Zusammen mit dem Vereinigungsmengenaxiom können Dreier-, Vierer, Fünfermengen und so weiter gebildet werden:

$$\{x_1. x_2, x_3\} := \bigcup \{\{x_1, x_2\}, \{x_3\}\}.$$

Allgemein:

$$\{x_1, \ldots, x_n\} := \bigcup \{\{x_1, \ldots, x_{n-1}\}, \{x_n\}\}.$$

$\bigcup$ und $\mathcal{P}$ sind einstellige Mengenoperationen, $\{.,\ldots,.\}$ (mit n Plätzen zwischen den Mengenklammern) ist eine n-stellige Operation. Mit dem Paarmengenaxiom und dem Vereinigungsmengenaxiom kann die zweistellige Mengenoperation $\cup$ definiert werden: Für Mengen X, Y sei

$$X \cup Y := \bigcup\{X, Y\}.$$

(die *Vereinigungsmenge von X und Y*). Sie enthält genau die Elemente, die in X oder Y enthalten sind.

2.4.2 Nicht verwendete Mengenaxiome

Die folgenden Axiome aus ZFC werden wir im Folgenden nicht verwenden. Sie können aber bei Bedarf ad hoc thematisiert werden. Wir führen sie der Vollständigkeit halber auf.

Axiom (Fundierungsaxiom). *Jede nicht leere Menge enthält ein $\in$-minimales Element, also ein Element, das kein Element mit der Menge gemeinsam hat.*

Das Fundierungsaxiom sorgt für den hierarchischen Aufbau des Mengenuniversums und verhindert zum Beispiel, dass es Mengen gibt, die sich selbst als Element enthalten (ebenso sonstige zyklische oder unendliche absteigende Elementketten). Für die Analysis wird es nicht gebraucht. Seine Rolle für die Mengenlehre wird in Abschnitt 5.4.2 besprochen.

Axiom (Ersetzungsaxiom, Schema). *Sei $\varphi(x, y, x_1, \ldots, x_n)$ eine interne Aussageform. Dann gilt für alle $x_1, \ldots, x_n$: Wenn es zu jedem x genau ein y mit $\varphi(x, y, x_1, \ldots, x_n)$ gibt, dann gibt es zu jeder Menge X eine Menge Y, die genau alle y mit $\varphi(x, y, x_1, \ldots, x_n)$ und $x \in X$ enthält.*

Mit dem Ersetzungsaxiom können Mengen der Form $\{F(x) \mid x \in X\}$ gebildet werden, wobei F eine (durch eine interne funktionale Aussageform definierte) Operation bezeichnet und X eine beliebige Menge ist. Wie am Ende von Abschnitt 1.3.3 erwähnt, wird das Ersetzungsaxiom zum Beispiel gebraucht, um den Rekursionssatz für Operationen zu beweisen. Wir begnügen uns hier mit dem Rekursionssatz für Funktionen und kommen daher mit dem schwächeren Aussonderungsaxiom aus.

Axiom (Unendlichkeitsaxiom). *Es gibt eine Menge, die $\emptyset$ enthält und mit jedem x auch das Element $x \cup \{x\}$.*

Wie bereits in Abschnitt 1.3.4 erwähnt, sorgt das Unendlichkeitsaxiom in ZFC dafür, dass es eine Menge gibt, die sich als Menge der natürlichen Zahlen auffassen lässt (siehe Abschnitt 5.2.2). Bei einer axiomatischen Einführung der reellen Zahlen definiert man $\mathbb{N}$ als kleinste induktive Teilmenge von $\mathbb{R}$. Mit dem Ersetzungsaxiom kann man hieraus das Unendlichkeitsaxiom ableiten.

Axiom (Auswahlaxiom). *Zu jeder Familie paarweise disjunkter, nicht leerer Mengen gibt es eine Menge, die aus jeder Menge der Familie genau ein Element enthält.*

Das Auswahlaxiom wird in der Analysis zum Beispiel gebraucht, um zu zeigen, dass aus Folgenstetigkeit $\varepsilon\delta$-Stetigkeit folgt. Hierzu reicht allerdings eine schwächere Variante des Auswahlaxioms, die die Existenz einer Auswahlmenge nur für *abzählbare* Mengenfamilien fordert (vgl. Abschnitt 5.4.10).

Der Verzicht auf das Auswahlaxiom ist grundlagentheoretisch bedeutsam, da die so aufgestellte Nichtstandarderweiterung *konservativ* über ZF ist (siehe Abschnitt 2.10.1).

2.4.3 Kartesische Produkte

Da wir Funktionen und Relationen als Mengen geordneter Paare auffassen wollen, stellt sich die Frage, was geordnete Paare innerhalb unserer Theorie sein sollen. Bisher kennen wir nur Mengen und reelle Zahlen als Objekte unseres Universums. Wir haben nun zwei Möglichkeiten: Entweder wir führen „Geordnetes Paar" als *undefinierte* zweistellige Operation (.,.) auf unserem Universum ein und fordern die gewünschten Eigenschaften per Axiom. Oder wir *definieren* eine solche Operation mit den bisherigen Grundbegriffen und zeigen, dass sie die gewünschten Eigenschaften hat. Wir verfolgen der Einfachheit halber zunächst den ersten Weg und skizzieren den zweiten Weg am Ende des Abschnitts.

Axiom (GP). *Für alle x_1, x_2, y_1, y_2 gilt:*

$$(x_1, y_1) = (x_2, y_2) \Rightarrow x_1 = x_2 \wedge y_1 = y_2.$$

Axiom (KP). *Für alle Mengen X, Y gibt es eine Menge Z, die genau die geordneten Paare (x, y) mit $x \in X$ und $y \in Y$ enthält.*

Die Menge Z in KP ist nach dem Extensionalitätsaxiom eindeutig bestimmt. Sie wird das *kartesische Produkt* von X und Y genannt und mit $X \times Y$ bezeichnet. $\times$ ist eine zweistellige Mengenoperation.

Ähnlich wie man von Paarmengen zu Dreiermengen, Vierermengen und so weiter gelangt, kann man ausgehend von geordneten Paaren (2-Tupeln) für $n = 3, 4, 5$ und so weiter *n-Tupel* definieren durch

$$(x_1, \ldots, x_n) := ((x_1, \ldots, x_{n-1}), x_n).$$

Das Bilden von n-Tupeln ist eine n-stellige Operation.

Alternativ zur axiomatischen Einführung kann man geordnete Paare *definieren* durch

$$(x, y) := \{\{x, y\}, x\} \tag{2.1}$$

und zeigen, dass GP erfüllt ist. Aufgrund der Definition gilt für $x \in X$ und $y \in Y$: $(x, y) \in \mathcal{P}(\mathcal{P}(X \cup Y))$. Daher kann das kartesische Produkt zweier Mengen X und Y definiert werden durch

$$X \times Y := \{z \in \mathcal{P}(\mathcal{P}(X \cup Y)) \mid \text{es gibt } x \in X, y \in Y \text{ mit } z = (x, y)\}. \tag{2.2}$$

Genauere Ausführungen hierzu findet man zum Beispiel in [61], S. 47–50.

2.4.4 Relationen und Funktionen

Eine *Relation* von X nach Y ist eine Teilmenge von $X \times Y$. Für eine Relation $R \subseteq X \times Y$ heißt

$$\mathrm{Def}(R) := \{x \in X \mid \exists y \in Y\ (x, y) \in R\}$$

die *Definitionsmenge* von R und

$$\mathrm{Bild}(R) := \{y \in Y \mid \exists x \in X\ (x, y) \in R\}$$

die *Bildmenge* von R.

Eine Relation $f \subseteq X \times Y$ heißt eine *Abbildung* oder *Funktion* von X nach Y, wenn es zu jedem $x \in X$ genau ein $y \in Y$ mit $(x, y) \in f$ gibt. Man schreibt in diesem Fall $f : X \to Y$ und statt $(x, y) \in f$ meistens $f(x) = y$.

Bemerkung. Mengenbildungen der Art $\{f(x) \mid x \in A\}$ mit einer Funktion f und $A \subseteq \mathrm{Def}(f)$ sind mit dem Aussonderungsaxiom möglich als

$$\{y \in \mathrm{Bild}(f) \mid \exists x \in A f(x) = y\}.$$

Das Ersetzungsaxiom wird hierfür nicht benötigt.

Eine Abbildung $f : X \to Y$ heißt
- *injektiv*, wenn für alle $x_1, x_2 \in X$ gilt: $f(x_1) = f(x_2) \Rightarrow x_1 = x_2$,
- *surjektiv*, wenn $\mathrm{Bild}(f) = Y$ ist,
- *bijektiv*, wenn sie injektiv und surjektiv ist.

Definition 1. Zwei Mengen X und Y heißen *gleichmächtig* (kurz $X \sim Y$), wenn es eine bijektive Abbildung $f : X \to Y$ gibt.

Wie üblich zeigt man: Das zweistellige Mengenprädikat $\sim$ ist *reflexiv* (es gilt stets $X \sim X$), *symmetrisch* (aus $X \sim Y$ folgt $Y \sim X$) und *transitiv* (aus $X \sim Y$ und $Y \sim Z$ folgt $X \sim Z$).

2.5 Die reellen Zahlen

2.5.1 Zur axiomatischen Einführung

Die Körper- und Anordnungsaxiome werden genau wie in der Standard-Analysis formuliert und es werden die üblichen Sätze daraus abgeleitet. Wir geben die Axiome hier ohne weitere Kommentare an und gehen nur auf die Einbettung der natürlichen Zahlen genauer ein. Hat man die Menge $\mathbb{N}$ definiert, kann man das archimedische Axiom wie gewohnt formulieren.

Das Vollständigkeitsaxiom wird in der Standard-Analysis zum Beispiel als Supremumsaxiom oder (zusammen mit dem archimedischen Axiom) über die Konvergenz aller Cauchy-Folgen formuliert. In der hier vorgestellten Axiomatik ergibt sich die Vollständigkeit von $\mathbb{R}$ aus dem *Standardteilaxiom*. Wir führen dieses Axiom in Abschnitt 2.6.3 ein und erhalten das Supremumsprinzip als Satz.

Wie üblich sei $x \leq y$ durch $x < y \vee x = y$ definiert, $x > y$ durch $y < x$ und $x \geq y$ durch $y \leq x$.

2.5.2 Körperaxiome

Axiom. 1. *Für alle $x, y, z \in \mathbb{R}$ gilt $(x + y) + z = x + (y + z)$.*
2. *Für alle $x, y \in \mathbb{R}$ gilt $x + y = y + x$.*
3. *$0 \in \mathbb{R}$.*
4. *Für alle $x \in \mathbb{R}$ gilt $x + 0 = x$.*
5. *Für alle $x \in \mathbb{R}$ gibt es ein $y \in \mathbb{R}$ mit $x + y = 0$.*
6. *Für alle $x, y, z \in \mathbb{R}$ gilt $(x \cdot y) \cdot z = x \cdot (y \cdot z)$.*
7. *Für alle $x, y \in \mathbb{R}$ gilt $x \cdot y = y \cdot x$.*
8. *$1 \in \mathbb{R}$.*
9. *$1 \neq 0$.*
10. *Für alle $x \in \mathbb{R}$ gilt $x \cdot 1 = x$.*
11. *Für alle $x \in \mathbb{R}$ mit $x \neq 0$ gibt es ein $y \in \mathbb{R}$ mit $x \cdot y = 1$.*
12. *Für alle $x, y, z \in \mathbb{R}$ gilt $x \cdot (y + z) = (x \cdot y) + (x \cdot z)$.*

2.5.3 Anordnungsaxiome

Axiom. 1. *Für alle $x \in \mathbb{R}$ gilt genau eine der Bedingungen*

$$x < 0, \quad x = 0, \quad x > 0.$$

2. *Für alle $x, y \in \mathbb{R}$ gilt: Aus $x > 0$ und $y > 0$ folgt $x + y > 0$.*
3. *Für alle $x, y \in \mathbb{R}$ gilt: Aus $x > 0$ und $y > 0$ folgt $x \cdot y > 0$.*

2.5.4 Einbettung der natürlichen Zahlen

Bei der Einbettung der natürlichen Zahlen bietet es sich an, die in Abschnitt 1.3.1 behandelte Problematik zu thematisieren: Warum kann man $\mathbb{N}$ nicht einfach als die Menge aller endlichen Einsensummen definieren? Man müsste dazu innerhalb der Theorie definieren, was eine endliche Einsensumme ist, also ein Term der Gestalt

$$\underbrace{1 + \cdots + 1}_{n\text{-mal}},$$

wobei n eine natürliche Zahl ist. Man brauchte also bereits den Begriff der natürlichen Zahl in Bezug auf Terme bzw. die Summanden in einem Term. Terme sind aber keine Objekte des postulierten Universums der Analysis, sondern Objekte der *Sprache der Analysis*, genauer, Zeichenreihen mit einem bestimmten Aufbau, die (wenn sie keine Variablen enthalten) Objekte des Universums *bezeichnen*. Wir können daher innerhalb der Theorie nicht über Terme sprechen und keine Aussagen über Terme beweisen.

Wir müssen also die umgangssprachlichen natürlichen Zahlen, mit denen wir über Terme, Aussageformen und Beweise sowie über Alltagsgegenstände sprechen, unterscheiden von den natürlichen Zahlen einer axiomatischen Theorie wie der Analysis. Die Zahlen des ersten Typs heißen in diesem Zusammenhang auch *metasprachliche* natürliche Zahlen (kurz: *Metazahlen*) und die Zahlen des zweiten Typs *objektsprachliche* natürliche Zahlen (kurz: *Objektzahlen*).

Zwischen Metazahlen und Objektzahlen besteht folgender Zusammenhang: Zu jeder Metazahl n gibt es eine Objektzahl, die durch einen Einsensummenterm mit n Einsen dargestellt wird. Damit ist nicht gesagt, dass umgekehrt jede Objektzahl durch einen Einsensummenterm darstellbar ist.

Die Menge $\mathbb{N}$ der Objektzahlen wird wie in Abschnitt 1.3.2 als die (im Sinne der Mengeninklusion) kleinste induktive Teilmenge von $\mathbb{R}$ definiert, also

$$\mathbb{N} := \bigcap \{M \in \mathcal{P}(\mathbb{R}) \mid M \text{ ist induktiv}\},$$

wobei eine Menge $M \subseteq \mathbb{R}$ induktiv heißt, wenn gilt:

$$1 \in M \quad \text{und} \quad \forall n \, (n \in M \Rightarrow n + 1 \in M).$$

2.5.5 Metasprachliche Definitionen und Beweise

Wie bei den natürlichen Zahlen zwischen Metazahlen und Objektzahlen unterschieden werden muss, so muss auch bei induktiven Beweisen und bei rekursiven Definitionen jeweils zwischen der metasprachlichen Version (die außerhalb der axiomatischen Theorie angewendet wird) und der objektsprachlichen, theoretischen Version (die als Beweis- bzw. Definitionsprinzip innerhalb der axiomatischen Theorie angewendet wird) unterschieden werden.

Um dieser Unterscheidung optisch Rechnung zu tragen, verwenden wir für die Metazahlen die Symbole $1, 2, 3, \ldots$ und die metasprachliche Variable $\mathfrak{n}$ und für die Objektzahlen die Symbole $1, 2, 3, \ldots$ und die Variable n.

Wir betrachten die Metazahlen als *potentiell unendlich*. Das heißt, wir nehmen an, dass wir die Zählreihe $1, 2, 3, \ldots$ beliebig weit fortführen können (so weit, wie wir es jeweils brauchen), aber wir erheben nicht den Anspruch, dass die Metazahlen in ihrer Gesamtheit fertig vorliegen. Im Gegensatz dazu haben wir für das postulierte Universum der Analysis aus den Axiomen bewiesen, dass es die *aktual unendliche* Menge $\mathbb{N}$ aller Objektzahlen gibt.

Metasprachliche rekursive Definition

Man kann einen metasprachlichen Begriff $F(\mathfrak{n})$ rekursiv definieren, indem man angibt, was $F(1)$ ist und wie man $F(\mathfrak{n}+1)$ aus $F(\mathfrak{n})$ gewinnt.

Man beachte, dass wir F hier nicht als fertige Gesamtheit aller Paare $(\mathfrak{n}, F(\mathfrak{n}))$ auffassen, sondern als operative Bauanleitung, wie wir $F(1), F(2), F(3), \ldots$ prinzipiell beliebig weit (so weit, wie wir es jeweils brauchen) konstruieren können.

Als Beispiele für metasprachliche rekursive Definitionen haben wir in Abschnitt 2.4.1 bereits die Definition der $\mathfrak{n}$-stelligen Operationen $\{x_1, \ldots, x_\mathfrak{n}\}$ und $(x_1, \ldots, x_\mathfrak{n})$ kennengelernt.

Metasprachliche Induktion

Wenn eine metasprachliche Aussageform $A(\mathfrak{n})$ für $\mathfrak{n}=1$ gilt und wenn man für ein beliebig vorgegebenes $\mathfrak{n}$ von $A(\mathfrak{n})$ auf $A(\mathfrak{n}+1)$ schließen kann, dann gilt $A(\mathfrak{n})$ für jedes $\mathfrak{n}$.

Auch hier beachte man, dass dies nicht als eine Aussage über eine fertige Gesamtheit aller Metazahlen zu verstehen ist, sondern so, dass man im Voranschreiten in der potentiell unendlichen Zählreihe $1, 2, 3, \ldots$ nur auf Zahlen $\mathfrak{n}$ stoßen wird, für die $A(\mathfrak{n})$ gilt.

Mit metasprachlicher Induktion kann zum Beispiel gezeigt werden, dass zwei $\mathfrak{n}$-Tupel genau dann übereinstimmen, wenn sie in jeder Komponente übereinstimmen. Dies ist kein objektsprachlicher Satz, sondern eine Aussage *über* objektsprachliche Sätze und damit eine Aussage der Metasprache. Genau genommen lautet die Aussage: „Für jede (metasprachliche) natürliche Zahl $\mathfrak{n}$ gilt der (objektsprachliche) Satz: Zwei $\mathfrak{n}$-Tupel stimmen genau dann überein, wenn sie in jeder Komponente übereinstimmen." Zu ihrem Beweis ist daher die metasprachliche Induktion anzuwenden.

Die Rechtfertigung für das metasprachliche Induktionsprinzip ist, dass man für jedes $\mathfrak{n}$ die Schlusskette

$$A(1) \Rightarrow A(2) \Rightarrow A(3) \Rightarrow \cdots \Rightarrow A(\mathfrak{n})$$

und damit einen Beweis für $A(\mathfrak{n})$ hat.

Eine solche Rechtfertigung hat man in einer axiomatischen Theorie und damit für die Objektzahlen nicht zur Verfügung. Die entsprechenden Definitions- und Beweisprinzipien müssen vielmehr erst auf der Basis der Axiome bewiesen werden.

2.5.6 Vollständige Induktion und rekursive Definitionen

Aufgrund der Definition von $\mathbb{N}$ gilt folgender Satz:

Satz 1 (Prinzip der vollständigen Induktion). *Sei $\varphi(n)$ eine interne Aussageform (optional mit Parametern), und es gelte $\varphi(1)$ und $\forall n\,(\varphi(n) \Rightarrow \varphi(n+1))$. Dann gilt $\varphi(n)$ für alle $n \in \mathbb{N}$.*

Beweis. Nach dem Aussonderungsaxiom gibt es die Menge $M := \{n \in \mathbb{N} \mid \varphi(n)\}$. Nach Voraussetzung ist M induktiv und daher $\mathbb{N} \subseteq M$. Daraus folgt die Behauptung. □

Manchmal ist es vorteilhaft, die Induktion nicht bei 1, sondern bei 0 oder allgemeiner bei irgendeinem $n_0 \in \mathbb{N}_0$ zu beginnen und so eine interne Aussageform $\varphi(n)$ für alle $n \in \mathbb{N}_0, n \geq n_0$ zu zeigen.

Bemerkungen. 1. Wie beim Aussonderungsaxiom gilt auch hier: Satz 1 ist, genau genommen, kein einzelner Satz, sondern ein Satzschema. Das heißt, für jede interne Aussageform $\varphi(n)$ hat man einen entsprechenden Satz, potentiell unendlich viele.

2. Die Bedingung, dass $\varphi(n)$ eine interne Aussageform sein muss, bedeutet keine Einschränkung gegenüber der konventionellen Analysis, wo es das Prädikat *standard* nicht gibt und somit auch keine externen Aussageformen.

Durch vollständige Induktion zeigt man, dass die natürlichen Zahlen aus $\mathbb{N}$ die vom Umgang mit den naiven natürlichen Zahlen vertrauten Eigenschaften haben:
– Summen und Produkte natürlicher Zahlen sind wieder natürliche Zahlen.
– Alle natürlichen Zahlen sind positiv.
– Alle natürlichen Zahlen außer 1 haben eine natürliche Zahl als Vorgänger.
– Für $n, m \in \mathbb{N}$ mit $n > m$ ist auch $n - m \in \mathbb{N}$ und damit $n \geq m + 1$.
– $\mathbb{N}$ ist *wohlgeordnet*, das heißt: Jede nicht leere Teilmenge von $\mathbb{N}$ enthält ein kleinstes Element.
– Jede nicht leere und nach oben beschränkte Teilmenge von $\mathbb{N}$ enthält ein größtes Element.

Die Beweise werden zum Beispiel im Analysis-Lehrbuch von Behrends ausgeführt ([27], S. 45–47). Exemplarisch zeigen wir den vorletzten Punkt, der manchmal auch als *Wohlordnungsprinzip* bezeichnet wird.

Satz 2 (Wohlordnungsprinzip). *Jede nicht leere Teilmenge von $\mathbb{N}$ enthält ein kleinstes Element.*

Beweis. Sei A eine Teilmenge von $\mathbb{N}$, die kein kleinstes Element enthält. Es ist zu zeigen, dass A leer ist. Dazu sei $\varphi(n)$ die folgende interne Aussageform: Für alle $k \in \mathbb{N}$ mit $k \leq n$ gilt $k \notin A$. Dann gilt $\varphi(1)$, denn sonst wäre 1 das kleinste Element von A. Gilt $\varphi(n)$ für ein beliebiges $n \in \mathbb{N}$, dann gilt auch $\varphi(n+1)$, denn sonst wäre $n+1$ das kleinste Element von A. Also gilt nach Satz 1 $\varphi(n)$ für alle $n \in \mathbb{N}$, sodass A leer sein muss. □

Satz 3 (Rekursionssatz für Funktionen). *A sei eine nicht leere Menge, $a \in A$ und $F: A \to A$ eine Funktion. Dann gibt es genau eine Funktion $f: \mathbb{N} \to A$, für die gilt:*
1. $f(1) = a$,
2. $f(n+1) = F(f(n))$.

Beweis.[6] Zur Eindeutigkeit: Sei $g: \mathbb{N} \to A$ eine weitere Funktion mit den im Satz angegebenen Eigenschaften. Dann gilt $f(1) = a = g(1)$ und für alle $n \in \mathbb{N}$:

$$f(n) = g(n) \Rightarrow f(n+1) = F(f(n)) = F(g(n)) = g(n+1).$$

Mit Satz 1 folgt $f = g$.

Zur Existenz: Sei $\varphi(h)$ die folgende interne Aussageform (mit den weiteren Parametern A, F und a):

$$h \subseteq \mathbb{N} \times A, (1, a) \in h \text{ und für alle } n \in \mathbb{N}, b \in A \text{ gilt:}$$
$$(n, b) \in h \Rightarrow (n+1, F(b)) \in h.$$

Diese Aussageform definiert eine (von A, F, a abhängige) Eigenschaft. Die gesamte Menge $\mathbb{N} \times A$ hat diese Eigenschaft. Es sei f die (im Sinne der Inklusion) kleinste Menge, mit dieser Eigenschaft, also

$$f := \bigcap \{h \in \mathcal{P}(\mathbb{N} \times A) \mid \varphi(h)\}.$$

f ist eine zweistellige Relation. Nach Konstruktion ist $\mathrm{Def}(f) \subseteq \mathbb{N}$ induktiv, also $\mathrm{Def}(f) = \mathbb{N}$. Es bleibt, die Rechtseindeutigkeit von f zu zeigen. Dies geschieht per vollständiger Induktion. Induktionsanfang: Es gilt $(1, a) \in f$. Gäbe es $a' \neq a$ mit $(1, a') \in f$, würde $f \setminus \{(1, a')\}$ immer noch φ erfüllen, und f wäre nicht die kleinste Menge mit dieser Eigenschaft. Induktionsschluss: Nach Induktionsvoraussetzung gelte für ein beliebiges $n \in \mathbb{N}$, dass es genau ein $b \in A$ mit $(n, b) \in f$ gibt. Dann gilt $(n+1, F(b)) \in f$. Gäbe es $b' \neq b$ mit $(n+1, b') \in f$, würde $f \setminus \{(n+1, b')\}$ immer noch φ erfüllen, und f wäre nicht die kleinste Menge mit dieser Eigenschaft. □

Der Rekursionssatz ermöglicht rekursive Definitionen, zum Beispiel die Definition der Partialsummenfolge zu einer gegebenen Folge reeller Zahlen, wie in Abschnitt 1.3.3 beschrieben.

2.5.7 Endliche Mengen

Im Folgenden schreiben wir $\{1, \ldots, n\}$ (mit $n \in \mathbb{N}_0$) abkürzend für $\{k \in \mathbb{N} \mid 1 \leq k \leq n\}$. Dies ist genau dann die leere Menge, wenn $n = 0$ ist.

---

6 Der hier angegebene Beweis orientiert sich an [144], S. 15 f.

Definition 2. Eine Menge A heißt *endlich*, wenn es $n \in \mathbb{N}_0$ gibt, sodass gilt:

$$A \sim \{1, \ldots, n\}.$$

Mengen, die nicht endlich sind, heißen *unendlich*.

Dies entspricht der üblichen Definition, die wir bereits in Abschnitt 1.3.5 zitiert hatten. Aussagen über endliche Mengen werden in der Regel durch vollständige Induktion nach der Elementeanzahl bewiesen. Wir zeigen drei Beispiele.

Satz 4. *Seien $m, n \in \mathbb{N}_0$. Dann gilt:*

$$\{1, \ldots, m\} \sim \{1, \ldots, n\} \Rightarrow m = n.$$

Beweis. Wir zeigen durch vollständige Induktion nach m, dass die folgende Aussage für alle $m \in \mathbb{N}_0$ gilt:

$$\forall n \in \mathbb{N}_0 \left(\{1, \ldots, m\} \sim \{1, \ldots n\} \Rightarrow m = n \right). \tag{2.3}$$

Induktionsanfang ($m = 0$): Aus $\{1, \ldots, n\} \sim \{1, \ldots, m\} = \emptyset$ folgt $\{1, \ldots, n\} = \emptyset$ und damit $n = 0$.

Induktionsannahme: (2.3) gelte für ein beliebiges $m \in \mathbb{N}_0$.

Induktionsschluss: Sei $f : \{1, \ldots, m+1\} \to \{1, \ldots, n\}$ bijektiv. Dann ist $n \neq 0$ und damit Nachfolger einer Zahl $n' \in \mathbb{N}_0$. Sei $g: \{1, \ldots, n\} \to \{1, \ldots, n\}$ definiert durch $g(n) = f(m+1)$, $g(f(m+1)) = n$ und $g(i) = i$ sonst. Die Abbildung g vertauscht also lediglich n und $f(m+1)$ (sofern sie verschieden sind) und ist somit bijektiv. Dann ist auch $g \circ f : \{1, \ldots, m+1\} \to \{1, \ldots, n\}$ bijektiv und bildet (nach Definition von g) $m+1$ auf n ab. Daher ist $g \circ f \setminus \{(m+1, n)\}$ eine bijektive Abbildung von $\{1, \ldots, m\}$ nach $\{1, \ldots, n'\}$. Nach Induktionsannahme ist dann $m = n'$ und damit $m+1 = n' + 1 = n$. □

Satz 4 ermöglicht die folgende

Definition 3. Sei A eine endliche Menge und $n \in \mathbb{N}_0$ die eindeutig bestimmte Zahl mit $A \sim \{1, \ldots, n\}$. Dann heißt n die *Mächtigkeit* oder *Kardinalität* oder *Elementeanzahl* von A. Sie wird mit $|A|$ bezeichnet.

Satz 5. *Ist A eine endliche Menge und $B \subset A$, dann ist auch B endlich und es gilt $|B| < |A|$.*

Beweis. Es reicht, die Behauptung für Mengen $A = \{1, \ldots, n\}$, $n \in \mathbb{N}_0$ zu zeigen.

Induktionsanfang ($n = 0$): In diesem Fall ist $A = \emptyset$, und es ist nichts zu zeigen.

Induktionsannahme: Die Behauptung gelte für ein beliebiges $n \in \mathbb{N}_0$.

Induktionsschluss: Sei $A := \{1, \ldots, n+1\}$ und $B \subset A$. Sei zunächst $n+1 \notin B$ angenommen. Dann ist $B \subseteq \{1, \ldots, n\}$. Im Fall der Gleichheit folgt: B ist endlich und $|B| = n < n+1 = |A|$. Im Fall „$\subset$" folgt nach Induktionsannahme: B ist endlich und $|B| < n < n+1 = |A|$. Sei nun $n+1 \in B$ angenommen. Sei m das kleinste Element von $A \setminus B$ und $B' := B \setminus \{n+1\} \cup \{m\}$.

Dann gilt nach der Überlegung von eben die Behauptung für B' und damit auch für B, denn mit B' ist auch B endlich und es gilt $|B| = |B'| < |A|$. $\qquad\square$

Satz 6. *Jede endliche nicht leere Teilmenge von $\mathbb{R}$ enthält ein Minimum und ein Maximum.*

Beweis. Für eine einelementige Menge $\{a_1\} \subseteq \mathbb{R}$ ist a_1 sowohl das Minimum als auch das Maximum. Sei nun eine $(n+1)$-elementige Menge $A := \{a_1, \ldots, a_{n+1}\} \subseteq \mathbb{R}$ gegeben, und sei (nach Induktionsannahme) a_{i_1} das Minimum und a_{i_2} das Maximum der n-elementigen Menge $\{a_1, \ldots, a_n\}$. Dann ist $\min(a_{i_1}, a_{n+1})$ das Minimum und $\max(a_{i_2}, a_{n+1})$ das Maximum von A. $\qquad\square$

2.5.8 Archimedisches Axiom

Das archimedische Axiom wird wie in der Standard-Analysis formuliert, und es werden die üblichen Folgerungen daraus abgeleitet.

Axiom (Archimedisches Axiom). *Zu jeder reellen Zahl x gibt es eine natürliche Zahl n mit $n > x$.*

Ein äquivalente, häufig gebrauchte Umformulierung lautet: Zu zwei positiven reellen Zahlen x und y gibt es eine natürliche Zahl n mit $n \cdot x > y$.

2.5.9 Zwischenfazit

Alles, was wir bisher ausgeführt haben, wird in gleicher Weise in der Standard-Analysis gebraucht, auch wenn es dort in der Regel nicht explizit erwähnt wird. Abgesehen vom zusätzlichen Prädikat *standard* (das wir noch nicht gebraucht haben) gibt es also in der Axiomatik bisher keinen Unterschied zwischen Standard- und Nonstandard-Analysis.

2.6 Die Nichtstandardaxiome der Analysis

2.6.1 Transferaxiom

Wir kommen jetzt erstmals zu einem Axiom, das es in der Standard-Analysis nicht gibt. Demzufolge wird das Prädikat *standard* zum ersten Mal explizit auftauchen. Wir verwenden die relativierten Quantoren $\forall^s x$ und $\exists^s x$ für „Für alle standard x" bzw. „Es gibt ein standard x".[7]

---

7 Man kann diese neuen Symbole im Prinzip eliminieren, indem man $\forall x$ (x standard $\Rightarrow \ldots$) statt $\forall^s x \ldots$ schreibt und $\exists x$ (x standard $\wedge \ldots$) statt $\exists^s x \ldots$.

Das Transferaxiom soll sicherstellen, dass sich die Nichtstandardobjekte in nichts von den Standardobjekten unterscheiden, was sich ohne das Prädikat *standard* formulieren lässt. Wir fordern also: Ist $\varphi(x)$ eine beliebige interne Aussageform, dann gilt

$$\forall^{s} x\, \varphi(x) \Rightarrow \forall x\, \varphi(x). \tag{2.4}$$

Trivialerweise gilt hier auch die Rückrichtung „⇐".

Wendet man (2.4) auf $\neg\varphi$ an, erhält man die duale Variante

$$\exists x\, \varphi(x) \Rightarrow \exists^{s} x\, \varphi(x). \tag{2.5}$$

Auch hier gilt trivialerweise die Rückrichtung „⇐".

Aus (2.5) folgt, dass jedes konventionell definierte Objekt standard ist, denn die Definition besteht in einer internen Aussageform $\varphi(x)$, die genau für ein x erfüllt ist. Nach (2.5) muss dieses x dann standard sein. Damit sind zum Beispiel die reellen Zahlen 10^{10}, $-\frac{13}{5}$, $\sqrt{2}$, π, die Mengen $\mathbb{N}$, $\mathbb{Z}$, $\mathbb{Q}$, $\mathbb{R}$ und die Funktionen sin, cos, exp standard.

In der endgültigen Fassung des Transferaxioms ist noch zugelassen, dass die Aussageform $\varphi(x)$ weitere freie (also nicht durch Quantoren gebundene) Variablen $x_1, \ldots, x_n$ enthält, deren Laufbereich aber auf Standardobjekte eingeschränkt ist. Sie werden daher *Standardparameter* genannt.

Axiom (Transferaxiom, Schema). *Sei $\varphi(x, x_1, \ldots, x_n)$ eine* interne *Aussageform ohne weitere freie Variablen ($n = 0$ zugelassen). Dann gilt für alle standard $x_1, \ldots, x_n$:*

$$\forall^{s} x\, \varphi(x, x_1, \ldots, x_n) \Rightarrow \forall x\, \varphi(x, x_1, \ldots, x_n).$$

Analog zu (2.5) gilt in diesem Fall ebenfalls für alle standard $x_1, \ldots, x_n$:

$$\exists x\, \varphi(x, x_1, \ldots, x_n) \Rightarrow \exists^{s} x\, \varphi(x, x_1, \ldots, x_n).$$

Hieraus folgt: Alles, was sich durch interne Aussageformen mit Standardparametern definieren lässt, ist standard. Insbesondere gilt:

- Für standard $x, y \in \mathbb{R}$ sind $x + y$ und $x \cdot y$ standard.
- Für Standardmengen A, B sind $A \cup B$, $A \cap B$, $A \setminus B$, $A \times B$, $\bigcup A$, $\bigcap A$, $\mathcal{P}(A)$ standard.
- Für standard x, y ist die Paarmenge $\{x, y\}$ standard (analog für Dreiermengen etc.).
- (x, y) ist genau dann standard, wenn x und y standard sind (analog für Tripel etc.).
- Standardfunktionen haben für Standardargumente Standardfunktionswerte. Definitionsbereich und Bildbereich von Standardfunktionen sind Standardmengen.

Bemerkungen. 1.   Das Transferaxiom kann bei Bedarf mehrmals hintereinander angewandt werden. Gilt zum Beispiel eine interne Aussageform $\varphi(x_1, \ldots, x_n)$ für alle standard $x_1, \ldots, x_n$, so liefert eine n-malige Anwendung des Transferaxioms $\varphi(x_1, \ldots, x_n)$ für alle $x_1, \ldots, x_n$.

2. Das Transferaxiom ist auf interne Aussageformen (mit Standardparametern) anwendbar. Ohne diese Voraussetzungen ist eine Anwendung des Axioms nicht erlaubt und wird *illegaler Transfer* genannt. Würde das Transferaxiom allgemein auch für externe Aussageformen gelten, wäre das zusätzliche Prädikat *standard* sinnlos, denn es würde mit der Aussageform „*x* ist standard" sofort folgen, dass alle Objekte des Universums standard sind.

Nach dem Transferaxiom sind alle Mengen, die sich eindeutig durch interne Aussageformen definieren lassen (zum Beispiel $\mathbb{N}$ oder $\mathbb{R}$), standard. Das bedeutet jedoch *nicht*, dass alle Elemente dieser Mengen ebenfalls standard sind. Es ist gerade der Sinn der erweiterten Theorie, Nichtstandardzahlen in $\mathbb{R}$ zur Verfügung zu haben.

!

Es ist also zumindest nicht ausgeschlossen (mehr können wir im Moment noch nicht sagen), dass Standardmengen auch Nichtstandardelemente enthalten. Nach dem Transferaxiom ist allerdings klar, dass eine Standardmenge bereits durch ihre Standardelemente eindeutig bestimmt ist (selbst wenn es noch Nichtstandardelemente in ihr geben sollte). Für einen Vergleich von zwei Standardmengen reicht es daher aus, die Standardelemente zu betrachten, wie der folgende Satz zeigt.

Satz 7. *Seien A und B zwei Standardmengen. Dann gilt:*
1. *Wenn ($x \in A \Rightarrow x \in B$) für alle standard x gilt, dann ist $A \subseteq B$.*
2. *Wenn ($x \in A \Leftrightarrow x \in B$) für alle standard x gilt, dann ist $A = B$.*

Beweis. Zu 1.: Für alle standard x gelte $x \in A \Rightarrow x \in B$. Dies ist eine interne Aussageform (mit den Standardparametern A und B). Daher ist das Transferaxiom anwendbar und es folgt $x \in A \Rightarrow x \in B$ für alle x, also $A \subseteq B$. Zu 2.: analog. $\square$

2.6.2 Idealisierungsaxiom für reelle Zahlen

Bislang wissen wir nicht, ob es überhaupt Nichtstandardobjekte in unserem postulierten Universum gibt. Das Transferaxiom sagt lediglich aus, dass jedes Objekt, das wir konventionell definieren können, standard ist und dass Nichtstandardobjekte (falls es sie geben sollte) bezogen auf die Standard-Analysis vollkommen unauffällig sind.

An dieser Stelle müssen wir uns entscheiden. Wollen wir, dass es Nichtstandardobjekte gibt? Dann müssen wir dies durch ein entsprechendes Axiom fordern. Wenn wir auf ein solches Axiom verzichten, bleibt das Prädikat *standard* wirkungslos, und die Analysis muss konventionell betrieben werden. Man beachte, dass auch in diesem Fall nicht folgt, dass es *keine* Nichtstandardobjekte gibt. Man weiß nur nichts über ihre Existenz.

Da Nichtstandardobjekte uns die Möglichkeit infinitesimaler Zahlen eröffnen, entscheiden wir uns für ein Axiom, das die Existenz von Nichtstandardobjekten sichert. Im

Gegensatz zur Idealisierung in IST (siehe Abschnitt 3.5.3) reicht uns hier ein Idealisierungsaxiom für reelle Zahlen.

Axiom (Idealisierungsaxiom für reelle Zahlen). *Es gibt $x \in \mathbb{R}$, sodass für alle standard $y \in \mathbb{R}$ gilt: $x > y$.*

Definition 4. 1. $x \in \mathbb{R}$ heißt
   - *endlich groß* oder *beschränkt*, wenn es ein standard $y \in \mathbb{R}$ gibt mit $|x| \leq y$,
   - *unendlich groß* oder *unbeschränkt* (kurz: $|x| \gg 1$), wenn x nicht endlich groß ist, das heißt, wenn für alle standard $y \in \mathbb{R}$ gilt: $|x| > y$,
   - *unendlich klein* oder *infinitesimal* (kurz: $x \approx 0$), wenn für alle standard $y \in \mathbb{R}$, $y > 0$ gilt: $|x| < y$.
2. $x, y \in \mathbb{R}$ heißen *infinitesimal benachbart* (kurz: $x \approx y$), wenn $x - y \approx 0$. Man sagt auch: x und y liegen *unendlich nahe* beieinander.

Intuitiv plausible Rechenregeln für endlich große, unendlich große und infinitesimale Zahlen können leicht anhand der Definition verifiziert werden. Die wichtigsten Regeln fasst der folgende Satz zusammen.

Satz 8. 1. *Für nicht infinitesimales x ist x^{-1} endlich groß.*
2. *Für unendlich großes x ist x^{-1} infinitesimal.*
3. *Für infinitesimales $x \neq 0$ ist x^{-1} unendlich groß.*
4. *Sind x, y endlich groß, dann sind auch $x + y$ und $x \cdot y$ endlich groß.*
5. *Sind x, y infinitesimal, dann sind auch $x + y$ und $x \cdot y$ infinitesimal.*
6. *Ist x positiv (negativ) unendlich groß und y endlich groß, dann ist $x+y$ positiv (negativ) unendlich groß.*
7. *Ist x unendlich groß und y nicht infinitesimal, dann ist $x \cdot y$ unendlich groß.*
8. *Ist x endlich groß und y infinitesimal, dann ist $x \cdot y$ infinitesimal.*

Beweis. Übungsaufgabe. □

Aus Definition 4 und den Rechenregeln für infinitesimale Zahlen folgt, dass $\approx$ eine Äquivalenzrelation in $\mathbb{R}$ ist.

! Man beachte, dass der Schluss von $a \approx b$ auf $ac \approx bc$ im Allgemeinen nur dann zulässig ist, wenn c eine endlich große Zahl ist.

Nach dem Idealisierungsaxiom gibt es unendlich große Zahlen und (als deren Kehrwerte) auch infinitesimale Zahlen ungleich 0. Wegen des archimedischen Axioms gibt es auch unendlich große natürliche Zahlen, und wir erhalten folgenden Satz.

Satz 9. *Sei $x \in \mathbb{R}$. Dann gilt:*
- *x ist endlich groß genau dann, wenn es ein standard $n \in \mathbb{N}$ gibt mit $|x| \leq n$,*
- *x ist unendlich groß genau dann, wenn für alle standard $n \in \mathbb{N}$ gilt: $|x| > n$.*
- *x ist infinitesimal genau dann, wenn für alle standard $n \in \mathbb{N}$ gilt: $|x| < \frac{1}{n}$.*

Die Null ist eine besondere infinitesimale Zahl:

Satz 10. *Null ist die einzige infinitesimale Standardzahl.*

Beweis. Sei $x \in \mathbb{R}$ infinitesimal und standard. Nach Definition 4 gilt $\forall^s y > 0 \, (|x| < y)$. Dies ist eine interne Aussageform mit Standardparameter x. Daher ist das Transferaxiom anwendbar und es folgt $\forall y > 0 \, (|x| < y)$. Daraus folgt $x = 0$. □

Aus Satz 10 folgt, dass zwei infinitesimal benachbarte Standardzahlen gleich sind.

Bemerkungen. 1. Die Begriffe *endlich* und *unendlich* (jeweils mit dem Zusatz „groß") werden hier als *arithmetische*, also auf reelle Zahlen bezogene Begriffe definiert. Die gleichen Begriffe werden in der Mengenlehre mit einer anderen, einer *kardinalen*, also auf die Mächtigkeit von Mengen bezogenen Bedeutung belegt (vgl. Definition 2 in Abschnitt 2.5.7). Diese kontextabhängige Bedeutung der Begriffe *endlich* und *unendlich* kann zu verwirrenden Formulierungen führen, wenn beide Kontexte in einer Aussage zusammenkommen. Zum Beispiel ist für beliebiges $n \in \mathbb{N}$ die Menge $\{i \in \mathbb{N} \mid 1 \leq i \leq n\}$ im kardinalen Sinne endlich, hat aber (falls $n \gg 1$) eine (arithmetisch) unendlich große Elementeanzahl.[8]

2. Wenn klar ist, dass die Größe einer Zahl und nicht die Mächtigkeit einer Menge gemeint ist, sagen wir statt „x ist endlich groß bzw. unendlich groß" auch „x ist endlich bzw. unendlich", insbesondere, wenn x eine natürliche Zahl ist. „Unendlich klein" verkürzen wir dagegen nicht zu „unendlich".

3. Der Gedanke, dass es unendlich große natürliche Zahlen geben kann, ist ungewohnt, gerade weil natürliche Zahlen zur Definition endlicher Mengen herangezogen werden. Er ist aber essentiell für das Grundlagenverständnis der Mathematik. Mag die Unterscheidung zwischen Metazahlen und Objektzahlen in der Standard-Analysis wie eine pedantische Formalie ohne tiefere Bedeutung erscheinen, ist die Möglichkeit von Nichtstandard-Erweiterungen der Theorie der schlagende Beweis dafür, dass diese Unterscheidung absolut notwendig und – wie die weitere Untersuchung zeigen wird – sogar sehr nützlich ist.

2.6.3 Standardteilaxiom

Das Standardteilaxiom kann als die Nichtstandardversion des Vollständigkeitsaxioms verstanden werden. Die Idee des konventionellen Vollständigkeitsaxioms ist, dass Problemstellungen, die in den rationalen Zahlen nur beliebig genau gelöst werden können, in dem erweiterten Zahlenbereich $\mathbb{R}$ eine exakte Lösung haben sollen. Ein einfaches Beispiel ist die Aufgabe, die Gleichung $x^2 = 2$ zu lösen. Allgemeiner drückt sich diese

---

8 Einige Autoren verwenden daher für das arithmetische *unendlich groß* Kunstbegriffe wie *i-groß* oder *ultragroß*. In der internen Mengenlehre wird vorzugsweise der Begriff *unbeschränkt* verwendet.

Forderung an die reellen Zahlen in der Konvergenz aller Cauchy-Folgen oder im Supremumsprinzip aus.

Die bislang aufgeführten Axiome der reellen Zahlen (Körper- und Anordnungsaxiome, archimedisches Axiom) gelten sämtlich ebenfalls in den rationalen Zahlen. Dennoch sind wir durch die Verfügbarkeit von Nichtstandardzahlen in gewisser Hinsicht einen Schritt weiter als in der Standard-Analysis, denn wir können zum Beispiel die Gleichung $x^2 = 2$ mit rationalen Nichtstandardzahlen nicht nur beliebig genau, sondern *unendlich genau* lösen. Man wähle etwa ein beliebiges unendliches $n \in \mathbb{N}$ und dazu das kleinste $m \in \mathbb{N}$, für das $(\frac{m}{n})^2 \geq 2$ ist. Dann ist $(\frac{m-1}{n})^2$ noch kleiner als 2 und $(\frac{m}{n})^2 \approx 2.$ [9]

Wüsste man nun, dass in der infinitesimalen Nachbarschaft von $\frac{m}{n}$ eine reelle Standardzahl s liegt, dann hätte man mit s eine exakte Lösung, denn aus $s \approx \frac{m}{n}$ folgt (da $\frac{m}{n}$ endlich ist) $s^2 \approx (\frac{m}{n})^2 \approx 2$ und damit (da s^2 standard ist) $s^2 = 2$. In der Tat wird die Vollständigkeit von $\mathbb{R}$ durch das folgende Axiom ausgedrückt.

Axiom (Standardteilaxiom). *Für alle endlichen $x \in \mathbb{R}$ gibt es ein standard $y \in \mathbb{R}$ mit $x \approx y$.*

Die Zahl y im Standardteilaxiom ist eindeutig bestimmt (weil $\approx$ transitiv ist und zwei infinitesimal benachbarte Standardzahlen gleich sind). Sie wird der *Standardteil* von x genannt und mit st(x) bezeichnet. Die folgenden Regeln für das Rechnen mit Standardteilen können anhand der Definition leicht verifiziert werden.

Satz 11. *Für alle endlichen $x, y \in \mathbb{R}$ gilt:*
1. $x + y$ *ist endlich und* st($x + y$) = st(x) + st(y),
2. $x \cdot y$ *ist endlich und* st($x \cdot y$) = st(x) $\cdot$ st(y),
3. $\frac{x}{y}$ *ist endlich und* st($\frac{x}{y}$) = $\frac{\text{st}(x)}{\text{st}(y)}$, *falls y nicht infinitesimal ist,*
4. $x \leq y \Rightarrow$ st(x) $\leq$ st(y).

Beweis. Wir zeigen exemplarisch die Aussagen 1 und 4.

Zu 1.: Mit x, y ist auch $x + y$ endlich (Satz 8, Punkt 4). Des Weiteren gibt es infinitesimale dx, dy mit $x = $ st(x) + dx und $y = $ st(y) + dy. Dann ist

$$x + y = \text{st}(x) + \text{st}(y) + dx + dy.$$

Da st(x) + st(y) standard ist und $dx + dy$ infinitesimal, folgt die Behauptung.

Zu 4.: Sei $x \leq y$. Angenommen, es gälte st(x) > st(y). Dann wäre $x - y \leq 0$, aber st($x - y$) = st(x) $-$ st(y) > 0. Damit wäre der Abstand zwischen $x - y$ und st($x - y$) größer gleich einer positiven Standardzahl, also nicht infinitesimal, im Widerspruch zur Definition des Standardteils. Daher muss st(x) $\leq$ st(y) gelten. ☐

Aus dem Standardteilaxiom (und dem archimedischen Axiom) folgt die konventionelle Beschreibung der Vollständigkeit, zum Beispiel in Gestalt des Supremumsprinzips.

---

9 Aus $\frac{(m-1)^2}{n^2} < 2 \leq \frac{m^2}{n^2}$ folgt $0 \leq \frac{m^2}{n^2} - 2 < \frac{m^2}{n^2} - \frac{(m-1)^2}{n^2} = \frac{2m-1}{n^2} = \frac{1}{n}(2\frac{m}{n} - \frac{1}{n}) \approx 0$, da $\frac{m}{n}$ endlich und $n \gg 1$ ist.

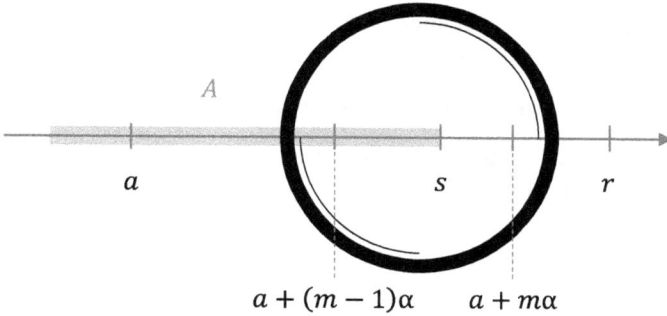

$$a + (m-1)\alpha \qquad a + m\alpha$$

Abb. 2.1: Skizze zum Beweis des Supremumsprinzips mit unendlicher Vergrößerung bei s.

Die Begriffe *obere Schranke* und *Supremum* werden dabei wie üblich – also durch interne Aussageformen – definiert.

Satz 12 (Supremumsprinzip). *Jede nicht leere nach oben beschränkte Teilmenge von $\mathbb{R}$ besitzt eine kleinste obere Schranke (Supremum).*

Beweis. Wir zeigen, dass die Behauptung für Standardmengen gilt. Nach dem Transferaxiom gilt sie dann allgemein.

Sei also $A \subseteq \mathbb{R}$ standard, nicht leer und nach oben beschränkt. Nach dem Transferaxiom gibt es ein standard $a \in A$ und eine obere Schranke r von A, die standard ist. Sei $\alpha \approx 0$, $\alpha > 0$ und

$$M := \{j \in \mathbb{N} \mid a + j\alpha \text{ ist obere Schranke von } A\}.$$

Nach dem archimedischen Axiom gibt es $n \in \mathbb{N}$ mit $a + n\alpha > r$. Also ist $M \neq \emptyset$ und hat nach dem Wohlordnungsprinzip ein Minimum m. Die Zahl $a + m\alpha$ ist endlich (zum Beispiel kleiner als die Standardzahl $r + 1$). Setze $s := \text{st}(a + m\alpha)$ (siehe Abbildung 2.1).

Die Zahl s ist eine obere Schranke von A, denn nach Definition von m gilt für alle $x \in A$: $x \leq a + m\alpha$, nach Satz 11 (Punkt 4) also $\text{st}(x) \leq s$. Damit gilt für alle standard x

$$x \in A \Rightarrow x \leq s.$$

Dies ist eine interne Aussageform (mit den Standardparametern A und s). Nach dem Transferaxiom gilt sie daher für alle x.

Die Zahl s ist die *kleinste* obere Schranke von A, denn angenommen, es gäbe eine obere Schranke t von A mit $t < s$. Nach dem Transferaxiom gäbe es dann ein standard t mit dieser Eigenschaft. Da die Differenz verschiedener Standardzahlen nicht infinitesimal sein kann, folgte $t < a + (m-1)\alpha$. Damit wäre t aber keine obere Schranke, im Widerspruch zur Annahme. $\qquad\square$

In $\mathbb{R}$ liegen zwischen zwei Standardzahlen unendlich viele Nichtstandardzahlen. In $\mathbb{N}$ erwarten wir dagegen, dass jede Nichtstandardzahl größer ist als alle Standardzahlen bzw. umgekehrt, dass alle Zahlen, die kleiner sind als eine Standardzahl, ebenfalls standard sind. Dies bestätigt der folgende Satz.

Satz 13. *Sei $n \in \mathbb{N}$ standard. Dann sind auch alle $m \in \mathbb{N}$ mit $m < n$ standard.*

Beweis.[10] Sei $n \in \mathbb{N}$ standard und $m \in \mathbb{N}$, $m < n$. Dann ist m endlich und es gibt nach dem Standardteilaxiom ein standard $r \in \mathbb{R}$ mit $m \approx r$. Daraus folgt $r - \frac{1}{2} < m < r + \frac{1}{2}$. Es gibt also $k \in \mathbb{N}$ mit $r - \frac{1}{2} < k < r + \frac{1}{2}$. Dies ist eine interne Aussageform (mit Standardparameter r). Daher ist das Transferaxiom anwendbar, und es folgt, dass es ein standard $k \in \mathbb{N}$ mit $r - \frac{1}{2} < k < r + \frac{1}{2}$ gibt. Da das offene Intervall $]r - \frac{1}{2}, r + \frac{1}{2}[$ höchstens eine ganze Zahl enthalten kann, folgt $m = k$. Also ist m standard. □

2.7 Abschließende Bemerkungen zur Axiomatik

Zwei wesentliche Herausforderungen bei der Anwendung der Nichtstandardtheorie liegen darin, illegalen Transfer und illegale Mengenbildung zu vermeiden. Bei Anwendungen des Transferaxioms ist stets darauf zu achten, dass die zu transferierende Aussage intern ist und höchstens noch Standardparameter enthält. Bei Mengenbildungen durch Aussonderung muss man sich immer davon überzeugen, dass die Aussageform, mit der man aussondert, intern ist. Auf Letzteres wollen wir noch etwas genauer eingehen.

Dass das Aussonderungsaxiom nur für interne Aussageformen verfügbar ist, bedeutet zwar keine Einschränkung gegenüber der Standard-Analysis, erscheint aber, mit einem naiven Mengenverständnis betrachtet, unbefriedigend. Warum sollte man aus einer beliebigen Menge nicht die Teilmenge zum Beispiel aller ihrer Standardelemente aussondern können?

Zunächst ist festzustellen, dass ein naives Mengenverständnis auf der Basis der Komprehension mit beliebigen Prädikaten zu Widersprüchen geführt hat und man daher mit Beginn des 20. Jahrhunderts einen axiomatisch begründeten Mengenbegriff angestrebt hat. Axiome regeln seither, welche Mengen man als existent annehmen darf und welche grundlegenden Aussagen für Mengen gelten.

In der Zermelo-Fraenkel'schen Mengenlehre wird das allgemeine Komprehensionsaxiom abgeschwächt zum Aussonderungsaxiom. Statt der intuitiv plausiblen Mengenbildung nach dem Schema $\{x \mid \varphi(x)\}$ ist nur noch die Aussonderung aus bereits gegebenen Mengen erlaubt, also die Mengenbildung nach dem Schema $\{x \in A \mid \varphi(x)\}$ (wobei die Existenz von A zuvor gesichert sein muss). Was ist nun die Motivation, dieses Aussonderungsschema nicht auch für das neue Prädikat *standard* zuzulassen?

---

10 Der Beweis ist einer Entwurfsversion von [103] entnommen. In IST (mit dem wesentlich allgemeineren Idealisierungsaxiom) folgt der Satz unmittelbar aus Satz 50 (der Charakterisierung endlicher Standardmengen).

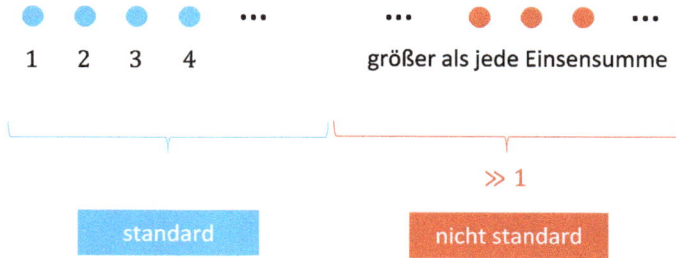

1 2 3 4   größer als jede Einsensumme

$\gg 1$

standard   nicht standard

Abb. 2.2: Die Menge der natürlichen Zahlen in der Nichtstandardsicht.

Wir befinden uns hier in einer ähnlichen Situation wie zum Ende des 19. Jahrhunderts, als man beschloss, aktual unendliche Mengen in mathematischen Betrachtungen zuzulassen. Man musste dazu ein jahrtausendealtes und plausibles Prinzip, welches zu den euklidischen Axiomen gehörte, aufgeben: Das Ganze ist größer als sein Teil. Wir haben schon erwähnt, dass Leibniz unendliche Gesamtheiten genau aus diesem Grund abgelehnt hat.

Wenn man die Existenz aktual unendlicher Mengen zulassen will, muss man dieses Axiom opfern, um Widersprüche zu vermeiden. Und wenn man in $\mathbb{N}$ jenseits aller Standardzahlen (zu denen alle explizit benennbaren Zahlen gehören) die Existenz weiterer – und demzufolge unendlich großer – Zahlen zulassen will, dann muss man die Aussonderung mit dem Prädikat, das Standard- und Nichtstandardzahlen unterscheidet, opfern.[11]

Wäre eine Mengenbildung wie $\{x \in \mathbb{N} \mid x$ ist standard$\}$ möglich, dann stünde sie im Widerspruch zum (bewiesenen) Wohlordnungsprinzip, denn das Komplement dieser Menge in $\mathbb{N}$ wäre nicht leer, hätte aber kein kleinstes Element.

Wie hat man sich die Menge $\mathbb{N}$ vorzustellen? Auf eine oben offene Abfolge von Standardzahlen folgt eine unten (und oben) offene Abfolge von Nichtstandardzahlen (siehe Abbildung 2.2). Unter den Standardzahlen gibt es keine größte (mit n ist auch $n + 1$ standard) und unter den Nichtstandardzahlen keine kleinste (mit n ist auch $n - 1$ nichtstandard). Es ist jedoch nicht möglich, die Menge $\mathbb{N}$ genau zwischen den Standardzahlen und den Nichtstandardzahlen aufzutrennen, denn dies wäre eine Aussonderung mit dem externen Prädikat *standard*. Dagegen ist es problemlos möglich, die Menge $\mathbb{N}$ bei einer beliebigen Zahl (standard oder nicht) aufzutrennen.

Eine möglicherweise hilfreiche Analogie aus dem Alltag ist das *Haufenparadoxon*, das die Schwierigkeit beschreibt, einen vagen Begriff wie den des Haufens exakt zu definieren (siehe [59], S. 244–258). Wann ist eine Ansammlung von Sandkörnern ein Haufen? Intuitiv sollten es so viele sein, dass die Ansammlung nach Entfernen eines Sandkorns

---

11 In *externen Mengenlehren* (siehe Abschnitt 3.6.2) sind Aussonderungen mit externen Aussageformen möglich. Allerdings müssen andere Mengenaxiome dafür eingeschränkt werden.

immer noch ein Haufen ist. Andererseits bildet ein einzelnes Sandkorn intuitiv keinen Haufen. Es ist nicht möglich, eine exakte und intuitiv plausible Grenze zwischen Haufen und Nichthaufen anzugeben.

Ebenso ist es nicht möglich, mit den Axiomen der Mengenlehre in den natürlichen Zahlen eine Grenze zwischen Standard- und Nichtstandardzahlen zu ziehen oder in den reellen Zahlen eine Grenze zwischen endlichen und unendlichen Zahlen (Letzteres würde dem Supremumsprinzip widersprechen).

! Angesichts der Darstellung in Abbildung 2.2 ist man möglicherweise versucht, die Standardzahlen in $\mathbb{N}$ mit den Einsensummen zu identifizieren. Für heuristische Überlegungen mag eine solche Vorstellung sogar hilfreich sein. Tatsächlich ist aber nur gesichert, dass jede Einsensumme standard ist und dass jede Nichtstandardzahl in $\mathbb{N}$ größer als jede Einsensumme ist.[12]

2.8 Externe Kriterien für zentrale Begriffe der Analysis

Die zentralen Begriffe der Analysis (Konvergenz, Stetigkeit, Differenzierbarkeit, Integrierbarkeit etc.) seien konventionell, das heißt durch *interne* Aussageformen definiert. Diese Definitionen setzen wir als bekannt voraus.

In den folgenden Abschnitten geben wir logisch einfachere, *externe* Kriterien an, die sich für Standardparameter (also zum Beispiel bezogen auf Standardfunktionen und Standardzahlen) als äquivalent zu den logisch komplexeren, internen Definitionen herausstellen werden.

Der Nutzen der externen Kriterien besteht darin, dass man für konventionelle (also intern formulierte) Sätze eine alternative Beweismethode nach folgendem Schema zur Verfügung hat:
1. Beweis der Aussage des Satzes für Standardparameter (Standardfunktionen und Standardzahlen) unter Verwendung der externen Kriterien.
2. Verallgemeinerung der Aussage per Transfer (dies ist möglich, da die Aussage intern ist und nur Standardparameter enthält).

Im Folgenden sei D stets eine Teilmenge von $\mathbb{R}$. Ist $f : D \to \mathbb{R}$ eine Funktion und standard, so ist auch D standard.

Zur Vereinfachung von logischen Formeln in den Beweisen vereinbaren wir noch, dass die Variablen $a, b, c, x, y, \varepsilon, \delta$ für reelle Zahlen und die Variablen m, n für natürlich Zahlen stehen sollen. Dementsprechend stehe zum Beispiel $\forall x \, \exists n \ldots$ abkürzend für $\forall x \in \mathbb{R} \, \exists n \in \mathbb{N} \ldots$.

---

12 Formal (und mit dem einstelligen Relationssymbol s für *standard*) kann man dies als Satzschema formulieren: Für jeden Einsensummenterm τ hat man den Satz

$$s(\tau) \wedge \forall n \in \mathbb{N} \left(\neg s(n) \Rightarrow n > \tau \right).$$

2.8.1 Konvergenz von Folgen

Satz 14. *Sei* $f : \mathbb{N} \to \mathbb{R}$ *standard. Dann ist* f konvergent *genau dann, wenn es ein standard* $a \in \mathbb{R}$ *gibt, sodass für alle* $n \gg 1$ *gilt:*

$$f(n) \approx a.$$

In diesem Fall ist a *der* Grenzwert *von* f *und*

$$a = \lim_{k \to \infty} f(k) = \mathrm{st}(f(n)), \quad \text{für alle } n \gg 1.$$

Beweis. Nach konventioneller Definition ist f konvergent, wenn es ein a gibt, sodass gilt:

$$\forall \varepsilon > 0 \, \exists m \, \forall n \, (n \geq m \Rightarrow |f(n) - a| < \varepsilon). \tag{2.6}$$

Es ist zu zeigen, dass dies genau dann der Fall ist, wenn es ein standard a gibt, sodass gilt:

$$\forall n \, (n \gg 1 \Rightarrow f(n) \approx a). \tag{2.7}$$

Zunächst zeigen wir, dass (2.6) und (2.7) für standard a äquivalent sind. Sei also a standard. Dann gilt:

$$\forall \varepsilon > 0 \, \exists m \, \forall n \, (n \geq m \Rightarrow |f(n) - a| < \varepsilon)$$

$$\overset{(1)}{\Leftrightarrow} \quad \forall^s \varepsilon > 0 \, \exists^s m \, \forall n \, (n \geq m \Rightarrow |f(n) - a| < \varepsilon)$$

$$\overset{(2)}{\Leftrightarrow} \quad \forall^s \varepsilon > 0 \, \forall n \, (n \gg 1 \Rightarrow |f(n) - a| < \varepsilon)$$

$$\overset{(3)}{\Leftrightarrow} \quad \forall n \, \forall^s \varepsilon > 0 \, (n \gg 1 \Rightarrow |f(n) - a| < \varepsilon)$$

$$\overset{(4)}{\Leftrightarrow} \quad \forall n \, (n \gg 1 \Rightarrow \forall^s \varepsilon > 0 \, |f(n) - a| < \varepsilon)$$

$$\overset{(5)}{\Leftrightarrow} \quad \forall n \, (n \gg 1 \Rightarrow f(n) \approx a).$$

Erläuterungen. – Zu (1): Man wende das Transferaxiom an (zunächst auf $\forall \varepsilon > 0 \ldots$ und dann in der dualen Variante auf $\exists m \ldots$).
– Zu (2) „⇒": Wenn es ein standard m gibt, sodass $|f(n) - a| < \varepsilon$ für alle $n \geq m$ gilt, dann gilt dies erst recht für alle $n \gg 1$.
– Zu (2) „⇐": Wenn $|f(n) - a| < \varepsilon$ für alle $n \gg 1$ gilt, dann gibt es ein m (zum Beispiel ein beliebiges unendlich großes), sodass gilt: $\forall n \, (n \geq m \Rightarrow |f(n) - a| < \varepsilon)$. Das ist eine interne Aussageform in m (mit den Standardparametern f, a, ε). Nach dem Transferaxiom gibt es dann auch ein standard m mit dieser Eigenschaft.
– Bei (3) wird lediglich die Reihenfolge zweier benachbarter Allquantoren vertauscht.
– (4) gilt, weil die Prämisse $n \gg 1$ nicht von ε abhängt.
– (5) gilt nach Definition von „$\approx$".

Ist f konvergent, so ist a durch die interne Aussageform (2.6) eindeutig bestimmt als $\lim_{k\to\infty} f(k)$, also standard. Daher erfüllt a auch (2.7), und es folgt $a = \lim_{k\to\infty} f(k) = \mathrm{st}(f(n))$ für alle $n \gg 1$.

Gibt es umgekehrt ein standard a mit (2.7), dann erfüllt a auch (2.6). □

Satz 15. *Sei $f: \mathbb{N} \to \mathbb{R}$ standard. Dann ist f eine* Cauchy-Folge *genau dann, wenn für alle $m, n \gg 1$ gilt:*

$$f(m) \approx f(n).$$

Beweis. Übungsaufgabe. □

Satz 16. *Seien $f: \mathbb{N} \to \mathbb{R}$ und $a \in \mathbb{R}$ beide standard. Dann ist a ein* Häufungswert *von f genau dann, wenn es $n \gg 1$ gibt mit $f(n) \approx a$.*

Beweis. Nach Definition ist a ein Häufungswert von f, wenn in jeder ε-Umgebung von a unendlich viele Folgenglieder liegen. Dies ist äquivalent zu

$$\forall \varepsilon > 0 \, \forall m \, \exists n \, (n \geq m \wedge |f(n) - a| < \varepsilon)$$

und wegen des archimedischen Axioms ebenfalls äquivalent zu

$$\forall m \exists n \left(n \geq m \wedge |f(n) - a| < \frac{1}{m} \right). \tag{2.8}$$

Es ist zu zeigen, dass dies äquivalent ist zu

$$\exists n \, (n \gg 1 \wedge f(n) \approx a). \tag{2.9}$$

Das ergibt sich aus folgender Äquivalenzumformung:

$$\forall m \exists n \left(n \geq m \wedge |f(n) - a| < \frac{1}{m} \right)$$
$$\overset{(1)}{\Leftrightarrow} \forall^s m \exists n \left(n \geq m \wedge |f(n) - a| < \frac{1}{m} \right)$$
$$\overset{(2)}{\Leftrightarrow} \exists n \forall^s m \left(n \geq m \wedge |f(n) - a| < \frac{1}{m} \right)$$
$$\overset{(3)}{\Leftrightarrow} \exists n \, (n \gg 1 \wedge f(n) \approx a).$$

Erläuterungen. – Zu (1): Man wende das Transferaxiom an.
– Zu (2) „⇒": Sei $M := \{m \mid \exists n (n \geq m \wedge |f(n) - a| < \frac{1}{m})\}$. Dann enthält M nach Voraussetzung alle standard m. Enthielte M ausschließlich Standardzahlen, so wäre $\mathbb{N} \setminus M \neq \emptyset$ und enthielte nach dem Wohlordnungsprinzip eine kleinste Zahl n_0. Dann wäre n_0 nicht standard, aber $n_0 - 1 \in M$ standard. Widerspruch! Also muss M auch Nichtstandardzahlen enthalten. Für eine solche Nichtstandardzahl $m_0 \in M$

gilt (nach Definition von M): $\exists n\,(n \geq m_0 \wedge |f(n) - a| < \frac{1}{m_0})$. Da m_0 größer als alle standard m ist, gibt es also ein n, sodass für alle standard m gilt: $n \geq m \wedge |f(n)-a| < \frac{1}{m}$.

- Zu (2) „$\Leftarrow$": Trivial.
- (3) gilt nach Definition von $\gg$ und „$\approx$" mit Satz 9. $\qquad\qquad\qquad\square$

2.8.2 Stetigkeit in einem Punkt

Satz 17. *Seien $f : D \to \mathbb{R}$ und $a \in D$ beide standard. Dann ist f stetig in a genau dann, wenn für alle $x \in D$ mit $x \approx a$ gilt:*

$$f(x) \approx f(a).$$

Beweis. Nach der $\varepsilon\delta$-Definition der Stetigkeit ist f stetig in a genau dann, wenn gilt:

$$\forall \varepsilon > 0 \,\exists \delta > 0\, \forall x \in D\,(|x - a| < \delta \Rightarrow |f(x) - f(a)| < \varepsilon). \tag{2.10}$$

Es ist zu zeigen, dass dies genau dann der Fall ist, wenn gilt:

$$\forall x \in D\,(x \approx a \Rightarrow f(x) \approx f(a)). \tag{2.11}$$

Das ergibt sich aus folgender Äquivalenzumformung:

$$\forall \varepsilon > 0\, \exists \delta > 0\, \forall x \in D\,(|x - a| < \delta \Rightarrow |f(x) - f(a)| < \varepsilon)$$

$$\overset{(1)}{\Leftrightarrow} \quad \forall^s \varepsilon > 0\, \exists^s \delta > 0\, \forall x \in D\,(|x - a| < \delta \Rightarrow |f(x) - f(a)| < \varepsilon)$$

$$\overset{(2)}{\Leftrightarrow} \quad \forall^s \varepsilon > 0\, \forall x \in D\,(x \approx a \Rightarrow |f(x) - f(a)| < \varepsilon)$$

$$\overset{(3)}{\Leftrightarrow} \quad \forall x \in D\, \forall^s \varepsilon > 0\,(x \approx a \Rightarrow |f(x) - f(a)| < \varepsilon)$$

$$\overset{(4)}{\Leftrightarrow} \quad \forall x \in D\,(x \approx a \Rightarrow \forall^s \varepsilon > 0\,|f(x) - f(a)| < \varepsilon)$$

$$\overset{(5)}{\Leftrightarrow} \quad \forall x \in D\,(x \approx a \Rightarrow f(x) \approx f(a)).$$

Erläuterungen. – Zu (1): Man wende das Transferaxiom an.
- Zu (2) „$\Rightarrow$": Wenn $|x-a| < \delta$ (mit einem standard $\delta > 0$) hinreichend für $|f(x)-f(a)| < \varepsilon$ ist, dann ist insbesondere $x \approx a$ hinreichend.
- Zu (2) „$\Leftarrow$": Wenn $\forall x \in D\,(x \approx a \Rightarrow |f(x) - f(a)| < \varepsilon)$ gilt, dann gibt es ein $\delta > 0$ (zum Beispiel ein beliebiges infinitesimales), sodass

$$\forall x \in D\,(|x - a| < \delta \Rightarrow |f(x) - f(a)| < \varepsilon) \tag{2.12}$$

gilt. Das ist eine interne Aussageform in δ mit den Standardparametern f, D, a, ε. Nach dem Transferaxiom gibt es dann auch ein standard $\delta > 0$, für das (2.12) gilt.

- Bei (3) wird lediglich die Reihenfolge zweier benachbarter Allquantoren vertauscht.
- (4) gilt, weil die Prämisse $x \approx a$ nicht von ε abhängt.
- (5) gilt nach Definition von „$\approx$". $\qquad\square$

2.8.3 Gleichmäßige Stetigkeit

Satz 18. *Sei $f : D \to \mathbb{R}$ standard. Dann ist f gleichmäßig stetig genau dann, wenn für alle $x_1, x_2 \in D$ mit $x_1 \approx x_2$ gilt:*

$$f(x_1) \approx f(x_2).$$

Beweis. Nach konventioneller Definition ist f gleichmäßig stetig genau dann, wenn gilt:

$$\forall \varepsilon > 0 \; \exists \delta > 0 \; \forall x_1, x_2 \in D \left(|x_1 - x_2| < \delta \Rightarrow |f(x_1) - f(x_2)| < \varepsilon \right). \tag{2.13}$$

Es ist zu zeigen, dass dies genau dann der Fall ist, wenn gilt:

$$\forall x_1, x_2 \in D \left(x_1 \approx x_2 \Rightarrow f(x_1) \approx f(x_2) \right). \tag{2.14}$$

Die Äquivalenzumformung verläuft analog zu jener im Beweis von Satz 17 (Übungsaufgabe). $\qquad\square$

2.8.4 Häufungspunkt einer Menge

Satz 19. *Seien $D \subseteq \mathbb{R}$ und $a \in D$ beide standard. Dann ist a ein Häufungspunkt von D genau dann, wenn es ein $x \in D \setminus \{a\}$ mit $x \approx a$ gibt.*

Beweis. Nach konventioneller Definition ist a ein Häufungspunkt von D, wenn gilt:

$$\forall \varepsilon > 0 \; \exists x \in D \setminus \{a\} \; |x - a| < \varepsilon. \tag{2.15}$$

Es ist zu zeigen, dass dies genau dann der Fall ist, wenn gilt:

$$\exists x \in D \setminus \{a\} \; x \approx a. \tag{2.16}$$

Aus (2.15) folgt mit infinitesimalem $\varepsilon > 0$ unmittelbar (2.16). Es gilt aber auch die Umkehrung, denn (2.16) bedeutet

$$\exists x \in D \setminus \{a\} \; \forall^s \varepsilon > 0 \; |x - a| < \varepsilon.$$

Daraus folgt

$$\forall^s \varepsilon > 0 \; \exists x \in D \setminus \{a\} \; |x - a| < \varepsilon.$$

Der Teil nach dem $\forall^s \varepsilon > 0$ ist eine interne Aussageform mit den Standardparametern ε, D und a. Daher ist das Transferaxiom anwendbar, und es folgt (2.15). ☐

2.8.5 Grenzwerte von Funktionen

Für $f : D \to \mathbb{R}$ und $a, b \in \mathbb{R}$ sei die Funktion $f_{(a,b)} : D \cup \{a\} \to \mathbb{R}$ definiert durch $f_{(a,b)}(a) := b$ und $f_{(a,b)}(x) := f(x)$ für $x \neq a$. Sind f, a, b standard, dann ist auch die (durch eine interne Aussageform mit Standardparametern eindeutig bestimmte) Funktion $f_{(a,b)}$ standard.

Satz 20. *Sei $f : D \to \mathbb{R}$ standard und a ein Häufungspunkt von D und ebenfalls standard. Dann ist $f(x)$ konvergent für $x \to a$ genau dann, wenn es ein standard $b \in \mathbb{R}$ gibt, sodass für alle $x \in D \setminus \{a\}$ mit $x \approx a$ gilt:*

$$f(x) \approx b.$$

In diesem Fall ist b der Grenzwert von f *(für x gegen a) und*

$$b = \lim_{x \to a} f(x) = \mathrm{st}(f(x)), \quad \text{für alle } x \in D \setminus \{a\} \text{ mit } x \approx a.$$

Beweis. Nach der $\varepsilon\delta$-Definition für Funktionsgrenzwerte ist $f(x)$ konvergent für $x \to a$ genau dann, wenn es ein b gibt, sodass

$$\forall \varepsilon > 0 \; \exists \delta > 0 \; \forall x \in D \setminus \{a\} \; (|x - a| < \delta \Rightarrow |f(x) - b| < \varepsilon) \qquad (2.17)$$

gilt, das heißt genau dann, wenn es ein b gibt, sodass $f_{(a,b)}$ stetig in a ist.

Es ist zu zeigen, dass dies genau dann der Fall ist, wenn es ein standard b gibt, sodass gilt:

$$\forall x \in D \setminus \{a\} \; (x \approx a \Rightarrow f(x) \approx b). \qquad (2.18)$$

Ist $f(x)$ konvergent für $x \to a$, dann ist $b = \lim_{x \to a} f(x)$ durch (2.17) eindeutig bestimmt und daher standard. Daher ist auch $f_{(a,b)}$ standard und nach Definition und unter Berücksichtigung von (2.17) stetig in a. Nach Satz 17 gilt dann

$$\forall x \in D \; (x \approx a \Rightarrow f_{(a,b)}(x) \approx f_{(a,b)}(a)) \qquad (2.19)$$

und daher (2.18) sowie $b = \lim_{x \to a} f(x) = \mathrm{st}(f(x))$ für alle $x \in D \setminus \{a\}$ mit $x \approx a$.

Gibt es umgekehrt ein standard b mit (2.18), dann folgt für ein solches b (2.19). Also ist $f_{(a,b)}$ nach Satz 17 stetig in a und f somit konvergent für $x \to a$. ☐

2.8.6 Differenzierbarkeit

Satz 21. *Sei* $f : D \to \mathbb{R}$ *standard und* $a \in D$ *ein Häufungspunkt von D und ebenfalls standard. Dann ist f differenzierbar in a genau dann, wenn es ein standard* $b \in \mathbb{R}$ *gibt, sodass für alle* $x \in D \setminus \{a\}$ *mit* $x \approx a$ *gilt:*

$$\frac{f(x) - f(a)}{x - a} \approx b.$$

In diesem Fall ist b die Ableitung von f an der Stelle a und

$$b = f'(a) = \mathrm{st}\!\left(\frac{f(x) - f(a)}{x - a}\right), \quad \text{für alle } x \in D \setminus \{a\} \text{ mit } x \approx a.$$

Beweis. Es sei $g \colon D \setminus \{a\} \to \mathbb{R}$ definiert durch

$$g(x) := \frac{f(x) - f(a)}{x - a}.$$

Da f und a standard sind, ist auch g standard.

Nach konventioneller Definition ist f differenzierbar in a genau dann, wenn g konvergent für $x \to a$ ist, nach Satz 20 also genau dann, wenn es ein standard b, wie in Satz 21 gefordert, gibt. $\qquad \square$

Bemerkungen. 1. In der konventionellen Definition der Differenzierbarkeit an der Stelle a wird vorausgesetzt, dass a ein Häufungspunkt von D ist (vgl. zum Beispiel [72], S. 164). Dies wird daher auch in Satz 21 vorausgesetzt und stellt (nach Satz 19) sicher, dass es ein $x \in D \setminus \{a\}$ mit $x \approx a$ gibt.

2. Als unmittelbare Folgerung aus Satz 21 erhält man: Sind f und a standard und ist f in a differenzierbar, so gilt für alle $x \approx a$

$$f(x) = f(a) + f'(a)(x - a) + o(x, a), \tag{2.20}$$

mit $\frac{o(x,a)}{x-a} \approx 0$.

2.8.7 Integrierbarkeit

Wie in der Standard-Analysis definiert man Treppenfunktionen, die Menge $\mathcal{T}[a, b]$ aller Treppenfunktionen über dem Intervall $[a, b]$ und das Integral für Treppenfunktionen. Und wie in der Standard-Analysis zeigt man, dass $\mathcal{T}[a, b]$ ein Untervektorraum des Vektorraums aller Funktionen über $[a, b]$ ist und dass das Integral ein monotones lineares Funktional auf $\mathcal{T}[a, b]$ ist (siehe zum Beispiel [72], § 18).

In der Standard-Analysis kann das Integral einer Funktion mittels Riemann'scher Summen definiert werden, die nichts anderes als Integrale von Treppenfunktionen sind, welche die Integrandenfunktion an bestimmten Zwischenpunkten interpolieren. Das Integral existiert, wenn die Riemann'schen Summen (unabhängig von der Unterteilung des Intervalls und der Wahl der Zwischenpunkte) beliebig nahe bei einem festen Wert liegen, sofern die Unterteilung hinreichend fein ist.

Diese Definition lässt sich in eine entsprechende Nichtstandardbeschreibung übersetzen. Das Integral ist dann der gemeinsame Standardteil der Riemann'schen Summen zu unendlich feinen Unterteilungen (sofern dieser existiert).

Definition 5. Seien $a, b \in \mathbb{R}$, $a < b$. Eine endliche streng monoton wachsende Folge $(x_i)_{0 \le i \le n}$ mit $x_0 = a$ und $x_n = b$ heißt eine *endliche Unterteilung von* $[a, b]$.

Die positive reelle Zahl $\delta := \max\{x_i - x_{i-1} \mid i \in \mathbb{N} \wedge 1 \le i \le n\}$ heißt die *Feinheit* der Unterteilung. Die Unterteilung heißt *unendlich fein*, wenn $\delta \approx 0$ ist.

Ist darüber hinaus eine Folge $(\xi_i)_{1 \le i \le n}$ von Zwischenpunkten $\xi_i \in [x_{i-1}, x_i]$ gegeben, dann heißt das Paar $Z := ((x_i)_{0 \le i \le n}, (\xi_i)_{1 \le i \le n})$ eine *Riemann-Unterteilung von* $[a, b]$ *(mit Teilpunkten x_i und Zwischenpunkten ξ_i).*[13] Die Feinheit von $(x_i)_{0 \le i \le n}$ wird als die Feinheit von Z bezeichnet.

Definition 6. Sei $f : [a, b] \to \mathbb{R}$ und $Z := ((x_i)_{0 \le i \le n}, (\xi_i)_{1 \le i \le n})$ eine Riemann-Unterteilung von $[a, b]$. Dann heißt

$$R(Z, f) := \sum_{i=1}^{n} f(\xi_i)(x_i - x_{i-1})$$

die *Riemann'sche Summe zu* Z *und* f.

$f_Z : [a, b] \to \mathbb{R}$ mit $f_Z(x) = f(\xi_i)$ für $x \in [x_{i-1}, x_i[$, $1 \le i \le n$ und $f_Z(b) = f(\xi_n)$ heißt *die zu Z gehörige Treppenfunktion von* f.

Aufgrund der Definition des Integrals für Treppenfunktionen gilt

$$\int_a^b f_Z(x)\, dx = \sum_{i=1}^{n} f(\xi_i)(x_i - x_{i-1}) = R(Z, f). \tag{2.21}$$

Satz 22. *Seien $f : D \to \mathbb{R}$ standard und $a, b \in \mathbb{R}$ ebenfalls standard. Außerdem gelte $a < b$ und $[a, b] \subseteq D$. Dann ist f integrierbar von a bis b genau dann, wenn es ein standard $c \in \mathbb{R}$ gibt, sodass für jede unendlich feine Riemann-Unterteilung Z von $[a, b]$ gilt:*

$$R(Z, f) \approx c. \tag{2.22}$$

In diesem Fall ist c das Integral von f (von a bis b) und

---

13 Der Begriff *Riemann-Unterteilung* ist in der Literatur nicht allgemein gebräuchlich, vereinfacht aber im Folgenden viele Formulierungen.

$$c = \int_a^b f(x)\, dx = \mathrm{st}(R(Z,f))$$

für alle unendlich feinen Riemann-Unterteilungen Z von $[a, b]$.

Beweis. Sei $\varphi(Z)$ die Aussageform „Z ist eine Riemann-Unterteilung von $[a, b]$" und F die Funktion, die jeder Riemann-Unterteilung von $[a, b]$ ihre Feinheit zuordnet. Sowohl φ als auch F hängen von den Standardparametern a und b ab, die aber der Kürze halber in der Bezeichnung unterdrückt werden.

Nach der Riemann'schen Integraldefinition ist f integrierbar von a bis b genau dann, wenn es ein c gibt, sodass gilt:

$$\forall \varepsilon > 0 \ \exists \delta > 0 \ \forall Z \ (\varphi(Z) \wedge F(Z) < \delta \Rightarrow |R(Z,f) - c| < \varepsilon). \tag{2.23}$$

Es ist zu zeigen, dass dies genau dann der Fall ist, wenn es ein standard c gibt, sodass gilt:

$$\forall Z \ (\varphi(Z) \wedge F(Z) \approx 0 \Rightarrow R(Z,f) \approx c). \tag{2.24}$$

Das ergibt sich aus folgender Äquivalenzumformung:

$$\forall \varepsilon > 0 \ \exists \delta > 0 \ \forall Z \ (\varphi(Z) \wedge F(Z) < \delta \Rightarrow |R(Z,f) - c| < \varepsilon)$$

$$\overset{(1)}{\Leftrightarrow} \quad \forall^s \varepsilon > 0 \ \exists^s \delta > 0 \ \forall Z \ (\varphi(Z) \wedge F(Z) < \delta \Rightarrow |R(Z,f) - c| < \varepsilon)$$

$$\overset{(2)}{\Leftrightarrow} \quad \forall^s \varepsilon > 0 \ \forall Z \ (\varphi(Z) \wedge F(Z) \approx 0 \Rightarrow |R(Z,f) - c| < \varepsilon)$$

$$\overset{(3)}{\Leftrightarrow} \quad \forall Z \ \forall^s \varepsilon > 0 \ (\varphi(Z) \wedge F(Z) \approx 0 \Rightarrow |R(Z,f) - c| < \varepsilon)$$

$$\overset{(4)}{\Leftrightarrow} \quad \forall Z \ (\varphi(Z) \wedge F(Z) \approx 0 \Rightarrow \forall^s \varepsilon > 0 \ |R(Z,f) - c| < \varepsilon)$$

$$\overset{(5)}{\Leftrightarrow} \quad \forall Z \ (\varphi(Z) \wedge F(Z) \approx 0 \Rightarrow R(Z,f) \approx c).$$

Erläuterungen. – Zu (1): Man wende das Transferaxiom an.

- Zu (2) „$\Rightarrow$": Wenn $\varphi(Z) \wedge F(Z) < \delta$ (mit einem standard $\delta > 0$) hinreichend für $|R(Z,f) - c| < \varepsilon$ ist, dann ist insbesondere $\varphi(Z) \wedge F(Z) \approx 0$ hinreichend.
- Zu (2) „$\Leftarrow$": Wenn $\forall Z \ (\varphi(Z) \wedge F(Z) \approx 0 \Rightarrow |R(Z,f) - c| < \varepsilon)$ gilt, dann gibt es ein $\delta > 0$ (zum Beispiel ein beliebiges infinitesimales), sodass

$$\forall Z \ (\varphi(Z) \wedge F(Z) < \delta \Rightarrow |R(Z,f) - c| < \varepsilon) \tag{2.25}$$

gilt. Das ist eine interne Aussageform in δ mit den Standardparametern f, a, b, c, ε. Mit dem Transferaxiom folgt, dass es auch ein standard $\delta > 0$ gibt, für das (2.25) gilt.
- Bei (3) wird lediglich die Reihenfolge zweier benachbarter Allquantoren vertauscht.
- (4) gilt, weil die Prämisse $\varphi(Z) \wedge F(Z) \approx 0$ nicht von ε abhängt.
- (5) gilt nach Definition von „$\approx$". □

Man beachte, dass die Äquivalenzumformungen in den Beweisen zu den Sätzen 14, 17 und 22 vollkommen analog verlaufen.

2.9 Einige Sätze und Beweise

2.9.1 Sätze über Folgen

Satz 23. *Jede Cauchy-Folge konvergiert.*

Beweis. Es sei $f : \mathbb{N} \to \mathbb{R}$ standard und es gelte $f(m) \approx f(n)$ für alle $m, n \gg 1$. Dann ist f beschränkt, das heißt, es gibt ein $r \in \mathbb{R}$ mit $|f(n)| \le r$ für alle $n \in \mathbb{N}$ (sonst gäbe es für alle n ein $m > n$ mit $|f(m)| > |f(n)| + 1$ im Widerspruch zu $f(m) \approx f(n)$ für $m, n \gg 1$). Da f standard ist, gibt es nach dem Transferaxiom ein standard $r \in \mathbb{R}$, das f beschränkt. Also sind alle $f(n)$ endlich. Man wähle $m \gg 1$ und setze $a := \mathrm{st}(f(m))$. Dann gilt nach Voraussetzung für alle $n \gg 1$: $f(n) \approx f(m) \approx a$. Das heißt, f konvergiert gegen a.

Für ein allgemeines f folgt die Behauptung per Transfer. $\qquad\square$

Satz 24. *Seien $f, g : \mathbb{N} \to \mathbb{R}$ konvergent. Dann gilt:*
1. *$f + g$ ist konvergent und*

$$\lim_{n \to \infty} (f(n) + g(n)) = \lim_{n \to \infty} (f(n)) + \lim_{n \to \infty} (g(n)),$$

2. *$f \cdot g$ ist konvergent und*

$$\lim_{n \to \infty} (f(n) \cdot g(n)) = \lim_{n \to \infty} (f(n)) \cdot \lim_{n \to \infty} (g(n)),$$

3. *$\frac{f}{g}$ konvergent und*

$$\lim_{n \to \infty} \left(\frac{f(n)}{g(n)} \right) = \frac{\lim_{n \to \infty} f(n)}{\lim_{n \to \infty} g(n)},$$

falls $\lim_{n \to \infty} g(n) \ne 0$,
4. *$f \le g \quad \Rightarrow \quad \lim_{n \to \infty}(f(n)) \le \lim_{n \to \infty}(g(n))$.*

Beweis. Für standard f, g folgt die Behauptung aus Satz 11 und Satz 14. Der allgemeine Fall folgt per Transfer. $\qquad\square$

Die Grenzwertsätze spielen in der Nonstandard-Analysis keine große Rolle, da dort meistens direkt mit den Standardteilen gerechnet wird.

2.9.2 Sätze über stetige Funktionen

Satz 25. *Seien $f, g : D \to \mathbb{R}$ stetig, $\lambda \in \mathbb{R}$ und $D' = \{x \in D \mid g(x) \ne 0\}$. Dann sind auch die Funktionen $f + g, \lambda f, fg : D \to \mathbb{R}$ und die Funktion $\frac{f}{g} : D' \to \mathbb{R}$ stetig.*

Beweis. Folgt für Standardparameter unmittelbar aus den Rechenregeln für infinitesimale Zahlen und allgemein per Transfer. □

Satz 26. *Seien* $f : D \to \mathbb{R}$ *und* $g : E \to \mathbb{R}$ *Funktionen mit* $f(D) \subseteq E$. *Weiter sei* f *in* $a \in D$ *und* g *in* $b := f(a)$ *stetig. Dann ist die Funktion* $g \circ f : D \to \mathbb{R}$ *stetig in* a.

Beweis. Seien f, g und a standard. Dann ist auch $b := f(a)$ standard. Sei $x \in D$ mit $x \approx a$ gegeben. Da f stetig in a ist, folgt $f(x) \approx b$. Da g stetig in b ist, folgt $g(f(x)) \approx g(b) = g(f(a))$. Also ist $g \circ f$ stetig in a.

Für allgemeine f, g, a folgt die Behauptung per Transfer. □

Satz 27 (Nullstellensatz). *Seien* $a, b \in \mathbb{R}$, $a < b$ *und sei* $f : [a, b] \to \mathbb{R}$ *stetig mit* $f(a) < 0$ *und* $f(b) > 0$. *Dann gibt es eine reelle Zahl* $c \in [a, b]$ *mit* $f(c) = 0$.

Beweis. Seien f, a, b standard. Sei $n \in \mathbb{N}, n \gg 1, x_i := a + i \cdot \frac{b-a}{n}$ für $i = 0, \ldots n$ und k der kleinste Index i mit $f(x_i) \geq 0$. Dann gilt

$$1 \leq k \leq n \wedge f(x_{k-1}) < 0 \wedge f(x_k) \geq 0. \tag{2.26}$$

Wegen $n \gg 1$, ist $x_{k-1} \approx x_k$. Da a, b standard sind und $a \leq x_k \leq b$, existiert der Standardteil $c := \mathrm{st}(x_k)$, und es ist

$$a = \mathrm{st}(a) \leq c \leq \mathrm{st}(b) = b.$$

Aus $x_{k-1} \approx c \approx x_k$ und der Stetigkeit von f folgt $f(x_{k-1}) \approx f(c) \approx f(x_k)$ und damit

$$\left| f(x_k) \right| \leq \left| f(x_k) \right| + \left| f(x_{k-1}) \right| = f(x_k) - f(x_{k-1}) \approx 0,$$

also $f(c) \approx f(x_k) \approx 0$. Mit f und c ist auch $f(c)$ standard und es folgt $f(c) = 0$. Für allgemeine f, a, b folgt die Behauptung per Transfer. □

Wie üblich kann der Nullstellensatz zum Zwischenwertsatz verallgemeinert werden.

Satz 28. *Seien* $a, b \in \mathbb{R}$, $a < b$ *und sei* $f : [a, b] \to \mathbb{R}$ *stetig. Dann ist* f *gleichmäßig stetig.*

Beweis. Seien f, a, b standard. Für alle x mit $a \leq x \leq b$ folgt nach Satz 11 (und weil a und b standard sind)

$$a = \mathrm{st}(a) \leq \mathrm{st}(x) \leq \mathrm{st}(b) = b. \tag{2.27}$$

Daher liegen für alle $x_1, x_2 \in [a, b]$ auch die jeweiligen Standardteile in $[a, b]$. Wenn $x_1 \approx x_2$ ist, sind ihre Standardteile gleich. Da f stetig ist, folgt daraus

$$f(x_1) \approx f(\mathrm{st}(x_1)) = f(\mathrm{st}(x_2)) \approx f(x_2).$$

Das bedeutet, f ist nach Satz 18 gleichmäßig stetig.

Für allgemeine f, a, b folgt die Behauptung per Transfer. □

Satz 29. *Seien $a, b \in \mathbb{R}$, $a < b$ und sei $f : [a, b] \to \mathbb{R}$ stetig. Dann nimmt f auf $[a, b]$ sein Minimum und sein Maximum an.*

Beweis. Seien f, a, b standard. Sei $n \in \mathbb{N}, n \gg 1$ und $x_i := a + i \cdot \frac{b-a}{n}$ für $i = 0, \ldots, n$. Unter den endlich vielen reellen Zahlen $f(x_i)$ sei $f(x_{i_1})$ die kleinste und $f(x_{i_2})$ die größte. Für alle i gilt also

$$f(x_{i_1}) \le f(x_i) \le f(x_{i_2}). \tag{2.28}$$

Da a, b standard sind, sind x_{i_1}, x_{i_2} endlich und es existieren die Standardteile $\check{x} := \mathrm{st}(x_{i_1})$ und $\hat{x} := \mathrm{st}(x_{i_2})$. Wie bei (2.27) folgt, $\check{x}, \hat{x} \in [a, b]$. Weil f stetig und standard ist, gilt $f(\check{x}) = \mathrm{st}(f(x_{i_1}))$ und $f(\hat{x}) = \mathrm{st}(f(x_{i_2}))$.

Für alle standard $x \in [a, b]$ gibt es ein i mit $x = \mathrm{st}(x_i)$ und (wieder weil f stetig und standard ist) $f(x) = \mathrm{st}(f(x_i))$. Geht man in (2.28) zu den Standardteilen über, so erhält man

$$f(\check{x}) \le f(x) \le f(\hat{x}).$$

Per Transfer folgt, dass diese Ungleichung für alle $x \in [a, b]$ gilt. f nimmt also in $\check{x}$ sein Minimum und in $\hat{x}$ sein Maximum an.

Für allgemeine f, a, b folgt die Behauptung per Transfer. $\qquad\square$

2.9.3 Sätze der Differentialrechnung

Satz 30. *Sei $f : D \to \mathbb{R}$ differenzierbar in a. Dann ist f stetig in a.*

Beweis. Seien f, a standard. Ist f in a differenzierbar, dann ist $f'(a)$ standard (insbesondere also endlich) und es gilt nach (2.20) für alle $x \approx a$

$$f(x) = f(a) + f'(a)(x - a) + o(x, a),$$

mit $\frac{o(x,a)}{x-a} \approx 0$. Da $f'(a)$ endlich ist, folgt $f(x) \approx f(a)$. Also ist f stetig in a.

Für allgemeine f, a folgt die Behauptung per Transfer. $\qquad\square$

Satz 31. *Seien $f, g : D \to \mathbb{R}$ differenzierbar und sei $\lambda \in \mathbb{R}$. Dann sind auch die Funktionen $f + g, \lambda f, fg : D \to \mathbb{R}$ differenzierbar und es gilt für alle $x \in D$:*
1. $(f + g)'(x) = f'(x) + g'(x)$,
2. $(\lambda f)'(x) = \lambda f'(x)$.
3. $(fg)'(x) = f'(x)g(x) + f(x)g'(x)$.

Ist $g(x) \ne 0$ für alle $x \in D$, dann ist auch $\frac{f}{g}$ in D differenzierbar und es gilt für alle $x \in D$:

$$\left(\frac{f}{g}\right)'(x) = \frac{f'(x)g(x) - f(x)g'(x)}{g(x)^2}.$$

Beweis. Die Ableitungsregeln können unter Verwendung der Differentiale $df = f(x + dx) - f(x)$ und $dg = g(x + dx) - g(x)$ errechnet werden. Wir rechnen exemplarisch die Produktregel (Punkt 3) vor. f, g, x seien standard, $x \in D$ und $dx \approx 0$, $dx \neq 0$ mit $x + dx \in D$. Dann gilt

$$d(fg) = f(x + dx)g(x + dx) - f(x)g(x)$$
$$= (f(x) + df)(g(x) + dg) - f(x)g(x)$$
$$= df \cdot g(x) + f(x) \cdot dg + df \cdot dg.$$

Division durch dx ergibt

$$\frac{d(fg)}{dx} = \frac{df}{dx}g(x) + f(x)\frac{dg}{dx} + \frac{df}{dx}dg.$$

Da f, g, x standard sind und f und g differenzierbar in x, sind alle Terme endlich und man kann zu den Standardteilen übergehen. Da g stetig in x ist, ist $dg \approx 0$ und es folgt $(fg)'(x) = f'(x)g(x) + f(x)g'(x)$.

Für allgemeine f, g, x folgt die Behauptung per Transfer. □

Satz 32 (Kettenregel). *Seien $f: V \to \mathbb{R}$ und $g: W \to \mathbb{R}$ Funktionen mit $f(V) \subseteq W$. Weiter sei f in $x \in V$ und g in $y := f(x) \in W$ differenzierbar. Dann ist die zusammengesetzte Funktion $g \circ f: V \to \mathbb{R}$ in x differenzierbar und es gilt:*

$$(g \circ f)'(x) = g'(f(x))f'(x). \tag{2.29}$$

Beweis. Seien f, x standard. Sei $dx \approx 0$, $dx \neq 0$. Wir rechnen mit den Differentialen $df = f(x + dx) - f(x)$ und $dg = g(f(x) + df) - g(f(x))$. Da f in x stetig ist, folgt $df \approx 0$. Es gilt

$$d(g \circ f) = g(f(x + dx)) - g(f(x))$$
$$= g(f(x) + df) - g(f(x))$$
$$= g(f(x)) + dg - g(f(x))$$
$$= dg$$

Falls $df = 0$, folgt (bereits in der zweiten Gleichungszeile) $d(g \circ f) = 0$, also $(g \circ f)'(x) = f'(x) = 0$ und damit (2.29). Falls $df \neq 0$, folgt

$$\frac{d(g \circ f)}{dx} = \frac{dg}{dx} = \frac{dg}{df} \cdot \frac{df}{dx}.$$

Da f in x und g in $f(x)$ differenzierbar ist, sind alle Terme endlich und man kann zu den Standardteilen übergehen. Es folgt (2.29).

Für allgemeine f, x folgt die Behauptung per Transfer. □

Satz 33. *Sei $f:]a, b[\to \mathbb{R}$ und $c \in]a, b[$. Ist f differenzierbar in c und besitzt in c ein lokales Extremum, dann ist $f'(c) = 0$.*

Beweis. Seien f, c standard. f besitze in c ein lokales Maximum (der Fall eines Minimums verläuft analog). Da f und c standard sind, gibt es nach dem Transferaxiom ein standard $\varepsilon > 0$ mit $f(x) \le f(c)$ für alle $x \in \,]c - \varepsilon, c + \varepsilon[$. Für positives $h \approx 0$ gilt also $f(c \pm h) - f(c) \le 0$ und daher

$$\frac{f(c + h) - f(c)}{h} \le 0 \le \frac{f(c - h) - f(c)}{-h}.$$

Durch Übergehen zu den Standardteilen folgt (wegen der Differenzierbarkeit von f in c)

$$f'(c) \le 0 \le f'(c),$$

also $f'(c) = 0$. Für allgemeine f, c folgt die Behauptung per Transfer. $\qquad\square$

Wie üblich folgen aus Satz 33 der Satz von Rolle, der Mittelwertsatz der Differentialrechnung und dass auf $[a, b]$ stetige und auf $]a, b[$ differenzierbare Funktionen mit verschwindender Ableitung konstant sind.

2.9.4 Sätze der Integralrechnung

Satz 34. *Sei $a < b < c$ und $f : [a, c] \to \mathbb{R}$ integrierbar. Dann gilt:*

$$\int_a^c f(x)\,dx = \int_a^b f(x)\,dx + \int_b^c f(x)\,dx.$$

Beweis. Folgt unmittelbar aus Satz 22 für Standardparameter und allgemein per Transfer. $\qquad\square$

Satz 35. *Seien $f, g : [a, b] \to \mathbb{R}$ integrierbar und $f \le g$. Dann gilt:*

$$\int_a^b f(x)\,dx \le \int_a^b g(x)\,dx.$$

Beweis. Folgt unmittelbar aus Satz 11 und Satz 22 für Standardparameter und allgemein per Transfer. $\qquad\square$

Um zu zeigen, dass stetige Funktionen integrierbar sind (Satz 36), brauchen wir die folgende Proposition.

Proposition 1. *Seien $a, b \in \mathbb{R}$, $a < b$ und sei $b - a$ endlich groß. Sei $f \in \mathcal{T}[a, b]$ und sei $f(x) \approx 0$ für alle $x \in [a, b]$. Dann gilt*

$$\int_a^b f(x)\,dx \approx 0.$$

Beweis. Es sei $(x_i)_{0 \le i \le n}$ eine endliche Unterteilung von $[a, b]$ und es gelte $f(x) = c_i$ für $x \in]x_{i-1}, x_i[, 1 \le i \le n$. Sei $c := \max_{1 \le i \le n} |c_i|$. Dann ist $c \approx 0$ und es folgt

$$\left| \int_a^b f(x)\, dx \right| = \left| \sum_{i=1}^n c_i(x_i - x_{i-1}) \right| \le \sum_{i=1}^n |c_i|(x_i - x_{i-1}) \le c(b - a) \approx 0. \qquad \square$$

Satz 36. *Jede stetige Funktion $f : [a, b] \to \mathbb{R}$ ist integrierbar.*

Beweis. Seien f, a, b zunächst standard. Es ist zu zeigen, dass zu jeder unendlich feinen Riemann-Unterteilung Z die zugehörige Riemann'sche Summe $R(Z, f)$ endlich ist und dass für je zwei unendlich feine Riemann-Unterteilungen Z, Z' sich die Riemann'schen Summen nur infinitesimal unterscheiden.

Sei $Z = ((x_i)_{0 \le i \le n}, (\xi_i)_{1 \le i \le n})$ eine unendlich feine Riemann-Unterteilung von $[a, b]$. Als stetige Funktion nimmt f in $[a, b]$ sein Minimum $\breve{y}$ und sein Maximum $\hat{y}$ an. Da f standard ist, sind auch $\breve{y}$ und $\hat{y}$ standard, und es gilt:

$$\breve{y}(b - a) = \breve{y} \sum_{i=1}^n (x_i - x_{i-1}) \le \sum_{i=1}^n f(\xi_i)(x_i - x_{i-1}) \le \hat{y} \sum_{i=1}^n (x_i - x_{i-1}) = \hat{y}(b - a).$$

Also ist $R(Z, f)$ endlich.

Seien $Z = ((x_i)_{0 \le i \le n}, (\xi_i)_{1 \le i \le n})$ und $Z' = ((x'_i)_{0 \le i \le n'}, (\xi'_i)_{1 \le i \le n'})$ zwei unendlich feine Riemann-Unterteilungen von $[a, b]$ und f_Z bzw. $f_{Z'}$ die zugehörigen Treppenfunktionen gemäß Definition 6.

Für alle $x \in [a, b[$ gibt es ein $i \in \{1, \dots, n\}$ und ein $j \in \{1, \dots, n'\}$ mit $x \in [x_{i-1}, x_i[$ und $x \in [x'_{j-1}, x'_j[$. Dann ist $f_Z(x) = f(\xi_i)$ mit $\xi_i \in [x_{i-1}, x_i]$ und $f_{Z'}(x) = f(\xi'_j)$ mit $\xi'_j \in [x'_{j-1}, x'_j]$. Für $x = b$ gilt dies ebenfalls mit $i = n$ und $j = n'$. Da Z und Z' unendlich fein sind, ist $\xi_i \approx x \approx \xi'_j$. Da f auf $[a, b]$ gleichmäßig stetig ist, folgt

$$f_Z(x) = f(\xi_i) \approx f(x) \approx f(\xi'_j) = f_{Z'}(x).$$

Also ist $(f_Z - f_{Z'})(x) \approx 0$ für alle $x \in [a, b]$. Mit (2.21) und Proposition 1 folgt

$$R(Z, f) - R(Z', f) = \int_a^b f_Z(x)\, dx - \int_a^b f_{Z'}(x)\, dx = \int_a^b (f_Z - f_{Z'})(x)\, dx \approx 0.$$

Für allgemeine f, a, b folgt die Behauptung per Transfer. $\qquad \square$

2.9.5 Hauptsatz der Differential- und Integralrechnung

Im Folgenden sei $I \subseteq \mathbb{R}$ ein (eigentliches oder uneigentliches, aber nicht entartetes) Intervall.

Satz 37. *Sei $f: I \to \mathbb{R}$ stetig und $a \in I$. Für $x \in I$ sei*

$$F(x) := \int_{a}^{x} f(t)\, dt.$$

Dann ist die Funktion $F: I \to \mathbb{R}$ differenzierbar und es gilt $F' = f$.

Beweis. Seien f, a standard und x_0 ein innerer Punkt von I und standard. I umfasst ein abgeschlossenes Intervall als Umgebung von x_0, nach dem Transferaxiom also auch ein abgeschlossenes Standardintervall I' als Umgebung von x_0. Damit enthält I' auch alle von x_0 infinitesimal benachbarten Punkte. Sei $h \approx 0, h > 0$ (für $h < 0$ schließe man analog). Dann ist auch $x_0 + h \in I'$. Als stetige Funktion nimmt f in $[x_0, x_0 + h]$ (bezogen auf dieses Intervall) sein Minimum in einem Punkt $\check{x}$ und sein Maximum in einem Punkt $\hat{x}$ an. Dann gilt $f(\check{x}) \leq f(x) \leq f(\hat{x})$ für alle $x \in [x_0, x_0 + h]$ und $\int_{x_0}^{x_0 + h} f(t)\, dt = F(x_0 + h) - F(x_0)$, also (mit Satz 35)

$$f(\check{x}) \cdot h \leq F(x_0 + h) - F(x_0) \leq f(\hat{x}) \cdot h.$$

Nach Division durch h und Übergang zu den Standardteilen folgt

$$\mathrm{st}(f(\check{x})) \leq \mathrm{st}\!\left(\frac{F(x_0 + h) - F(x_0)}{h} \right) \leq \mathrm{st}(f(\hat{x})).$$

Die Standardteile existieren, weil f in I' sein Minimum und sein Maximum annimmt, die jeweils standard und untere bzw. obere Schranke sind. f ist auf I' gleichmäßig stetig. Wegen $\check{x} \approx x_0 \approx \hat{x}$ und weil $f(x_0)$ standard ist, folgt $\mathrm{st}(f(\check{x})) = F'(x_0) = \mathrm{st}(f(\hat{x})) = f(x_0)$.

Für allgemeine f, a, x_0 folgt die Behauptung per Transfer. $\qquad\square$

Satz 38. *Sei $f: I \to \mathbb{R}$ stetig und F eine Stammfunktion von f. Dann gilt für alle $a, b \in I$*

$$\int_{a}^{b} f(x)\, dx = F(b) - F(a).$$

Beweis. Dies folgt wie üblich aus Satz 37, weil die Differenz zweier Stammfunktionen konstant ist. $\qquad\square$

2.10 Ausblick

2.10.1 Formalisierung und Konservativität

Wir haben in diesem Kapitel die Axiome der Analysis umgangssprachlich formuliert und dabei ein Universum angenommen, das Mengen und reelle Zahlen (und eventuell weitere Objekte) enthält. Zur Formalisierung dieser Axiome in einer Sprache der Prädikatenlogik erster Stufe braucht man eine geeignete *Symbolmenge S* für die verwendeten Grundbegriffe, zum Beispiel

$$S := \{0, 1, +, \cdot, \text{mg}, \text{rz}, \text{s}, <, \in\}. \tag{2.30}$$

mit einstelligen Relationssymbolen mg (für „ist eine Menge"), rz (für „ist eine reelle Zahl") und s (für „ist standard").[14] Statt von Aussageformen und Aussagen spricht man dann von *S-Ausdrücken* bzw. *S-Sätzen* (wenn der Bezug zur Symbolmenge klar oder unwichtig ist, auch von *Ausdrücken* bzw. *Sätzen*). Den genauen Aufbau von Ausdrücken regelt ein *Ausdruckskalkül* (siehe zum Beispiel [62], Abschnitt 2.3).

Die reinen Mengenlehren ZFC und IST kommen mit den Symbolmengen $\{\in\}$ bzw. $\{\in, \text{s}\}$ aus. Die ZFC-Axiome sind also $\{\in\}$-Sätze (kürzer: $\in$-Sätze), die Axiome aus IST $\{\in, \text{s}\}$-Sätze. Zur besseren Lesbarkeit werden die Axiome allerdings auch dort meistens in einer erweiterten Sprache mit definierten Symbolen wie $\subseteq$, $\cap$, $\emptyset$ angegeben. Das ist unkritisch, da man definierte Symbole prinzipiell wieder eliminieren kann.

Der Einfachheit halber nehmen wir nun an, dass auch alle Symbole aus S, bis auf $\in$ und s, durch $\in$-Ausdrücke *definiert* sind, und zwar mg(x) durch $x = x$ (alle Objekte sollen Mengen sein) und rz(x) durch $x \in \mathbb{R}$, wobei $\mathbb{R}$ jetzt eine Konstante ist, die durch eine der üblichen mengentheoretischen Konstruktionen der reellen Zahlen in ZFC definiert wird. Die Symbole $0, 1, +, \cdot, <$ sind dann entsprechend zu definieren. Die Mengenaxiome aus Abschnitt 2.4.1 und 2.4.2 (bis auf das $\mathbb{R}$-Existenzaxiom) entsprechen dann genau den Axiomen von ZFC, und das $\mathbb{R}$-Existenzaxiom sowie die Körper- und Anordnungsaxiome aus den Abschnitten 2.5.2 bzw. 2.5.3 sind dann in ZFC beweisbar (wobei das Auswahlaxiom nicht gebraucht wird).

Nimmt man die Nichtstandardaxiome aus Abschnitt 2.6 hinzu, lässt aber das Auswahlaxiom außen vor, ist das Axiomensystem äquivalent zu SPOT, das alle Axiome von ZF umfasst sowie die namensgebenden Axiome *Standard Part*, *nOntriviality* und *Transfer* (siehe [103]). **SP** entspricht unserem Standardteilaxiom, **O** unserem Idealisierungsaxiom für reelle Zahlen,[15] **T** unserem Transferaxiom.

SPOT ist eine *konservative* Erweiterung von ZF ([103], Theorem A). Das bedeutet: Jeder $\in$-Satz, der in SPOT beweisbar ist, ist bereits in ZF beweisbar. Dieses Ergebnis ist aus grundlagentheoretischer Sicht interessant, da es zeigt, dass SPOT (und damit auch die hier vorgestellte Analysis ohne das Auswahlaxiom) eine epistemologisch „harmlose" Erweiterung von ZF ist (siehe Abschnitt 6.2.2). Es werden keine Annahmen gebraucht, die konventionelle (also interne) Aussagen über Mengen implizieren, die über ZF hinaus gehen (vgl. dagegen die Aussage zum Ultrafiltersatz in Abschnitt 2.10.3). Aus der Konservativität folgt insbesondere die Konsistenz relativ zu ZF.

---

14 Wenn geordnete Paare axiomatisch eingeführt werden, kommt noch ein zweistelliges Funktionssymbol gp hinzu.

15 Das Axiom **O** wird in SPOT für natürliche Zahlen formuliert, was aber wegen der archimedischen Eigenschaft von $\mathbb{R}$ keinen Unterschied macht.

2.10.2 Idealisierung

In SPOT ist das folgende Prinzip der *abzählbaren Idealisierung* beweisbar (vgl. [103], Korollar 2.3):

Satz 39 (Abzählbare Idealisierung). *Sei $\varphi(x,y)$ eine interne Aussageform (optional mit weiteren Parametern) und A eine abzählbare Standardmenge. Dann sind äquivalent:*
1. *Für jede endliche Standardmenge $E \subseteq A$ gibt es ein x, sodass $\varphi(x,y)$ für alle $y \in E$ gilt.*
2. *Es gibt ein x, sodass $\varphi(x,y)$ für alle standard $y \in A$ gilt.*

Da eine endliche Teilmenge von A genau dann standard ist, wenn alle ihre Elemente standard sind,[16] heißt das grob gesagt: Was für jeweils endlich viele Standardelemente von A zugleich erfüllbar ist, das ist für *alle* Standardelemente von A zugleich erfüllbar – und umgekehrt. Voraussetzung ist, das „erfüllbar" durch eine interne Aussageform beschrieben wird.

In Nelsons interner Mengenlehre IST wird eine Verallgemeinerung von Satz 39 als *Idealisierungsaxiom* gefordert (siehe Abschnitt 3.5.3). Die Verallgemeinerung besteht darin, dass die Bedingung $E \subseteq A$ (mit einer abzählbaren Standardmenge A) entfällt.

2.10.3 Standardisierung

In diesem Kapitel haben wir die konventionellen, internen Definitionen der grundlegenden Begriffe der Analysis als bekannt vorausgesetzt und in Abschnitt 2.8, bezogen auf Standardparameter, äquivalente externe Kriterien angegeben. Es stellt sich die Frage, ob man diese Begriffe durch die externen Kriterien *definieren* kann, ohne um die Existenz äquivalenter interner Definitionen zu wissen. Dies ist in der Tat möglich, wenn man das Standardisierungsaxiom S der internen Mengenlehre (siehe Abschnitt 3.5.4) oder die abgeschwächte Version SN zur Verfügung hat.

Axiom (Standardisierungsaxiom S). *Sei $\varphi(x)$ eine (interne oder externe) Aussageform (eventuell mit weiteren Parametern). Dann gilt: Zu jeder Standardmenge A gibt es eine Standardmenge B, deren Standardelemente genau die standard $x \in A$ mit $\varphi(x)$ sind.*

In der abgeschwächten Version SN darf der Ausdruck $\varphi(x)$ keine weiteren Parameter enthalten.

Die Standardmenge B ist nach Satz 7 durch A und φ eindeutig bestimmt und eine Art Ersatz für die Aussonderungsmenge, die mit externen Prädikaten nicht gebildet werden darf.

---

16 Der Beweis hierzu verläuft analog zum Beweis von Theorem 1.1 in [153]. Bei der Richtung „⇐" ist zu beachten, dass zu einer abzählbaren Menge A auch die Menge ihrer endlichen Teilmengen abzählbar ist.

Man beachte, dass das Standardisierungsaxiom S dem Aussonderungsaxiom entspricht, wenn man Letzteres auf Standardobjekte relativiert. Dafür darf beim Standardisierungsaxiom (anders als beim Aussonderungsaxiom) die aussondernde Eigenschaft extern sein.

Mittels Standardisierung lassen sich die Begriffe Konvergenz, Stetigkeit, Ableitung, Integral etc. durch die externen Kriterien auf implizite Weise allgemein definieren (siehe Abschnitt 3.5.5).

Allerdings wird man sich ohnehin Klarheit verschaffen wollen über das Verhältnis der konventionellen Definitionen zu den externen Kriterien. Daher ist das Standardisierungsaxiom (für die elementare Analysis) nicht zwingend erforderlich. Die externen Kriterien sind dann (wie in Abschnitt 2.9 gesehen) als Bereicherung des Methodenspektrums nutzbringend einsetzbar.

SPOT+SN ist immer noch konservativ über ZF (siehe [103], Theorem B). Dies gilt nicht mehr, wenn man das Standardisierungsaxiom S der internen Mengenlehre hinzufügt. Dieses impliziert den Boole'schen Primidealsatz und damit den Ultrafiltersatz (jeder Filter lässt sich zu einem Ultrafilter erweitern). Dieser Satz ist zwar schwächer als das Auswahlaxiom, jedoch nicht in ZF beweisbar.[17]

Es gibt auch in der konventionellen Analysis Sätze, deren Beweise das Auswahlaxiom (zumindest in seiner abzählbaren Form) erfordern (zum Beispiel die Äquivalenz von Folgenstetigkeit und $\varepsilon\delta$-Stetigkeit). Für solche Fälle ist den Axiomen eine entsprechende Version des Auswahlaxioms hinzuzufügen. In [103] werden dazu verschiedene Erweiterungen von SPOT untersucht.

---

17 Zur Rolle des Auswahlaxioms siehe auch Abschnitt 5.4.10.

3 Ein Überblick zur Nonstandard-Analysis

3.1 Zur Geschichte der Nonstandard-Analysis

Die Geschichte der Analysis ist vielfach und umfassend dargestellt worden, in deutscher Sprache zum Beispiel in [105, 118, 190, 189]. Die Ursprünge der Analysis werden in der Regel bis in die Antike, teilweise bis zu den Flächen- und Volumenberechnungen der Ägypter und Babylonier zurückverfolgt. Sonar nennt sein Buch daher „3000 Jahre Analysis".

Im engeren Sinne begann die Analysis mit den Arbeiten von Newton und Leibniz zur Infinitesimalrechnung. Ihnen gelang die Verknüpfung von Tangenten- und Flächenproblem (heute bekannt als der Hauptsatz der Differential- und Integralrechnung), und ihre Methoden waren in einem allgemeinen Rahmen anwendbar.

Das unendlich Kleine spielte in den ersten zweihundert Jahren nach Leibniz und Newton eine entscheidende Rolle (aber auch bereits vorher, zum Beispiel in der Heuristik des Archimedes oder der Indivisibelnmethode von Cavalieri). Rechnet man mit solchen Größen wie gewohnt, bedingt die Idee des unendlich Kleinen durch Kehrwertbildung die Idee des unendlich Großen, etwa bei Leibniz' unendlichen begrenzten Linien (siehe Abschnitt 5.2.2).

Die Zählzahlen $1, 2, 3, \ldots$ müssen sich ins Unendliche fortsetzen lassen, um mit unendlichsten Folgen- bzw. Reihengliedern rechnen zu können, die zum Beispiel bei Johann Bernoulli und bei Euler auftraten. Der Begriff *infinitesimal* (neulateinisch: *infinitesimus*) ist die Ordinalzahlbildung zu *infinitus*, bedeutet demnach eigentlich *unendlichste* (im ordinalen Sinne, nicht als Superlativ).[1] Der Bezug zum unendlich Kleinen ist dadurch gegeben, dass bei Nullfolgen oder bei konvergenten Reihen die unendlichsten Glieder unendlich klein, also infinitesimal sein müssen. Die Verwendung unendlicher Größen oder Zahlen war allerdings auch von Anfang an von Kritik begleitet (zum Beispiel durch Berkeley, Rolle, Nieuwentijt).

Die moderne Analysis, die heute an den Universitäten gelehrt wird, wurde erst mit der Erfindung der reellen Zahlen durch Cantor und Dedekind und der Weierstraß'-schen Grenzwertdefinition möglich, die den Gebrauch von Infinitesimalien überflüssig machte. Als weitere Voraussetzung muss die Entwicklung der modernen Quantorenlogik, insbesondere durch Frege und Peirce, genannt werden, mit der die Grenzwertformulierungen in ihrer logischen Struktur erst präzise gefasst werden konnten.

Die Erleichterung über diesen Befreiungsschlag spricht aus den folgenden Sätzen, mit denen Hilbert seinen Artikel *Über das Unendliche* einleitet:

---

[1] Nach Probst entsprach die von Mercator noch verwendete Bezeichnung *pars infinitissima* nicht dessen tatsächlichem Gebrauch der unendlich kleinen Größen, da der Superlativ *infinitissima* eine *minimale* (nicht weiter teilbare) unendlich kleine Größe bedeute (ähnlich den Cavalieri'schen Indivisibeln). Leibniz sei daher zu *infinitesima* übergegangen und habe so 1673 den Begriff *infinitesimal* geprägt (vgl. [162], S. 103).

https://doi.org/10.1515/9783111229027-003

Weierstraß hat der mathematischen Analysis durch seine mit meisterhafter Schärfe gehandhabte Kritik eine feste Grundlage geschaffen. Indem er unter anderem die Begriffe Minimum, Funktion, Differentialquotient klärte, hat er die der Infinitesimalrechnung noch anhaftenden Mängel beseitigt, sie von allen verschwommenen Vorstellungen über das Infinitesimale gereinigt und die dabei aus dem Begriff des Infinitesimalen entspringenden Schwierigkeiten endgültig überwunden ([95], S. 161).

Gleich anschließend weist Hilbert allerdings darauf hin, dass man damit zwar das Unendlichgroße und das Unendlichkleine erfolgreich aus der Analysis eliminiert habe, dass aber das Unendliche immer noch auftrete in Gestalt unendlicher Zahlenfolgen, welche die reellen Zahlen definieren, und in dem „Begriff des Systems der reellen Zahlen, welches ganz so wie eine fertig und abgeschlossen vorliegende Gesamtheit aufgefaßt wird" ([95], S. 162).

In der Tat wurde die Verbannung unendlich kleiner Größen aus der Analysis erkauft durch einen intensiven Gebrauch unendlicher Mengen. Nach den Konstruktionen von Cantor oder Dedekind ist jede einzelne reelle Zahl eine aktual unendliche Menge (eine unendliche Menge äquivalenter Cauchy-Folgen in $\mathbb{Q}$ bzw. ein Dedekind'scher Schnitt in $\mathbb{Q}$). Hieran nimmt heutzutage kaum jemand Anstoß. Wir haben uns durch jahrelange Übung im Mathematikstudium antrainiert, unendliche Mengen als alltäglich und unendlich kleine oder unendlich große Zahlen als exotisch zu empfinden. Einen sachlichen Grund für diese unterschiedliche Wahrnehmung gibt es jedoch nicht (siehe Abschnitt 5.2).

Durch den beispiellosen Erfolg der Mengenlehre im Allgemeinen und der Analysis mit den neu erfundenen reellen Zahlen und dem Weierstraß'schen Grenzwertbegriff im Besonderen wurden die infinitesimalen Größen bald nicht mehr vermisst. Cantor bezeichnete sie gar als den „infinitären Cholera-Bacillus der Mathematik" ([147], S. 505 f.).

Trotz dieser radikalen Wende in der Analysis blieben Infinitesimalien als Elemente nichtarchimedischer Körper Gegenstand mathematischer Untersuchungen, wie Paul Ehrlich in seinem Artikel [65] darlegt, zum Beispiel bei Du Bois-Reymond, Veronese, Levi-Civita, Hahn, Artin und Schreier, Baer.

Es ist sehr einfach, $\mathbb{R}$ oder, allgemeiner, einen beliebigen archimedisch angeordneten Körper K zu einem nichtarchimedischen Körper K' zu erweitern, zum Beispiel durch Adjunktion eines neuen Elementes Ω, das definitionsgemäß größer als alle Elemente aus K ist. Damit ist $K' := K(\Omega)$ ein nichtarchimedischer Körper, der auch infinitesimale Zahlen (zum Beispiel Ω^{-1}) enthält. Außer den Grundrechenarten und der Anordnung ist für die neuen Zahlen allerdings nichts geklärt. Im Fall $K = \mathbb{R}$ ist zum Beispiel nicht klar, ob Ausdrücke wie $\sqrt{\Omega}, 2^{\Omega}, \sin(\Omega), \Omega!$ oder $\sum_{n=1}^{\Omega} n$ sinnvoll definiert werden können. Erweiterungen der Art $\mathbb{R}(\Omega)$ sind daher für die Analysis uninteressant, wenn nicht noch andere Vereinbarungen hinzukommen, wie zum Beispiel bei der verallgemeinerten Omega-Adjunktion in [125] (vgl. Abschnitt 4.3.2).

Mit komplexeren nichtarchimedischen Körpererweiterungen können gewisse Fortschritte erzielt werden. Der Levi-Civita-Körper ist (wenn die imaginäre Einheit adjungiert wird) algebraisch abgeschlossen, erlaubt also insbesondere Wurzelziehen ([33]).

Um für eine Infinitesimal-Analysis von Nutzen zu sein, müssen sich die Körpererweiterungen an zentralen Aufgabenstellungen der Analysis bewähren. So sollte sich der Begriff der ganzen Zahlen sinnvoll auf die unendlichen Zahlen erweitern lassen, was Bernoulli und Euler darin hervorhoben, dass sie von „unendlichsten" Folgengliedern sprachen (also von Folgengliedern an unendlichen Stellen). Auf Partialsummenfolgen angewandt heißt das: Man sollte Summen mit unendlichen Indexgrenzen bilden können. Insbesondere sollten sich für eine Integraldefinition unendlich viele infinitesimale Zahlen zu einer endlichen Zahl aufsummieren lassen.

Die oben aufgeführten nichtarchimedischen Körper leisteten dies nicht, sodass Fraenkel 1928 ernüchtert feststellte:

> Die bisher in Betracht gezogenen und teilweise sorgfältig begründeten Arten unendlichkleiner Grössen haben sich zur Bewältigung auch nur der einfachsten und grundlegendsten Probleme der Infinitesimalrechnung (etwa zum Beweis des Mittelwertsatzes der Differentialrechnung oder zur Definition des bestimmten Integrals) als völlig unbrauchbar erwiesen ([73], S. 116).

Einen Teilerfolg erreichten Schmieden und Laugwitz 1958 mit ihrem Omega-Kalkül, der unendlich kleine und unendlich große Zahlen zur Verfügung stellt und eine Behandlung aller wesentlichen Teile der klassischen Analysis sowie neuartiger *Nichtstandardfunktionen* (etwa der Deltafunktion) erlaubt ([176]). Der verwendete Zahlbereich der Omegazahlen enthält allerdings Nullteiler und ist nur partiell geordnet. Die Omegazahlen lassen sich daher nicht mit der Vorstellung eines Linearkontinuums in Einklang bringen.

Der Durchbruch gelang Abraham Robinson 1961 mit seiner *Non-Standard Analysis* ([170]). Der dort verwendete Zahlbereich $^*\mathbb{R}$ der hyperreellen Zahlen ist ein zu $\mathbb{R}$ elementar äquivalenter Erweiterungskörper von $\mathbb{R}$ (siehe Abschnitt 3.3.3). Durch weitere Arbeiten von Robinson, Zakon und Luxemburg wurde das Konzept auf sogenannte Superstrukturen über beliebigen unendlichen Mengen verallgemeinert und für viele andere Gebiete der Mathematik anwendbar ([171, 173]). Die Konstruktion von $^*\mathbb{R}$ oder allgemeiner von Nichtstandarderweiterungen von Superstrukturen verwendet Ultrafilter, deren Existenz (nichtkonstruktiv) mit dem Zorn'schen Lemma bewiesen werden kann.

In den 1970er Jahren wurden unabhängig voneinander verschiedene axiomatische Zugänge zur Nonstandard-Analysis vorgeschlagen: Die *interne Mengenlehre* von Edward Nelson ([153]), die Mengenlehre von Karel Hrbaček ([100]) und die *Alternative Mengenlehre* von Petr Vopěnka ([207]). Alle drei Vorschläge erweitern die Sprache und das Axiomensystem der klassischen Mengenlehre, sodass im resultierenden Mengenuniversum neben den Standardmengen auch Nichtstandardmengen zum Vorschein kommen.[2] Dadurch, dass die Erweiterungen direkt an der Grundlage der Mathematik, der Mengenlehre, ansetzen, sind die Nichtstandardkonzepte von vornherein sehr all-

---

2 Neben diesen drei ursprünglichen Vorschlägen gibt es weitere Varianten. Einen umfassenden Überblick über die axiomatischen Zugänge zur Nonstandard-Analysis gibt die Monographie [109].

gemein angelegt. Den bislang größten Einfluss auf die praktizierte Mathematik hatte Nelsons interne Mengenlehre.

Neben den modelltheoretischen und den axiomatischen Ansätzen zur Nonstandard-Analysis gab es ab den 1980er Jahren einen Vorstoß aus der Kategorientheorie, der auf Francis Wiliam Lawvere zurückgeht ([126, 127]): die *Glatte Infinitesimalanalysis* (*Smooth Infinitesimal Analysis*). Infinitesimale Größen werden hier durch nilquadratische Elemente realisiert, also Größen, deren Quadrat exakt 0 ist, ohne dass sie selbst 0 sein müssen. Damit solche Größen (ungleich 0) existieren können, wird statt der klassischen Logik die intuitionistische Logik verwendet, in der das *tertium non datur* nicht gilt. Es gibt in der glatten Infinitesimalanalysis infinitesimale Größen ε, für die weder $\varepsilon = 0$ noch $\varepsilon \neq 0$ gilt.

In diesem Kapitel betrachten wir drei Ansätze genauer:

- den Omega-Kalkül nach Schmieden und Laugwitz, da er noch rein konstruktiv und mit elementaren Mitteln nachvollziehbar ist und eine gute Vorbereitung für den Robinson-Ansatz darstellt,
- den modelltheoretischen Ansatz von Robinson, da er nach wie vor die größte Verbreitung unter den Anwendern der Nonstandard-Analysis hat,
- die interne Mengenlehre von Nelson als Beispiel für einen axiomatischen Zugang, da sie wegen ihrer einfachen Axiomatik bei Anwendern sehr beliebt ist und sich insbesondere als Ausgangspunkt für philosophische und grundlagentheoretische Diskussionen eignet.

Andere axiomatische Zugänge (externe und relative Mengenlehren) werden etwas gröber skizziert. Für eine Einführung in die glatte Infinitesimalanalysis sei auf [28] verwiesen.

3.2 Omega-Kalkül nach Schmieden und Laugwitz

Cantor hat die reellen Zahlen als Äquivalenzklassen von Fundamentalfolgen rationaler Zahlen definiert. Zwei solche Folgen sind äquivalent (das heißt, sie repräsentieren dieselbe reelle Zahl), wenn ihre Differenz eine Nullfolge ist. Analog definieren Schmieden und Laugwitz ihre Omegazahlen als Äquivalenzklassen über Folgen eines angeordneten Körpers K (zum Beispiel $K = \mathbb{Q}$ oder $K = \mathbb{R}$).[3] Die Unterschiede zu Cantors Definition sind, dass nicht nur Fundamentalfolgen, sondern alle Folgen über K zugelassen werden, und dass die Äquivalenzbedingung strenger ist. Zwei Folgen repräsentieren nur dann dieselbe Omegazahl, wenn sie *überall* ([176]) oder zumindest *fast überall* ([124]) exakt übereinstimmen. „Fast überall" bedeutet dabei überall, bis auf endlich viele Ausnahmen.

---

[3] Siehe [124]. Ursprünglich hatten Schmieden und Laugwitz ihren Kalkül für Ω-rationale Zahlen definiert ([176]).

Anders als bei Cantors Definition der reellen Zahlen repräsentieren zum Beispiel die Folgen $(\frac{1}{n})_{n\in\mathbb{N}}$ und $(\frac{1}{2n})_{n\in\mathbb{N}}$ zwei verschiedene Omegazahlen, die beide ungleich null sind und von denen die erste doppelt so groß ist wie die zweite.

Die Darstellung des Omega-Kalküls in diesem Abschnitt orientiert sich im Wesentlichen an [124]. Im Folgenden sei K ein archimedisch angeordneter Körper.

3.2.1 Definition der Omegazahlen

Um Eigenschaften, die fast überall, das heißt für fast alle natürlichen Zahlen gelten, bequem formulieren zu können, führt man für das System aller Teilmengen von $\mathbb{N}$, deren Komplement in $\mathbb{N}$ endlich ist, die Bezeichnung Cof ein:

$$\text{Cof} := \{M \in \mathcal{P}(\mathbb{N}) \mid \mathbb{N} \setminus M \text{ ist endlich}\}.$$

Man nennt Cof *das System der kofiniten Teilmengen von* $\mathbb{N}$. Im Folgenden wird immer wieder gebraucht, dass Schnittmengen und Obermengen kofiniter Mengen wieder kofinit sind. Diese Abgeschlossenheitseigenschaften von Cof sind anhand der Definition leicht zu verifizieren.[4] Für alle Mengen A, B gilt also:

$$A, B \in \text{Cof} \quad \Rightarrow \quad A \cap B \in \text{Cof} \tag{3.1}$$

$$A \in \text{Cof}, A \subseteq B \subseteq \mathbb{N} \quad \Rightarrow \quad B \in \text{Cof} \tag{3.2}$$

In der Menge $K^{\mathbb{N}}$ der Folgen über K sei die Relation $\sim_{\text{Cof}}$ definiert durch

$$a \sim_{\text{Cof}} b \quad :\Leftrightarrow \quad \{n \in \mathbb{N} \mid a_n = b_n\} \in \text{Cof} \tag{3.3}$$

für alle $a, b \in K^{\mathbb{N}}$ mit $a = (a_n)_{n\in\mathbb{N}}$ und $b = (b_n)_{n\in\mathbb{N}}$.

Man prüft leicht nach, dass $\sim_{\text{Cof}}$ eine Äquivalenzrelation ist. Reflexivität und Symmetrie sind klar. Für die Transitivität benötigt man (3.1) und (3.2).

Damit kann man die Menge $^{\Omega}K$ der Omegazahlen über K als $K^{\mathbb{N}}/\sim_{\text{Cof}}$ definieren. Bezeichnet $[a]$ die Äquivalenzklasse von $a \in K^{\mathbb{N}}$ bezüglich $\sim_{\text{Cof}}$, so gilt also:

$$^{\Omega}K = \{[a] \mid a \in K^{\mathbb{N}}\}.$$

Laugwitz bezeichnet die Äquivalenzklasse $[a]$, also die durch $(a_n)_{n\in\mathbb{N}}$ repräsentierte Omegazahl, mit a_{Ω} oder α (und analog für andere lateinische Buchstaben und ihre griechischen Entsprechungen).

Die Abbildung $\rho \colon K \to \,^{\Omega}K$, die jeder konstanten Folge über K ihre Äquivalenzklasse bezüglich $\sim_{\text{Cof}}$ zuordnet, ist injektiv, denn zwei verschiedene konstante Folgen stimmen

---

4 Zusammen mit der Eigenschaft, dass Cof nicht leer ist und nicht die leere Menge enthält, zeichnen sie Cof als *Filter* über $\mathbb{N}$ aus (vgl. Definition 9).

nirgendwo (und damit nicht fast überall) überein. K wird durch ρ in ${}^{\Omega}K$ *eingebettet* und kann (durch die Identifikation von $a \in K$ mit $\rho(a)$) als Untermenge von ${}^{\Omega}K$ aufgefasst werden. Damit kann man Bezeichnungen für Elemente aus K zur Vereinfachung in ${}^{\Omega}K$ weiterverwenden und zum Beispiel wieder 1 statt $[(1,1,1,\dots)]$ schreiben. Diese Praxis ist allgemein bei Zahlbereichserweiterungen üblich, zum Beispiel bei $\mathbb{N} \subset \mathbb{Z} \subset \mathbb{Q} \subset \mathbb{R}$, wenn man mit 1 die natürliche, die ganze, die rationale und die reelle Zahl Eins bezeichnet.

Die Abbildung ρ ist nicht surjektiv, denn die Folge $(1, 2, 3, \dots)$ stimmt mit keiner konstanten Folge fast überall überein. Daher liegt die Zahl

$$\Omega := [(1, 2, 3, \dots)]$$

nicht im Bild von ρ. Der Schritt von K zu ${}^{\Omega}K$ ist also eine echte Erweiterung.

3.2.2 Fortsetzung von Relationen und Funktionen

Für jede m-stellige Relation R über K sei eine entsprechende m-stellige Relation ${}^*R$ über ${}^{\Omega}K$ definiert durch

$$(a_1, \dots, a_m) \in {}^*R \quad :\Leftrightarrow \quad \{n \in \mathbb{N} \mid (a_{1,n}, \dots, a_{m,n}) \in R\} \in \text{Cof.} \tag{3.4}$$

Dabei ist $(a_{j,n})_{n \in \mathbb{N}}$ jeweils ein Repräsentant von a_j (für $j = 1, \dots, m$). Dass ${}^*R$ wohldefiniert ist, also nicht von der Wahl der Repräsentanten abhängt, folgt daraus, dass Schnittmengen und Obermengen kofiniter Teilmengen wieder kofinit sind.

Der Begriff der Funktion wird wie üblich auf den Begriff der Relation zurückgeführt. Mit (3.1), (3.2) und (3.4) lässt sich zeigen: Ist $f : D \to K$ mit $D \subseteq K^m$ eine m-stellige Funktion, dann wird durch

$${}^*f(a_1, \dots, a_m) = \beta \quad :\Leftrightarrow \quad \{n \in \mathbb{N} \mid f(a_{1,n}, \dots, a_{m,n}) = b_n\} \in \text{Cof} \tag{3.5}$$

eine m-stellige Funktion ${}^*f : {}^*D \to {}^{\Omega}K$ definiert.

Die Einbettungsfunktion ρ ist ein injektiver Homomorphismus für jede m-stellige Relation, das heißt, für alle $a_1, \dots, a_m \in K$ gilt:

$$(a_1, \dots, a_m) \in R \quad \Rightarrow \quad (\rho(a_1), \dots, \rho(a_m)) \in {}^*R.$$

Wird K durch die Einbettung mittels ρ als Untermenge von ${}^{\Omega}K$ aufgefasst, so ist ${}^*R$ eine Fortsetzung von R (und entsprechend ${}^*f$ eine Fortsetzung von f).

Wenn keine Missverständnisse zu befürchten sind, wird daher auf den Stern an den Funktions- und Relationssymbolen verzichtet, insbesondere bei $+$, $\cdot$, $<$. Auf diese Weise hat man

$$\alpha < \beta \quad :\Leftrightarrow \quad \{n \in \mathbb{N} \mid a_n < b_n\} \in \text{Cof,} \tag{3.6}$$

$$\alpha + \beta = \gamma \quad :\Leftrightarrow \quad \{n \in \mathbb{N} \mid a_n + b_n = c_n\} \in \text{Cof}, \tag{3.7}$$

$$\alpha \cdot \beta = \gamma \quad :\Leftrightarrow \quad \{n \in \mathbb{N} \mid a_n \cdot b_n = c_n\} \in \text{Cof}. \tag{3.8}$$

Bei einstelligen Relationen (das heißt bei Mengen), wie $^*\mathbb{N}$ oder $^*\mathbb{Q}$, bleibt der Stern in der Regel erforderlich, um sie von den ursprünglichen (in $^\Omega K$ eingebetteten) Mengen, wie $\mathbb{N}$ bzw. $\mathbb{Q}$, zu unterscheiden.

Da sich die Rechenregeln für die Addition und Multiplikation von den Folgengliedern der Repräsentanten auf die Omegazahlen übertragen, stellt man fest, dass $^\Omega K$ ein kommutativer Ring mit Einselement ist.

$^\Omega K$ enthält allerdings Nullteiler, denn es ist das Produkt

$$[(1, 0, 1, 0, \dots)] \cdot [(0, 1, 0, 1, \dots)] = 0,$$

ohne dass einer der Faktoren 0 ist. $^\Omega K$ ist also kein Körper und kann auch nicht zu einem Körper erweitert werden. Der Kehrwert α^{-1} existiert nur für solche Zahlen α, deren Repräsentantenfolgen (a_n) fast überall ungleich 0 sind.

Außerdem ist $^\Omega K$ nur partiell geordnet. Zwar ist die Relation $<$ in $^\Omega K$ irreflexiv und transitiv, aber für die beiden Nullteiler von oben gilt weder die Gleichheit noch $<$ in der einen oder der anderen Richtung, denn keine dieser Bedingungen gilt (in K) für fast alle Folgenglieder. Trotz dieser Defizite gegenüber K ist mithilfe der Omegazahlen eine relativ weitgehende Infinitesimalrechnung möglich, wie in [124] vorgeführt wird.

3.2.3 Infinite und infinitesimale Omegazahlen

Definition 7. Eine Omegazahl ξ heißt
- *positiv infinit* oder *unendlich groß* ($\xi \gg 1$), wenn $\xi > a$ für alle $a \in K$ gilt,
- *negativ infinit*, wenn $-\xi$ positiv infinit ist,
- *infinit*, wenn sie positiv oder negativ infinit ist,
- *finit* oder *endlich*, wenn es $a \in K$ mit $|\xi| \le a$ gibt,
- *infinitesimal* oder *unendlich klein* ($\xi \approx 0$), wenn $|\xi| < a$ für alle positiven $a \in K$ gilt.[5]

Zwei Omegazahlen ξ, η heißen *infinitesimal benachbart* ($\xi \approx \eta$), wenn ihre Differenz infinitesimal ist.

Aus der Definition ergibt sich, dass Ω positiv infinit und Ω^{-1} infinitesimal ist.

Da Zahlenfolgen in K Funktionen von $\mathbb{N}$ nach K sind, lassen sich diese zu Funktionen von $^*\mathbb{N}$ nach $^\Omega K$ fortsetzen. Aus einer Zahlenfolge $(a_n)_{n \in \mathbb{N}}$ erhält man die Fort-

---

5 Laugwitz setzt bei *infinitesimal* ungleich null voraus. Der Durchgängigkeit halber schließen wir hier die Null mit ein.

setzung $(a_n)_{n \in {}^*\mathbb{N}}$. Für $\nu \in {}^*\mathbb{N}$ mit Repräsentantenfolge $(n_j)_{j \in \mathbb{N}}$ ist dabei $a_\nu = [(a_{n_j})_{j \in \mathbb{N}}]$. Speziell für $\nu = \Omega$ hat man also $a_\Omega = [(a_j)_{j \in \mathbb{N}}]$ als Rechtfertigung für Laugwitz' Bezeichnungskonvention für Omegazahlen.

Aus historischen Gründen und in Anlehnung an Leibniz' Schreibweise für Differentiale werden infinitesimale Omegazahlen auch mit dx, dy etc. bezeichnet.

3.2.4 Hyperendliche Folgen und Summen

Für die Integraldefinition wird eine Verallgemeinerung der Begriffe *endliche Folge* und *endliche Summe* gebraucht. Es soll eine unendlich große Anzahl von Omegazahlen als Folgenglieder bzw. Summanden zugelassen sein, aber so, dass wesentliche Eigenschaften endlicher Folgen bzw. Summen erhalten bleiben. Dies führt uns zum Begriff der *hyperendlichen* Folgen bzw. Summen.

Eine endliche Folge $(x_k)_{1 \leq k \leq n}$ über K ist eine Abbildung

$$\{k \in \mathbb{N} \mid 1 \leq k \leq n\} \to K, \quad k \mapsto x_k.$$

Meist schreibt man hierfür $(x_1, \ldots, x_n)$. Die natürliche Zahl n wird die *Länge* der Folge genannt.

Für die Verallgemeinerung seien im Folgenden $\nu, \kappa \in {}^*\mathbb{N}$ und (n_j) bzw. (k_j) ihre Repräsentantenfolgen, also Folgen natürlicher Zahlen.

Eine *hyperendliche Folge* $(\xi_\kappa)_{1 \leq \kappa \leq \nu}$ über ${}^\Omega K$ ist eine Abbildung

$$\{\kappa \in {}^*\mathbb{N} \mid 1 \leq \kappa \leq \nu\} \to {}^\Omega K, \quad \kappa \mapsto \xi_\kappa := [(x_{j,k_j})],$$

wobei $(x_{j,k})_{1 \leq k \leq n_j}$ für jedes $j \in \mathbb{N}$ eine endliche Folge über K ist. Die Omegazahl ν wird die *Länge* der hyperendlichen Folge genannt. Eine hyperendliche Folge der Länge ν ist also definiert durch eine unendliche Folge von endlichen Folgen der Länge n_j. Die Bildmengen hyperendlicher Folgen heißen *hyperendliche Mengen*.

Hyperendliche Folgen sind ein Spezialfall *interner Abbildungen* (siehe Abschnitt 3.4). Die oben angegebene Definition ergibt sich daraus, dass interne Objekte (zum Beispiel Mengen, Funktionen, Relationen) über ${}^\Omega K$ durch Folgen entsprechender Objekte über K definiert sind (vgl. [124], S. 79 f.). Dadurch übertragen sich wesentliche Eigenschaften von den Objekten über K auf die entsprechenden internen Objekte über ${}^\Omega K$.

So enthält zum Beispiel jede hyperendliche Folge über ${}^\Omega K$ (ebenso wie jede endliche Folge über K) ein maximales Glied. Zum Beweis wähle man in der obigen Definition für jedes j dasjenige k_j, für das x_{j,k_j} maximal in $(x_{j,1}, \ldots, x_{j,n_j})$ ist. Dann ist das entsprechende ξ_κ maximal in der hyperendlichen Folge $(\xi_\kappa)_{1 \leq \kappa \leq \nu}$.

So wie man die Glieder einer endlichen Folge über K summieren kann, so ist dies auch für die Glieder einer hyperendlichen Folge von Omegazahlen möglich. Die Summe der Glieder einer hyperendlichen Folge $(\xi_\kappa)_{1 \leq \kappa \leq \nu}$ ist definiert durch

$$\sum_{k=1}^{v} \xi_k := \left[\left(\sum_{k=1}^{n_j} x_{j,k} \right) \right].$$

Man nennt dies eine *hyperendliche Summe*. Allgemeiner definiert man für $\mu \leq v$

$$\sum_{k=\mu}^{v} \xi_k := \left[\left(\sum_{k=m_j}^{n_j} x_{j,k} \right) \right].$$

Analog kann man *hyperendliche Produkte* definieren.

3.2.5 Zentrale Begriffe der elementaren Analysis mit Omegazahlen

Wir setzen jetzt den hauptsächlich interessierenden Fall $K = \mathbb{R}$ voraus.

Da zwei reelle Zahlen nicht infinitesimal benachbart sein können, gibt es zu jeder Omegazahl ξ höchstens eine infinitesimal benachbarte reelle Zahl. Wenn eine solche Zahl existiert, heißt sie der *Standardteil*[6] von ξ und wird mit st(ξ) bezeichnet. Eine notwendige (aber nicht hinreichende) Bedingung für die Existenz des Standardteils ist, dass ξ endlich ist. Der Standardteil von ξ existiert genau dann, wenn der Grenzwert der Repräsentantenfolge (x_n) von ξ im herkömmlichen Sinne konvergiert. Es gilt dann

$$\text{st}(\xi) = \lim_{n \to \infty} x_n.$$

Die Begriffe Stetigkeit, Ableitung, Integral und Grenzwert lassen sich mit Omegazahlen (und analog mit hyperreellen Zahlen) folgendermaßen für reelle Funktionen definieren (vgl. [124], S. 25–39 und 54–68, für das Integral auch S. 139 f.):

Definition 8. Sei $f : D \to \mathbb{R}$ mit $D \subseteq \mathbb{R}$.

1. f heißt stetig bei $x \in D$, wenn für alle $dx \approx 0$ mit $x + dx \in {}^*D$ gilt:

$$f(x + dx) \approx f(x).$$

2. f heißt differenzierbar bei $x \in D$ mit Ableitung $f'(x) \in \mathbb{R}$, wenn ${}^*D$ zu x infinitesimal benachbarte Punkte ungleich x enthält und wenn für alle Nichtnullteiler $dx \approx 0$ mit $x + dx \in {}^*D$ gilt:

$$\frac{f(x + dx) - f(x)}{dx} \approx f'(x).$$

3. Sei $D = [a, b]$, $(\xi_k)_{0 \leq k \leq v}$ eine unendlich feine Zerlegung von D (also eine streng monoton wachsende hyperendliche Folge mit $\xi_0 = a$, $\xi_v = b$ und jeweils $\xi_k - \xi_{k-1} \approx 0$)

---

6 Laugwitz schreibt *Standard-Anteil*.

und $(\hat{\xi}_k)_{1 \le k \le \nu}$ eine Wahl von Zwischenpunkten (also eine hyperendliche Folge mit jeweils $\xi_{k-1} \le \hat{\xi}_k \le \xi_k$). Wenn der Standardteil der Riemann'schen Summe

$$\sum_{k=1}^{\nu} f(\hat{\xi}_k)(\xi_k - \xi_{k-1})$$

für alle unendlich feinen Zerlegungen existiert und unabhängig von der Zerlegung und der Wahl der Zwischenpunkte ist, dann heißt er das bestimmte Integral $\int_a^b f(x)\, dx$.

4. Sei $D = \mathbb{N}$. Die Folge f heißt konvergent mit Grenzwert $a \in \mathbb{R}$, wenn für alle unendlich großen $\nu \in {}^*\mathbb{N}$ gilt: $f(\nu) \approx a$.

3.2.6 Einschränkungen

Eine wesentliche Stärke der Robinson'schen Nonstandard-Analysis ist ihr weitreichendes *Transferprinzip*, das besagt, dass jede Aussage erster Stufe, die in den reellen Zahlen gilt, auch in den hyperreellen Zahlen gilt, wenn man alle Funktionen und Relationen durch ihre *-Erweiterungen ersetzt (siehe Abschnitt 3.3.2).

Angesichts der festgestellten Unterschiede zwischen K und ${}^{\Omega}K$ (Existenz von Nullteilern, nur partielle Ordnung) ist klar, dass ein Transferprinzip für Omegazahlen nicht für alle Sätze erster Stufe gelten kann. Tatsächlich sind im Allgemeinen nur solche Ausdrücke übertragbar, die als logische Symbole ausschließlich $\wedge, \forall, \exists$ enthalten.[7] Das Transferprinzip für Omegazahlen ist daher in der Praxis nur von begrenztem Nutzen.

Laugwitz verzichtet bei seinem genetischen Aufbau der Nonstandard-Analysis in [124] auf die explizite Formulierung eines Transferprinzips und greift stattdessen bei Beweisen direkt auf die Konstruktion der Omegazahlen zurück. Eine explizite Einbeziehung formaler Sprachen ist dadurch in diesem Stadium nicht erforderlich.

Der Grund für das eingeschränkte Transferprinzip bei Omegazahlen ist, dass eine Teilmenge von $\mathbb{N}$ unendlich sein kann und ihre Komplementärmenge ebenfalls. Keine der beiden Mengen gehört damit zu Cof. Auf die Glieder einer Repräsentantenfolge (a_n) der Omegazahl a bezogen heißt das: Wenn eine Aussage nicht für fast alle a_n gilt, folgt nicht, dass die Negation der Aussage für fast alle a_n gilt. Entsprechend: wenn eine Disjunktion zweier Aussagen für fast alle a_n gilt, folgt nicht, dass eine der beiden Aussagen für fast alle a_n gilt. Am konkreten Beispiel $(-1)^{\Omega}$: Für fast alle Glieder (in diesem Fall sogar für alle Glieder) der Folge $((-1)^n)$ gilt $a_n = -1 \vee a_n = 1$, aber es gilt weder für fast alle Glieder $a_n = -1$ noch für fast alle Glieder $a_n = 1$. Daher ist $(-1)^{\Omega}$ weder gleich -1 noch gleich 1.

---

7 Eine genauere Untersuchung findet man in [120], S. 31–34.

Die Zahl $(-1)^\Omega$ ist auch ein Beispiel für eine finite Omegazahl ohne Standardteil, denn die Folge $((-1)^n)$ ist nicht konvergent. Da nicht jede finite Omegazahl einen Standardteil hat, müssen in Beweisen an entsprechenden Stellen Zusatzüberlegungen angestellt werden, zum Beispiel, indem ausgenutzt wird, dass beschränkte Folgen konvergente Teilfolgen haben (vgl. etwa [124], S. 56–58).

Man kann diese Nachteile der Omegazahlen beheben, indem man die Äquivalenzrelation in $K^\mathbb{N}$ nicht mit dem Filter Cof, sondern mit einem Cof umfassenden Ultrafilter $\mathcal{U}$ definiert (siehe Abschnitt 3.3.1). Ein solcher Ultrafilter enthält zu jeder Teilmenge von $\mathbb{N}$ entweder die Menge selbst oder ihr Komplement, wodurch $^\Omega K$ ein angeordneter Erweiterungskörper von K wird. $(-1)^\Omega$ ist dann zum Beispiel entweder gleich 1 oder gleich -1, denn es gehört (je nach Wahl von $\mathcal{U}$) entweder die Menge aller geraden Indizes oder die Menge aller ungeraden Indizes zu $\mathcal{U}$. Laugwitz betrachtet solche Körpererweiterungen zum Beispiel in [125].

3.3 Die hyperreellen Zahlen

Die hyperreellen Zahlen bilden einen angeordneten, nicht archimedischen Erweiterungskörper von $\mathbb{R}$. Man erhält einen solchen Körper – wie im letzten Abschnitt angedeutet – durch eine mengentheoretische Konstruktion unter Verwendung von Ultrafiltern oder als Folge des Endlichkeitssatzes der Prädikatenlogik erster Stufe. Wir stellen beide Wege kurz vor.

3.3.1 Körpererweiterung mittels Ultrafilter

Bei Beweisen von Aussagen über Omegazahlen wurden immer wieder die Eigenschaften (3.1) und (3.2) von Cof ausgenutzt, also dass mit zwei Mengen auch ihre Schnittmenge zu Cof gehört und dass mit einer Menge A auch die Teilmengen von $\mathbb{N}$, die A umfassen, wieder zu Cof gehören. Außerdem ist Cof nicht leer und enthält auch nicht die leere Menge. Diese Eigenschaften machen Cof zu einem sogenannten *Mengenfilter* (kurz: *Filter*) über $\mathbb{N}$. Man nennt Cof auch den *Fréchet-Filter* (über $\mathbb{N}$).

Allgemeiner definiert man Filter über einer beliebigen nichtleeren Indexmenge J.[8]

Definition 9. Sei J eine nicht leere Menge und $\mathcal{F} \subseteq \mathcal{P}(J)$ ein nicht leeres System von Teilmengen von J. Dann heißt $\mathcal{F}$ ein *Filter* (über J), wenn gilt:
1. $\emptyset \notin \mathcal{F}$.
2. Für alle $A, B \in \mathcal{F}$ ist auch $A \cap B \in \mathcal{F}$.
3. Für alle A, B mit $A \in \mathcal{F}$ und $A \subseteq B \subseteq J$ ist auch $B \in \mathcal{F}$.

---

8 Andere Indexmengen als $\mathbb{N}$ werden zum Beispiel eingesetzt, um die Existenz von Nichtstandardeinbettungen mit bestimmten Zusatzeigenschaften zu beweisen (siehe Abschnitte 3.4.10 und 3.4.11).

Ein Filter $\mathcal{F}$ heißt *Ultrafilter*, wenn er keinen echten Oberfilter besitzt, das heißt wenn für alle Filter $\mathcal{G}$ über J gilt:

$$\mathcal{F} \subseteq \mathcal{G} \Rightarrow \mathcal{F} = \mathcal{G}. \tag{3.9}$$

Ein Filter $\mathcal{F}$ heißt *frei*, wenn gilt:

$$\bigcap \mathcal{F} = \emptyset. \tag{3.10}$$

Da $\mathcal{F}$ nicht leer ist, folgt aus Punkt 3 der Definition, dass $J \in \mathcal{F}$ ist. Da der Schnitt über alle kofiniten Teilmengen von $\mathbb{N}$ leer ist, ist Cof (und damit auch jeder Cof umfassende Filter) ein freier Filter über $\mathbb{N}$. Darüber hinaus gilt sogar, dass ein Filter über $\mathbb{N}$ genau dann frei ist, wenn er Cof umfasst. Cof ist also der kleinste freie Filter über $\mathbb{N}$. Cof ist jedoch kein Ultrafilter. Dies folgt unmittelbar aus der folgenden Charakterisierung für Ultrafilter (siehe [123], S. 12):

Satz 40. *Sei $\mathcal{F}$ ein Filter über J. Dann sind äquivalent:*
1. *$\mathcal{F}$ ist ein Ultrafilter*
2. *Für alle $A \subseteq J$ ist $A \in \mathcal{F}$ oder $J \setminus A \in \mathcal{F}$.*

Mit dem Zorn'schen Lemma (einem Satz, der über ZF äquivalent zum Auswahlaxiom ist) zeigt man den folgenden *Tarski'schen Ultrafiltersatz* (vgl. [123], S. 11):

Satz 41. *Sei J eine nichtleere Menge und $\mathcal{F}$ ein Filter über J. Dann existiert ein $\mathcal{F}$ umfassender Ultrafilter.*

3.3.2 Transferprinzip für hyperreelle Zahlen

Nach Satz 41 existiert ein Cof umfassender – und damit freier – Ultrafilter $\mathcal{U}$ über $\mathbb{N}$. Modifiziert man nun alle Definitionen aus Abschnitt 3.2 dahin gehend, dass man Cof durch $\mathcal{U}$ ersetzt, so kann damit ein Transferprinzip bewiesen werden, das für alle Aussagen erster Stufe gilt.[9] Die Sprechweise „gilt fast überall" bedeute jetzt „gilt für alle n einer Menge, die zu $\mathcal{U}$ gehört".

Es wird eine geeignete formale Sprache $\mathcal{L}^{\mathcal{S}}$ benötigt, in der die übertragbaren Sätze formuliert werden können. Die Symbolmenge $\mathcal{S}$ enthalte zu jeder reellen Zahl eine Konstante und zu jeder (ein- oder mehrstelligen) Relation R über $\mathbb{R}$ ein Relationssymbol (entsprechender Stellenzahl). Eine solche Symbolmenge kann nicht effektiv angegeben werden. Der Einfachheit halber nehme man an, dass die Elemente aus $\mathbb{R}$ bzw. die Relationen über $\mathbb{R}$ selbst die Symbole aus $\mathcal{S}$ sind. Damit können in konkreten Beispielen alle

---

9 Für die im Folgenden verwendeten Bezeichnungen und Begriffe aus der Prädikatenlogik siehe zum Beispiel [62].

aus der Hintergrundmengenlehre gewohnten Zeichen für reelle Zahlen oder Relationen über $\mathbb{R}$ in S-Ausdrücken verwendet werden, zum Beispiel 10, $-\frac{2}{3}$ oder π als Konstanten, $\mathbb{N}$, $\mathbb{Z}$, $\mathbb{Q}$ als einstellige Relationssymbole, $<$, $>$, $\leq$, $\geq$ als zweistellige Relationssymbole, $+$, $\cdot$ als dreistellige Relationssymbole. Im Zweifelsfall muss dann hinzugefügt werden, ob eine Zeichenkette als formaler S-Satz oder als Satz der Hintergrundmengenlehre zu lesen ist.

Robinson folgend bezeichnen wir den Erweiterungskörper $\mathbb{R}^{\mathbb{N}} / \sim_{\mathcal{U}}$ mit $^*\mathbb{R}$. Die Definition von $^*\mathbb{R}$ hängt also vom Ultrafilter $\mathcal{U}$ ab. Wir kommen auf diesen Umstand in Abschnitt 6.2.1 zurück. Die Elemente von $^*\mathbb{R}$ heißen *hyperreelle Zahlen*.

Es sei $\mathfrak{A}$ die Struktur mit Träger $\mathbb{R}$ und $a^{\mathfrak{A}} := a$ für alle Konstanten a und $R^{\mathfrak{A}} := R$ für alle Relationssymbole R. Weiter sei $\mathfrak{B}$ die Struktur mit Träger $^*\mathbb{R}$ und $a^{\mathfrak{B}} := \rho(a) = [(a)_{n\in\mathbb{N}}]$ für alle Konstanten a und $R^{\mathfrak{B}} := {}^*R$ für alle Relationssymbole R.

Der folgende Satz liefert den Zusammenhang zwischen Aussagen über hyperreelle Zahlen und den entsprechenden Aussagen über ihre Repräsentanten (vgl. z. B. [63], S. 100–102).

Satz 42. *Sei φ ein S-Ausdruck mit höchstens den freien Variablen $x_1, \ldots, x_m$. Dann gilt für alle $a_1, \ldots, a_m \in {}^*\mathbb{R}$ mit $a_j = [(a_{j,n})_{n\in\mathbb{N}}]$ für $j = 1, \ldots, m$:*

$$\{n \in \mathbb{N} \mid \mathfrak{A} \models \varphi[a_{1,n}, \ldots a_{m,n}]\} \in \mathcal{U} \quad \Leftrightarrow \quad \mathfrak{B} \models \varphi[a_1, \ldots, a_m].$$

Einfach ausgedrückt: Eine Aussage gilt für hyperreelle Zahlen genau dann, wenn sie gliedweise auf die Repräsentanten bezogen fast überall gilt.

Aus Satz 42 ergibt sich das folgende Transferprinzip:

Satz 43 (Transferprinzip für hyperreelle Zahlen). *Für jeden S-Satz φ gilt:*

$$\mathfrak{A} \models \varphi \quad \Leftrightarrow \quad \mathfrak{B} \models \varphi$$

Wenn $\varphi^{\mathfrak{A}}$ und $\varphi^{\mathfrak{B}}$ den in $\mathfrak{A}$ bzw. $\mathfrak{B}$ interpretierten Satz φ bezeichnen, lässt sich Satz 43 noch kürzer als $\varphi^{\mathfrak{A}} \Leftrightarrow \varphi^{\mathfrak{B}}$ schreiben.

Da in $\mathfrak{A}$ die Konstanten und Relationssymbole aus S trivial interpretiert werden ($a^{\mathfrak{A}} = a$ bzw. $R^{\mathfrak{A}} = R$), unterscheiden sich der formale Satz φ und seine Interpretation $\varphi^{\mathfrak{A}}$ optisch nur dadurch, dass für Letztere die informellere Sprache der Hintergrundmengenlehre benutzt wird (und die Zeichen $\Rightarrow$ und $\Leftrightarrow$ statt $\rightarrow$ bzw. $\leftrightarrow$). Der Unterschied wird weiter dadurch nivelliert, dass zur Angabe konkreter formaler Sätze in der Regel auch eine informelle Notation zugelassen wird, indem man zum Beispiel $x + y = z$ statt $+xyz$ oder $x < y$ statt $< xy$ schreibt.

3.3.3 Körpererweiterung mit dem Endlichkeitssatz

Der originäre Zugang Robinsons zur Nonstandard-Analysis in [170] verwendet den Endlichkeitssatz. Dieser Satz aus der Prädikatenlogik erster Stufe besagt, dass eine Menge

Φ von Ausdrücken genau dann erfüllbar ist (also ein Modell hat), wenn jede endliche Teilmenge von Φ erfüllbar ist (siehe [62], S. 93). Um daraus die Existenz einer geeigneten Struktur für die Nonstandard-Analysis herzuleiten, wird eine formale Sprache erster Stufe mit überabzählbar vielen Konstanten und Relationssymbolen gebraucht.[10]

Wie in Abschnitt 3.3.2 enthalte die Symbolmenge S zu jeder reellen Zahl $a \in \mathbb{R}$ eine Konstante und zu jeder (ein- oder mehrstelligen) Relation R über $\mathbb{R}$ ein Relationssymbol (entsprechender Stellenzahl). Der Einfachheit halber nehme man wieder an, dass die reellen Zahlen bzw. die Relationen selbst die Symbole aus S sind.

Es sei $\mathfrak{A}$ die Struktur mit Träger $\mathbb{R}$ und der trivialen Interpretation der Konstanten und Relationssymbole ($a^{\mathfrak{A}} = a$ bzw. $R^{\mathfrak{A}} = R$) und $\text{Th}(\mathfrak{A})$ die Menge aller S-Sätze, die in $\mathfrak{A}$ gelten.

Weiter sei Φ die Ausdrucksmenge $\text{Th}(\mathfrak{A}) \cup \{x > 1, x > 2, x > 3, \dots\}$. Jedes endliche $\Phi_0 \subseteq \Phi$ ist erfüllbar, zum Beispiel durch eine Interpretation $(\mathfrak{A}, \beta_1)$ mit hinreichend großem $\beta_1(x)$. Nach dem Endlichkeitssatz gibt es dann auch ein Modell $(\mathfrak{B}, \beta)$ von Φ. Dessen Träger nenne man $^*\mathbb{R}$. Wegen $\mathfrak{B} \models \text{Th}(\mathfrak{A})$ sind $\mathfrak{A}$ und $\mathfrak{B}$ elementar äquivalent. Mit $\Omega := \beta(x)$ enthält $^*\mathbb{R}$ aber auch ein unendlich großes Element.

Da sich $\mathbb{R}$ durch die Zuordnung $a \mapsto a^{\mathfrak{B}}$ in $^*\mathbb{R}$ einbetten lässt und (wegen $\mathfrak{B} \models \text{Th}(\mathfrak{A})$)

$$R(a_1, \dots, a_n) \Leftrightarrow R^{\mathfrak{B}}(a_1^{\mathfrak{B}}, \dots, a_n^{\mathfrak{B}})$$

für alle $a_1, \dots, a_n \in \mathbb{R}$ für alle n-stelligen Relationen über $\mathbb{R}$ gilt, kann $\mathfrak{A}$ als Substruktur von $\mathfrak{B}$ bzw. umgekehrt $\mathfrak{B}$ als elementare Erweiterung von $\mathfrak{A}$ aufgefasst werden.

Damit erhält man die Erweiterungsstruktur der hyperreellen Zahlen, ohne sie explizit zu konstruieren, im Unterschied zum Vorgehen in Abschnitt 3.3.1. Allerdings ist zu bemerken, dass die Erweiterungsstruktur auch dort nur zum Teil explizit konstruiert wurde, da der verwendete Ultrafilter nicht explizit angegeben werden konnte.

3.4 Nonstandard-Analysis in Superstrukturen

Die Mittel aus Abschnitt 3.3 reichen für eine elementare Analysis zur Behandlung von Standardfunktionen und -relationen über $\mathbb{R}$ und bis zu einem gewissen Grade sogar zur Behandlung von Nichtstandardfunktionen aus (siehe [170], S. 437 f.). Sollen Nichtstandardmethoden in einem allgemeineren Kontext (zum Beispiel in Topologie, Funktionalanalysis oder Stochastik) eingesetzt werden, so müssen die Mittel erweitert werden. Insbesondere sind die Begriffe *interne Menge* und *hyperendliche Menge* zu verallgemeinern.

Als Grundbereich werden sogenannte *Superstrukturen* betrachtet. Diese sind analog zur Von-Neumann-Hierarchie (vgl. Abschnitt 5.4.2) bis V_ω aufgebaut, allerdings in

---

10 Der Verzicht auf Funktionssymbole in S bedeutet keine wesentliche Einschränkung (siehe etwa [62], S. 123–126).

einer Mengenlehre mit *Urelementen*, also Objekten, die keine Mengen sind. Die unterste Stufe der Hierarchie ist daher nicht die leere Menge, sondern eine unendliche Menge S von Urelementen.[11] Die Elemente von S werden im Folgenden auch *Atome* genannt.

Um eine Nichtstandardtheorie für Superstrukturen aufzubauen, wird eine formale Sprache eingeführt, deren Symbolmenge (neben dem Relationssymbol $\in$) für jedes Element der Superstruktur eine Konstante enthält. Da Funktionen und Relationen über S (sowie über den höheren Hierarchiestufen) bereits in der Superstruktur enthalten (und damit als Konstanten in der Symbolmenge vertreten) sind, kann auf Funktionssymbole und weitere Relationssymbole verzichtet werden.

Der Einbettung der Struktur der reellen Zahlen in die umfassendere Struktur der hyperreellen Zahlen in Abschnitt 3.3.3 entspricht nun die Einbettung der Superstruktur über S in eine umfassendere Superstruktur. Dies führt zu dem Begriff der *Nichtstandard-einbettung*. Das Transferprinzip gilt dann nicht mehr für alle Sätze der ersten Stufe, aber zumindest für solche, bei denen die Quantifizierungen durch Konstanten oder Variablen beschränkt sind (*transitiv beschränkte Sätze*).

Die folgende Darstellung orientiert sich an [208] und teilweise an [123].

3.4.1 Transitiv beschränkte Ausdrücke

Die Symbolmenge $\mathcal{S}$ enthalte das zweistellige Relationssymbol $\in$ und ansonsten ausschließlich Konstanten. Ein Ausdruck heißt *transitiv beschränkt*, wenn er nach folgendem Kalkül aufgebaut ist:

1. Jeder quantorenfreie Ausdruck ist transitiv beschränkt.
2. Ist φ ein transitiv beschränkter Ausdruck, x eine Variable und t eine Konstante oder eine Variable ungleich x,[12] dann sind die Ausdrücke $(\forall x\,(x \in t \to \varphi))$ und $(\exists x\,(x \in t \wedge \varphi))$ transitiv beschränkt. Man schreibt hierfür auch

$$\forall x \in t\,\varphi \quad \text{bzw.} \quad \exists x \in t\,\varphi$$

3. Sind φ und ψ transitiv beschränkte Ausdrücke, dann auch $\neg\varphi$, $(\varphi \wedge \psi)$, $(\varphi \vee \psi)$, $(\varphi \to \psi)$, $(\varphi \leftrightarrow \psi)$.

3.4.2 Superstrukturen

Definition 10. Sei S eine nicht leere Menge von Urelementen. Für $n \in \mathbb{N}_0$ sei S_n induktiv definiert durch $S_0 := S$ und $S_{n+1} := S_0 \cup \mathcal{P}(S_n)$. Die Menge

---

[11] Die Annahme einer unendlichen Menge von Urelementen ist konsistent relativ zu ZFC (siehe [106], S. 250).

[12] In einer Sprache mit Funktionssymbolen treten auch komplexere Terme auf (siehe zum Beispiel [123], S. 59).

$$\widehat{S} := \bigcup \{S_n \mid n \in \mathbb{N}_0\}$$

heißt *Superstruktur über S*.

Die Superstruktur $\widehat{S}$ und ebenso jede einzelne Stufe S_n sind transitiv, das heißt, für jede Menge $A \in \widehat{S}$ (bzw. S_n) gilt auch $A \subseteq \widehat{S}$ (bzw. S_n). Außerdem gelten $S_0 \subseteq S_1 \subseteq \cdots \subseteq \widehat{S}$ und $S_0 \in S_1 \in \cdots \in \widehat{S}$.

Man nennt $\widehat{S}$ die *Standardwelt*. Ihr wird im Folgenden eine *Nichtstandardwelt* gegenübergestellt, sodass Nichtstandardmethoden anwendbar sind.

In vielen Anwendungen ist $S = \mathbb{R}$ oder $S \supseteq \mathbb{R}$. S könnte aber auch zum Beispiel ein beliebiger topologischer Raum sein. Statt $S = \mathbb{R}$ würde im Prinzip $S = \mathbb{N}_0$ reichen, denn die reellen Zahlen können dann innerhalb von $\widehat{S}$ wie üblich konstruiert werden. Für ein endliches S enthält $\widehat{S}$ nur endliche Mengen. Dieser Fall ist für die Nonstandard-Analysis nicht interessant, weil die im Folgenden definierten elementaren Einbettungen dann nicht zu einer echten Erweiterung der Standardwelt führen.

3.4.3 Elementare Einbettungen

Es seien S und T zwei nicht leere Mengen von Urelementen und $\widehat{S}$ bzw. $\widehat{T}$ die jeweiligen Superstrukturen. Die Symbolmenge $\mathcal{S}$ enthalte für jedes $s \in \widehat{S}$ genau eine Konstante (und sonst keine Konstanten). Wir nehmen wieder der Einfachheit halber an, dass s selbst die Konstante zu $s \in \widehat{S}$ ist. Weiter seien $\mathfrak{A} := (\widehat{S}, \mathfrak{a})$ und $\mathfrak{B} := (\widehat{T}, \mathfrak{b})$ zwei $\mathcal{S}$-Strukturen, für die gilt:
1. $\mathfrak{a}(s) = s$ für alle $s \in \widehat{S}$,
2. $\mathfrak{a}(\in) = \in_{\widehat{S}}$ und $\mathfrak{b}(\in) = \in_{\widehat{T}}$.

Die zweite Bedingung besagt, dass die Interpretation des Relationssymbols $\in$ in den Strukturen $\mathfrak{A}$ und $\mathfrak{B}$ gerade dem Elementprädikat der Hintergrundmengenlehre (eingeschränkt auf den Träger der jeweiligen Struktur) entspricht. Damit ist der formale Ausdruck $a \in b$ (mit den Konstanten a, b) in $\mathfrak{A}$ als $a \in b$ und in $\mathfrak{B}$ als $\mathfrak{b}(a) \in \mathfrak{b}(b)$ zu interpretieren.

Die Vereinbarung, die Elemente aus $\widehat{S}$ selbst als Konstanten der formalen Sprache zu verwenden, hat den Vorteil, dass ein formaler Ausdruck φ aus $\mathcal{L}^{\mathcal{S}}$ (wenn man noch $\rightarrow$ durch $\Rightarrow$ und $\leftrightarrow$ durch $\Leftrightarrow$ ersetzt) unmittelbar als seine Interpretation in $\mathfrak{A}$ gelesen werden kann, obwohl natürlich formal ein Unterschied besteht. Beispiel: In dem formalen Ausdruck $1 \in \{1, 2\}$ sind 1 und $\{1, 2\}$ jeweils *eine* Konstante. Die Interpretation in $\mathfrak{A}$ sieht genauso aus, ist aber in der Sprache der Hintergrundmengenlehre geschrieben (mit den definierten Konstantensymbolen 1 und 2 sowie dem definierten Operationssymbol $\{.,.\}$).

Definition 11. Die Abbildung $* : \widehat{S} \to \widehat{T}, s \mapsto {}^*s := \mathfrak{b}(\mathfrak{a}^{-1}(s))$ heißt *elementare Einbettung,*[13] wenn gilt:
1. Für alle transitiv beschränkten Sätze φ gilt: Wenn $\mathfrak{A} \vDash \varphi$, dann $\mathfrak{B} \vDash \varphi$.
2. $^*S = T$.

Wegen der zweiten Bedingung schreibt man für die Einbettung auch $* : \widehat{S} \to \widehat{{}^*S}$. Damit φ auch $\neg\varphi$ transitiv beschränkt ist, impliziert die erste Bedingung auch die Umkehrung: Wenn $\mathfrak{B} \vDash \varphi$, dann $\mathfrak{A} \vDash \varphi$. Bezeichnen $\varphi^{\widehat{S}}$ und $\varphi^{\widehat{T}}$ die Interpretationen von φ in $\mathfrak{A}$ bzw. $\mathfrak{B}$, so erhält man das folgende Transferprinzip:

Satz 44 (Transferprinzip). *Sei* $* : \widehat{S} \to \widehat{T}$ *eine elementare Einbettung und* φ *ein transitiv beschränkter Satz. Dann gilt:*

$$\varphi^{\widehat{S}} \Leftrightarrow \varphi^{\widehat{T}}.$$

Aus Definition 11 lassen sich diverse Verträglichkeitsaussagen für die Abbildung $*$ ableiten, zum Beispiel (vgl. [208], S. 26 und 29 f.):
– Für alle $a, b \in \widehat{S}$ gilt:

$$a = b \quad \Leftrightarrow \quad {}^*a = {}^*b, \tag{3.11}$$
$$a \in b \quad \Leftrightarrow \quad {}^*a \in {}^*b, \tag{3.12}$$
$$a \subseteq b \quad \Leftrightarrow \quad {}^*a \subseteq {}^*b. \tag{3.13}$$

– Für alle $a \in \widehat{S}$ gilt:

$$a \in S \quad \Leftrightarrow \quad {}^*a \in {}^*S. \tag{3.14}$$

– Für alle $a_1, \ldots, a_n \in \widehat{S}$ gilt:

$$^*\{a_1, \ldots, a_n\} = \{{}^*a_1, \ldots, {}^*a_n\}, \tag{3.15}$$
$$^*(a_1, \ldots, a_n) = ({}^*a_1, \ldots, {}^*a_n). \tag{3.16}$$

– Für alle Mengen $A, B \in \widehat{S}$ gilt:

$$^*(A \cup B) = {}^*A \cup {}^*B, \tag{3.17}$$
$$^*(A \cap B) = {}^*A \cap {}^*B, \tag{3.18}$$
$$^*(A \setminus B) = {}^*A \setminus {}^*B, \tag{3.19}$$
$$^*(A \times B) = {}^*A \times {}^*B. \tag{3.20}$$

Insbesondere ist $^*\emptyset = \emptyset$.

---

13 In [123] wird stattdessen der Begriff *satztreue Einbettung* verwendet.

— Für alle zweistelligen Relationen $R \in \hat{S}$ gilt:
   1. $\mathrm{Def}({}^*R) = {}^*\mathrm{Def}(R)$ und $\mathrm{Bild}({}^*R) = {}^*\mathrm{Bild}(R)$.
   2. R ist eine Funktion genau dann, wenn ${}^*R$ eine Funktion ist.

! Für Mengen $A, B \in \hat{S}$ gilt im Allgemeinen *nicht* ${}^*\mathcal{P}(A) = \mathcal{P}({}^*A)$ und *nicht* ${}^*(B^A) = {}^*B^{{}^*A}$ (siehe stattdessen Satz 47).

Nach (3.11) ist $*$ injektiv und bildet nach (3.14) Atome auf Atome und Mengen auf Mengen ab.

Die Bezeichnung ${}^*a$ für das Bild von a unter der Abbildung $*$ hat sich in der Nonstandard-Analysis etabliert. Die bei Abbildungen sonst übliche attributive Schreibweise wäre für Argumente, die Mengen sind, missverständlich, da $*(A)$ zum einen für das Bild der Menge A unter der Abbildung $*$ stünde, zum anderen aber nach gängiger Konvention ebenfalls für die Menge der Bilder der Elemente von A. In der Nonstandard-Analysis besteht aber gerade ein entscheidender Unterschied zwischen diesen beiden Mengen. Väth bezeichnet Letztere mit ${}^\sigma A$, also

$$ {}^\sigma A := \{ {}^*a \mid a \in A \}. \tag{3.21} $$

Für alle Mengen $A \in \hat{S}$ gilt (vgl. [208], S. 26):

$$ {}^\sigma A \subseteq {}^*A \tag{3.22} $$

Aus (3.15) folgt, dass bei dieser Inklusion die Gleichheit gilt, wenn A endlich ist. Bei unendlichen Mengen kann die Inklusion dagegen echt sein.

3.4.4 Nichtstandardeinbettungen

Die Inklusion ${}^\sigma A = \{ {}^*a \mid a \in A \} \subseteq {}^*A$ bedeutet, dass bei einer elementaren Einbettung die Abbildung $*$ auf eine Menge A angewendet die Elemente von A mitnimmt, aber (bei unendlichen Mengen) eventuell weitere Elemente hinzufügt. Dieses „Aufblasen"[14] ist gerade der charakteristische (und gewünschte) Effekt bei *Nichtstandardeinbettungen*.

Definition 12. Eine elementare Einbettung $* : \hat{S} \to \widehat{{}^*S}$ heißt *Nichtstandardeinbettung*, wenn für alle unendlichen Mengen $A \in \hat{S}$ gilt: ${}^\sigma A \neq {}^*A$.

Es zeigt sich, dass eine elementare Einbettung bereits dann eine Nichtstandardeinbettung ist, wenn für mindestens eine unendliche Menge $A \in \hat{S}$ gilt: ${}^\sigma A \neq {}^*A$ (vgl. [208], S. 40).

---

14 Väth schreibt: It is a good idea to think of $*$ as a "blow-up-functor" ([208], S. 24).

3.4.5 Standardelemente und Standardmengen

Die Elemente von Bild(∗) bei einer elementaren Einbettung $* : \widehat{S} \to \widehat{{}^*S}$ heißen die *Standardelemente* von $\widehat{{}^*S}$. Wenn es sich dabei um Mengen, Relationen, Funktionen handelt, spricht man entsprechend von *Standardmengen, Standardrelationen, Standardfunktionen*.

Aus den Verträglichkeitsaussagen (3.17) bis (3.20) folgt, dass mit Standardmengen A, B auch $A \cup B, A \cap B, A \setminus B, A \times B$ Standardmengen sind. Allgemein gilt:

Satz 45 (Standard-Definitionsprinzip). *Eine Menge $A \in \widehat{{}^*S}$ ist eine Standardmenge genau dann, wenn es eine Standardmenge B, einen transitiv beschränkten Ausdruck φ mit den einzigen freien Variablen $x, x_1, \ldots, x_n$ ($n = 0$ nicht ausgeschlossen) sowie Standardelemente $b_1, \ldots, b_n$ gibt, sodass gilt:*

$$A = \{b \in B \mid \varphi^{\widehat{{}^*S}}[b, b_1, \ldots, b_n]\}$$

([208], S. 28).

Kurz gesagt: Man erhält Standardmengen durch Aussonderung aus Standardmengen mit transitiv beschränkten Standardausdrücken (also in $\widehat{{}^*S}$ interpretierten S-Ausdrücken, die Standardelemente als Parameter enthalten dürfen).

3.4.6 Interne Elemente und interne Mengen

Definition 13. Sei $* : \widehat{S} \to \widehat{{}^*S}$ eine elementare Einbettung. Die Elemente der Standardmengen heißen *intern*. Die Menge $\mathcal{I}$ aller internen Elemente von $\widehat{{}^*S}$ heißt die *Nichtstandardwelt*.

$$\mathcal{I} := \bigcup \{{}^*A \mid A \in \widehat{S} \setminus S\}.$$

Alle Elemente von $\widehat{{}^*S}$, die nicht intern sind, heißen *extern*.

Handelt es sich bei den Elementen von $\widehat{{}^*S}$ um Mengen, Relationen, Funktionen, so spricht man entsprechend von *internen* bzw. *externen Mengen, Relationen, Funktionen*.

$\mathcal{I}$ ist eine transitive Teilmenge von $\widehat{{}^*S}$, und es gilt:

$$\mathcal{I} = \bigcup_{n=0}^{\infty} {}^*S_n$$

([208], S. 36).

Satz 46 (Internes Definitionsprinzip). *Eine Menge $A \in \widehat{{}^*S}$ ist intern genau dann, wenn es eine interne Menge B, einen transitiv beschränkten Ausdruck φ mit den einzigen freien*

Variablen $x, x_1, \ldots, x_n$ ($n = 0$ nicht ausgeschlossen) sowie interne Elemente $b_1, \ldots, b_n$ gibt, sodass gilt:

$$A = \{b \in B \mid \varphi^{*\widehat{S}}[b, b_1, \ldots, b_n]\}$$

([208], S. 37).

Kurz gesagt: Man erhält interne Mengen durch Aussonderung aus internen Mengen mit transitiv beschränkten internen Ausdrücken (also in $*\widehat{S}$ interpretierten S-Ausdrücken, die interne Elemente als Parameter enthalten dürfen).

Aus dem internen Definitionsprinzip folgen analoge Verträglichkeitsaussagen wie für Standardmengen, insbesondere dass für interne Mengen A, B auch $A \cup B, A \cap B, A \setminus B, A \times B$ interne Mengen sind.

Satz 47. *Sei $* : \widehat{S} \to *\widehat{S}$ eine elementare Einbettung. Dann gilt für alle Mengen $A \in \widehat{S}$*

$$*\mathcal{P}(A) = \{M \subseteq *A \mid M \text{ ist intern}\}$$

und für alle Mengen $A, B \in \widehat{S}$

$$*(B^A) = \{f \in *B^{*A} \mid f \text{ ist intern}\}$$

([208], S. 40).

Eine in $\mathcal{L}^S$ formulierbare Aussage, die in der Standardwelt für alle Teilmengen einer Menge A oder für alle Funktionen von A nach B gilt, gilt in der Nichtstandardwelt für alle internen Teilmengen von A bzw. für alle internen Funktionen von A nach B, denn Sätze der Form $\forall M \in \mathcal{P}(A) \ldots$ bzw. $\forall f \in B^A \ldots$ sind transitiv beschränkt (mit den Konstanten $\mathcal{P}(A)$ bzw. B^A) und daher mit dem Transferprinzip in die Nichtstandardwelt übertragbar.

In der Nichtstandardeinbettung $\widehat{\mathbb{R}} \to *\widehat{\mathbb{R}}$ gelten zum Beispiel das Wohlordnungsprinzip für $*\mathbb{N}$ und das Supremumsprinzip für $*\mathbb{R}$, jeweils eingeschränkt auf *interne* Teilmengen:

– Jede nicht leere interne Teilmenge von $*\mathbb{N}$ enthält eine kleinste Zahl.
– Jede nicht leere nach oben beschränkte interne Teilmenge von $*\mathbb{R}$ besitzt ein Supremum.

Die eingebetteten Mengen $^\sigma\mathbb{N}, ^\sigma\mathbb{R}$ und ihre Komplemente in $*\mathbb{N}$ bzw. $*\mathbb{R}$ sind dagegen extern. Für sie gelten die oben angegebenen Aussagen nicht. So enthält etwa die nicht leere Teilmenge $*\mathbb{N} \setminus ^\sigma\mathbb{N} \subseteq *\mathbb{N}$ keine kleinste Zahl, und die nicht leere, nach oben beschränkte Teilmenge $^\sigma\mathbb{R} \subseteq *\mathbb{R}$ besitzt kein Supremum.

Allgemein gilt für alle Nichtstandardeinbettungen, dass $^\sigma A$ für alle unendlichen Mengen A extern ist (siehe [208], S. 41).

3.4.7 Hyperendliche Mengen

Definition 14. Eine Menge $A \in \widehat{{}^*S}$ heißt *-endlich oder *hyperendlich*, wenn es $n \in {}^*\mathbb{N}_0$ und eine interne bijektive Abbildung $f : \{k \in {}^*\mathbb{N}_0 \mid 1 \leq k \leq n\} \to A$ gibt. In diesem Fall definiert man ${}^\#A := n$, ansonsten schreibt man ${}^\#A = \infty$.

Die *-*Elementeanzahl* ${}^\#A$ ist wohldefiniert, denn für eine *-endliche Menge A ist das n aus Definition 14 eindeutig bestimmt (siehe [208], S. 78). Statt $\{k \in {}^*\mathbb{N}_0 \mid 1 \leq k \leq n\}$ schreibt man auch suggestiver $\{1, \ldots, n\}$. Man beachte dabei jedoch, dass diese Menge im Fall $n \gg 1$ überabzählbar ist.

Die *-endlichen Mengen verhalten sich formal wie endliche Mengen. Zum Beispiel hat jede *-endliche Menge hyperreeller Zahlen stets ein kleinstes und ein größtes Element, und für beliebige *-endliche Mengen A, B gilt (vgl. [208], S. 82 oder [123], S. 143):[15]

- ${}^\#(A \times B) = {}^\#A \cdot {}^\#B$,
- ${}^\#(A \cup B) = {}^\#A + {}^\#B$, falls $A \cap B = \emptyset$,
- ${}^\#({}^*\mathcal{P}(A)) = 2^{{}^\#A}$.

Des Weiteren können *-endliche (hyperendliche) Summen und Produkte hyperreeller Zahlen definiert werden. Sei dazu $\mathbb{R}^{<\mathbb{N}}$ die Menge aller endlichen Folgen in $\mathbb{R}$ und $\Sigma : \mathbb{R}^{<\mathbb{N}} \to \mathbb{R}$ die gewöhnliche Summenfunktion. Dann enthält ${}^*(\mathbb{R}^{<\mathbb{N}})$ alle *-endliche Folgen $f : \{1, \ldots, h\} \to {}^*\mathbb{R}$, $h \in {}^*\mathbb{N}$, und man definiert $\sum_{n=1}^h f(n) := {}^*\Sigma(f)$. (vgl. [208], S. 84). Für Produkte geht man analog vor.

Die *-endlichen Summen spielen für allgemeinere Integraldefinitionen eine entscheidende Rolle (vgl. [123], S. 156–171).

Das Riemann'sche Integral kann als Standardteil einer *-endlichen Riemann'schen Summe definiert werden (vgl. [124], S. 139):

Definition 15. Eine *Feineinteilung* des Intervalls $[a, b]$ $(a, b \in \mathbb{R}, a < b)$ ist eine *-endliche Folge $x_0, x_1, \ldots, x_n$ hyperreeller Zahlen mit $a = x_0 < x_1 < \cdots < x_n = b$ und $dx_k = x_k - x_{k-1} \approx 0$ für $k = 1, \ldots, n$.

Eine *Riemann'sche Summe* zu einer Feineinteilung von $[a, b]$ und einer Standardfunktion f mit $\mathrm{Def}(f) \supseteq [a, b]$ ist

$$\sum_{k=1}^n f(\xi_k)\, dx_k \quad \text{mit } \xi_k \in {}^*\mathbb{R}, x_{k-1} \leq \xi_k \leq x_k.$$

Wenn alle Riemann'schen Summen zu Feineinteilungen von $[a, b]$ denselben Standardteil haben, so heißt diese reelle Zahl das bestimmte Integral von f zwischen a und b. Man schreibt dann

$$\int_a^b f(x)\, dx := \mathrm{st}\left(\sum_{k=1}^n f(\xi_k)\, dx_k \right).$$

---

15 Landers und Rogge schreiben $|A|$ statt ${}^\#A$. Ich übernehme die Bezeichnung ${}^\#A$ von Väth.

3.4.8 Analysis für interne Funktionen

Die Analysis für interne Funktionen stellt gegenüber der Standardanalysis eine echte Erweiterung dar. Schon in [176] wurde gezeigt, wie die Nonstandard-Analysis *Delta-Funktionen* als *Nichtstandardfunktionen* realisieren kann, was einfacher und flexibler ist als die sonst notwendigen Delta-Distributionen. Die Delta-Funktion soll abseits von 0 verschwinden aber insgesamt das Integral 1 haben, was für eine reelle Funktion nicht möglich ist. Man kann sich die Delta-Funktion im Reellen näherungsweise als eine Funktion der Form

$$\delta_n(x) := \frac{n}{\pi(1 + x^2 n^2)}$$

mit sehr großem n vorstellen. Diese Funktion ist auf ganz $\mathbb{R}$ stetig, sogar beliebig oft differenzierbar und hat das Integral 1. Je größer n ist, desto stärker konzentriert sich die Fläche unter dem Graphen bei 0.

In der Nonstandard-Analysis kann man $n \gg 1$ wählen und erhält so eine Funktion, die außerhalb der infinitesimalen Nachbarschaft von 0 nur infinitesimale Werte annimmt und an der Stelle 0 den unendlich großen Wert n.

Es leuchtet unmittelbar ein, dass eine Funktion, die innerhalb eines infinitesimalen Intervalls von infinitesimalen auf nicht infinitesimale oder sogar unendlich große Funktionswerte anwächst, nicht in dem Sinne stetig sein kann, dass aus $x \approx x_0$ stets $f(x) \approx f(x_0)$ folgt. Ebenfalls wird man nicht erwarten können, dass der Differentialquotient an einer Stelle x_0 unabhängig von dx ist oder dass die Riemann'sche Summe zwischen zwei Stellen unabhängig von der gewählten Feineinteilung ist. Es stellt sich daher die Frage, in welcher Weise sich Begriffe der reellen Analysis (kurz: $\mathbb{R}$-Begriffe), wie Limes, Stetigkeit, Ableitung, Integral, auf interne hyperreelle Funktionen verallgemeinern lassen.

Eine naheliegende Möglichkeit besteht darin, die klassischen Epsilon-Definitionen auf den hyperreellen Fall zu übertragen. Dies führt zum Beispiel zu folgenden Definitionen:

– $a \in {}^*\mathbb{R}$ heißt *Grenzwert* oder *Limes* der internen hyperreellen Folge (a_n), wenn zu jedem hyperreellen $\varepsilon > 0$ ein $n_0 \in {}^*\mathbb{N}$ existiert, sodass für alle $n \in {}^*\mathbb{N}$ gilt:

$$n \geq n_0 \quad \Rightarrow \quad |a_n - a| < \varepsilon.$$

– Ein interne hyperreelle Funktion f heißt *stetig*[16] in x_0, wenn $x_0 \in \text{Def}(f)$ und wenn es zu jedem hyperreellen $\varepsilon > 0$ ein hyperreelles $\delta > 0$ gibt, sodass für alle $x \in \text{Def}(f)$ gilt:

---

16 Laugwitz verwendet hierfür, einem Vorschlag von Detlef Spalt folgend, den Begriff *feinstetig* (siehe [125], S. 132). Landers und Rogge verwenden den Begriff **-stetig* (siehe [123], S. 178.)

$$|x - x_0| < \delta \quad \Rightarrow \quad |f(x) - f(x_0)| < \varepsilon.$$

- $m \in {}^*\mathbb{R}$ heißt *Ableitung* der internen hyperreellen Funktion f an der Stelle x, wenn x ein Häufungspunkt von Def(f) ist (wenn also jede ε-Umgebung von x, $\varepsilon \in {}^*\mathbb{R}$, $\varepsilon > 0$, ein Element von Def$(f) \setminus \{x\}$ enthält) und wenn zu jedem hyperreellen $\varepsilon > 0$ ein hyperreelles $\delta > 0$ existiert, sodass für alle $h \in {}^*\mathbb{R} \setminus \{0\}$ mit $x + h \in$ Def(f) und $|h| < \delta$ gilt:

$$\left| \frac{f(x+h) - f(x)}{h} - m \right| < \varepsilon.$$

- $s \in {}^*\mathbb{R}$ heißt *Integral* der internen hyperreellen Funktion f zwischen a und b, wenn $a, b \in {}^*\mathbb{R}$, $a < b$, $[a, b] \subseteq$ Def(f) und wenn zu jedem hyperreellen $\varepsilon > 0$ ein hyperreelles $\delta > 0$ existiert, sodass für jede Riemann'sche Summe der Feinheit $< \delta$ gilt: $|r - s| < \varepsilon$ (wobei r der Wert der Riemann'schen Summe ist).

Die Begriffe *konvergent*, *differenzierbar*, *integrierbar* werden wie üblich über die Existenz des Grenzwerts, der Ableitung bzw. des Integrals definiert. Alle klassischen Sätze der Analysis, zum Beispiel der Zwischenwertsatz, die Mittelwertsätze oder der Hauptsatz der Differential- und Integralrechnung, lassen sich mit dem Transferprinzip unmittelbar auf den hyperreellen Fall für interne Funktionen übertragen. Insbesondere ist die oben definierte Funktion $\delta_n(x)$, mit $n \gg 1$, auf ganz ${}^*\mathbb{R}$ stetig, beliebig oft differenzierbar und hat das Integral 1.

3.4.9 Implizite Definitionen durch Standardisierung

Eine andere Möglichkeit, die $\mathbb{R}$-Begriffe auf interne Funktionen zu verallgemeinern, besteht darin, die Abbildung $*$ auf eine den jeweiligen $\mathbb{R}$-Begriff definierende Menge anzuwenden und auszunutzen, dass auf diese Weise die internen Elemente mitgeliefert werden. Es ist dann kein Rückgriff auf die Epsilon-Definitionen erforderlich.

Die $\mathbb{R}$-Begriffe Limes, Stetigkeit, Ableitung, Integral seien mittels der Nichtstandarddefinitionen aus Abschnitt 3.2.5 für reelle Funktionen definiert. Die Verallgemeinerung auf interne Funktionen kann dann zum Beispiel folgendermaßen vorgenommen werden:

- Eine Zahl $\tilde{a} \in {}^*\mathbb{R}$ heißt *Grenzwert* oder *Limes* der internen hyperreellen Folge $(\tilde{f}(n))_{n \in {}^*\mathbb{N}}$, wenn gilt:

$$(\tilde{f}, \tilde{a}) \in {}^* \left\{ (f, a) \in \mathbb{R}^\mathbb{N} \times \mathbb{R} \mid \lim_{n \to \infty} f(n) = a \right\}.$$

- Eine interne hyperreelle Funktion $\tilde{f}$ heißt *stetig* in $\tilde{x}_0$, wenn gilt:

$$(\tilde{f}, \tilde{x}_0) \in {}^* \{ (f, x_0) \in \mathbb{R}^2 \times \mathbb{R} \mid f \text{ Funktion}, f \text{ stetig in } x_0 \}.$$

- Eine Zahl $\tilde{m} \in {}^*\mathbb{R}$ heißt *Ableitung* der internen hyperreellen Funktion $\tilde{f}$ an der Stelle $\tilde{x}$, wenn gilt:

$$(\tilde{f}, \tilde{x}, \tilde{m}) \in {}^*\{(f, x, m) \in \mathbb{R}^2 \times \mathbb{R} \times \mathbb{R} \mid f \text{ Funktion}, f'(x) = m\}.$$

- Eine Zahl $\tilde{s} \in {}^*\mathbb{R}$ heißt *Integral* der internen hyperreellen Funktion $\tilde{f}$ von $\tilde{a}$ bis $\tilde{b}$, wenn gilt:

$$(\tilde{f}, \tilde{a}, \tilde{b}, \tilde{s}) \in {}^*\left\{(f, a, b, s) \in \mathbb{R}^2 \times \mathbb{R} \times \mathbb{R} \times \mathbb{R} \mid f \text{ Funktion}, \int_a^b f(x)\,dx = s\right\}.$$

Auch mit diesen Definitionen (zur Unterscheidung von den weiter oben angegebenen Epsilon-Definitionen kurz *-Definitionen genannt) lassen sich alle Sätze der klassischen Analysis mit dem Transferprinzip auf den internen hyperreellen Fall übertragen. Insbesondere sind die *-Definitionen äquivalent zu den Epsilon-Definitionen.

Bisweilen werden für die auf interne Funktionen verallgemeinerten $\mathbb{R}$-Begriffe neue Namen vergeben, wie *-Stetigkeit, *-Ableitung, *-Integral (siehe zum Beispiel [123][17]). Es sind aber keine Missverständnisse zu befürchten, wenn die alten Begriffe weiterverwendet werden. Dies schließt an die bisherige Praxis an, bei der Fortsetzung von Funktionen und Relationen den Stern in der Bezeichnung wegzulassen.

3.4.10 Saturiertheit

Bei unendlich feinen Zerlegungen eines Intervalls $[a, b]$, wie sie bei der Nichtstandard-definition des Integrals vorkommen, werden die überabzählbar vielen reellen Zahlen des Intervalls durch n Teilintervalle ($n \in {}^*\mathbb{N}, n \gg 1$) voneinander isoliert. ${}^*\mathbb{N}$ muss daher mindestens so mächtig wie das reelle Intervall und damit auch mindestens so mächtig wie $\mathbb{R}$ sein. Andererseits folgt aus den Rechenregeln für Kardinalzahlen, dass mit der Konstruktion aus Abschnitt 3.3.1 ${}^*\mathbb{R}$ nicht mächtiger sein kann als $\mathbb{R}$. Daher sind ${}^*\mathbb{N}$, ${}^*\mathbb{R}$ und $\mathbb{R}$ gleich mächtig.

Es ist plausibel, dass dies für weitergehende Anwendungen in Topologie, Funktionalanalysis oder Stochastik nicht mehr ausreicht. Um jede Menge A der Superstruktur in eine *-endliche Menge einbetten zu können, muss es hinreichend viele hypernatürliche Zahlen geben. Diese Anforderung führt zum Begriff der *starken Nichtstandardeinbettung* (auch: *Enlargement*). Noch reichhaltigere Nichtstandardwelten, die für manche Bereiche der Topologie und insbesondere der Stochastik relevant sind, erhält man mit $\hat{S}$-kompakten (auch: *polysaturierten*) *Nichtstandardeinbettungen*.

---

17 Landers und Rogge führen die *-Ableitung und das *-Integral über die *-Bilder der linearen Funktionale ∂ und $\int$ ein.

Definition 16. Sei $*: \widehat{S} \to \widehat{{}^*S}$ eine elementare Einbettung mit $\mathbb{R} \subseteq S$. Dann heißt $*$ eine *starke Nichtstandardeinbettung* oder ein *Enlargement*, falls für jedes System $\mathcal{C} \subseteq \widehat{S} \setminus S$ mit nicht leeren endlichen Durchschnitten gilt:

$$\bigcap_{C \in \mathcal{C}} {}^*C \neq \emptyset$$

(vgl. [123], S. 150).

Satz 48 zeigt, wie starke Nichtstandardeinbettungen mit endlich erfüllbaren Relationen und *-endlichen Mengen zusammenhängen (vgl. [208], S. 107 f.).[18]

Definition 17. Sei $R \in \widehat{S}$ und $R \neq \emptyset$ eine binäre Relation. R heißt *endlich erfüllbar* (im Englischen: *concurrent*), wenn zu jeder endlichen Teilmenge $E \subseteq \text{Def}(R)$ ein $y \in \text{Bild}(R)$ existiert, sodass $(x, y) \in R$ für alle $x \in E$ gilt.

Satz 48. *Sei* $*: \widehat{S} \to \widehat{{}^*S}$ *eine elementare Einbettung. Dann sind äquivalent:*
1. *$*$ ist eine starke Nichtstandardeinbettung.*
2. *Für jede endlich erfüllbare Relation $R \in \widehat{S}$ existiert ein $y \in {}^*\text{Bild}(R)$, sodass $({}^*x, y) \in {}^*R$ für alle $x \in \text{Def}(R)$ gilt.*
3. *Für jede Menge $A \in \widehat{S}$ gibt es eine *-endliche Menge H mit*

$$\{{}^*a \mid a \in A\} \subseteq H \subseteq {}^*A.$$

Mit einer starken Nichtstandardeinbettung lässt sich also jede Menge der Standardwelt in eine *-endliche Menge der Nichtstandardwelt einbetten.

Definition 18. Eine Nichtstandardeinbettung $*: \widehat{S} \to \widehat{{}^*S}$ heißt *$\widehat{S}$-kompakt* oder *polysaturiert*, falls für jedes System $\mathcal{D}$ mit nicht leeren endlichen Durchschnitten, welches höchstens aus $\widehat{S}$-vielen internen Mengen[19] besteht, gilt:

$$\bigcap_{D \in \mathcal{D}} D \neq \emptyset$$

(vgl. [123], S. 316).

Jede $\widehat{S}$-kompakte Nichtstandardeinbettung ist eine starke Nichtstandardeinbettung. Auf der Basis $\widehat{S}$-kompakter Nichtstandardeinbettungen können das Konzept der *Loeb-Maße* entwickelt und damit verschiedene Sätze der Stochastik, unter anderem die Existenz einer *Brown'schen Bewegung*, bewiesen werden ([123], §§ 30–35). In der Topologie werden mit $\widehat{S}$-kompakten Nichtstandardeinbettungen zum Beispiel normier-

---

[18] Bei Väth wird dieser Satz für κ-Enlargements formuliert. Bei Enlargements entfällt die Abhängigkeit von κ (vgl. [208], S. 103).

[19] Diese Sprechweise bedeutet, dass $\mathcal{D}$ nur interne Mengen als Elemente enthält und höchstens so mächtig ist wie $\widehat{S}$.

te Räume durch sogenannte *Nichtstandard-Hüllen* zu Banach-Räumen vervollständigt ([123], § 29).

3.4.11 Zur Existenz von Nichtstandardeinbettungen

Einen Beweis für die Existenz von Nichtstandardeinbettungen findet man zum Beispiel in [208] (S. 51–56). Der Beweis verwendet δ-unvollständige Ultrafilter auf einer Indexmenge J. Ein Filter $\mathcal{F}$ heißt δ-unvollständig, wenn es eine abzählbare Teilmenge $\mathcal{F}_0 \subseteq \mathcal{F}$ gibt mit $\bigcap \mathcal{F}_0 \notin \mathcal{F}$.

Für Ultrafilter auf einer abzählbaren Indexmenge J (zum Beispiel $J = \mathbb{N}$), sind die Eigenschaften *frei* und δ-*unvollständig* äquivalent (siehe [208], S. 47 f.).

Ultrafilter auf überabzählbaren Indexmengen J werden zum Beispiel benutzt, um die Existenz starker und $\hat{S}$-kompakter Nichtstandardeinbettungen zu beweisen (siehe zum Beispiel [123], S. 410–428).[20]

3.5 Interne Mengenlehre

Nach der Nichtstandarderweiterung von Superstrukturen liegt die Frage nach einer Nichtstandarderweiterung des gesamten Mengenuniversums nahe. Dies ist das Motiv der axiomatischen Zugänge wie der *internen Mengenlehre* von Edward Nelson.

Die Grundidee ist, die Sprache der Mengenlehre um ein neues (also undefiniertes) Prädikat namens „standard" anzureichern und zu postulieren, dass dieses zwar auf alle klassisch (also durch $\in$-Ausdrücke) definierbaren Mengen, aber nicht auf alle Mengen zutrifft. Genaueres regeln Axiome. Das Mengenuniversum erhält dadurch eine zusätzliche Qualität, die für die klassische Mengenlehre unsichtbar ist. Dies wird manchmal verglichen mit einem Übergang vom Schwarz-Weiß-Sehen zum Farben-Sehen. Die folgende Darstellung orientiert sich an [153].

3.5.1 Erweiterung der Sprache

Die Symbolmenge der ZFC-Mengenlehre enthält nur ein einziges Symbol, das zweistellige Relationssymbol $\in$. Dieses wird nicht definiert, sondern gehört sozusagen zur Grundausstattung der Sprache der Mengenlehre. Alle weiteren in der Mengenlehre gebräuchlichen Symbole werden in ZFC durch $\in$-Ausdrücke definiert. Sie sind *definierte Symbole*.

In der internen Mengenlehre (engl. *Internal Set Theory*, abgekürzt IST) wird der Symbolmenge von ZFC ein neues *undefiniertes Symbol*, das einstellige Relationssymbol

---

20 Ich referenziere hier Landers und Rogge, weil Väth eine andere Methode benutzt, um die Existenz starker und $\hat{S}$-kompakter Nichtstandardeinbettungen zu konstruieren.

s (für das einstellige Prädikat „standard") hinzugefügt.[21] Das Axiomensystem ZFC wird um drei zusätzliche Axiomenschemata ergänzt, die den Umgang mit dem neuen Prädikat s regeln.

Ausdrücke, die das Symbol s direkt oder indirekt (über definierte Symbole) enthalten, heißen *extern*, alle übrigen Ausdrücke heißen *intern*. Die internen Ausdrücke sind also genau diejenigen, die auch in der ursprünglichen Sprache von ZFC formuliert werden können.

Die Axiome von ZFC werden in IST unverändert übernommen. Insbesondere bedeutet dies, dass die Axiomenschemata der Aussonderung und der Ersetzung nur für ∈-Ausdrücke, also nur für interne Ausdrücke gelten, mit der zunächst befremdlichen Konsequenz, dass externe Ausdrücke im Allgemeinen nicht mengenbildend sind, dass also für eine beliebige Menge A und einen externen Ausdruck φ im Allgemeinen nicht auf die Existenz der Menge $\{x \in A \mid \varphi\}$ geschlossen werden kann. Insbesondere ist es im Allgemeinen nicht möglich, die Standardelemente einer Menge auszusondern, also die Menge $\{x \in A \mid s(x)\}$ zu bilden. Nelson nennt eine Aussonderung mit externen Prädikaten eine *illegale Mengenbildung* (*illegal set formation*, [153], S. 1165). Diese Besonderheit war uns bereits in Kapitel 2 begegnet.

Auf der anderen Seite bedeutet die unveränderte Übernahme der ZFC-Axiome, dass der gesamte Bestand der vertrauten ZFC-Mathematik erhalten bleibt. Alle Definitionen bleiben unverändert, zum Beispiel die Definitionen der Mengen $\mathbb{N}, \mathbb{Z}, \mathbb{Q}, \mathbb{R}, \mathbb{C}$ oder die Definition des Prädikats *endlich*. Alle in ZFC bewiesenen Sätze bleiben unverändert gültig, zum Beispiel das Wohlordnungsprinzip für $\mathbb{N}$, das Supremumsprinzip für $\mathbb{R}$ oder der Satz, dass Teilmengen endlicher Mengen wieder endlich sind.

Darüber hinaus kann gezeigt werden, dass IST eine *konservative Erweiterung* von ZFC ist (vgl. [153], S. 1192–1197).[22] Das bedeutet: Jeder interne Satz, der in IST beweisbar ist, ist bereits in ZFC beweisbar. IST kann also als ein optional einsetzbares Zusatzwerkzeug der klassischen Mathematik angesehen werden, ohne dass die damit erzielbaren Ergebnisse an zusätzliche Bedingungen geknüpft sind. Dies unterscheidet IST zum Beispiel von ZFC-Erweiterungen, die die Existenz unerreichbarer Kardinalzahlen fordern. Aus der Konservativität folgt insbesondere, dass IST konsistent relativ zu ZFC ist.

Die zusätzlichen Axiomenschemata in IST heißen Idealisierung (I), Standardisierung (S) und Transfer (T). Das Akronym IST kann also ebenfalls als Abkürzung für die zusätzlichen Axiomenschemata gedeutet werden.

Es ist üblich (vgl. [153] oder [168]), in IST die logischen Symbole der Hintergrundmengenlehre zu verwenden, also $\Rightarrow, \Leftrightarrow$ statt $\rightarrow, \leftrightarrow$. Zur Formulierung der Axiome wer-

---

21 Es hat sich eingebürgert, „standard" grammatikalisch wie ein nicht deklinierbares Adjektiv zu verwenden. Man sagt also zum Beispiel „Für alle standard x gib es ein standard $y \ldots$ ". Nelson hat das neue Prädikat mit st abgekürzt. Dieses Kürzel ist allerdings bereits für *Standardteil* vergeben, weshalb ich hier s wähle.

22 Nelson gibt an, dass dieses Resultat auf William C. Powell zurückgeht.

den außerdem durch s relativierte Quantoren verwendet. $\forall^s x\, \varphi$ steht abkürzend für $\forall x\, (s(x) \Rightarrow \varphi)$ und $\exists^s x\, \varphi$ für $\exists x\, (s(x) \wedge \varphi)$.

fin(z) sei die Abkürzung für eine in ZFC übliche Formalisierung der Eigenschaft „z ist endlich" (zum Beispiel eine Formalisierung von: Jede injektive Abbildung von z nach z ist auch surjektiv). fin(z) ist damit ein interner Ausdruck. Entsprechend stehe $\forall^{s\,fin} x\, \varphi$ abkürzend für $\forall^s x\, (fin(x) \Rightarrow \varphi)$ und $\exists^{s\,fin} x\, \varphi$ für $\exists^s x\, (fin(x) \wedge \varphi)$.

3.5.2 Transferaxiom

Das Schema der Transferaxiome drückt aus, dass jede intern formulierbare Eigenschaft, die für alle Standardmengen gilt, bereits für alle Mengen gilt. Weiterhin sorgt es dafür, dass alle in ZFC definierbaren Dinge standard sind. Es entspricht dem Transferaxiom aus Abschnitt 2.6.1.

Axiom T (Transferaxiom, Schema). *Sei φ ein interner Ausdruck mit höchstens den freien Variablen $x, t_1, \ldots, t_k$. Dann gilt:*

$$\forall^s t_1 \ldots \forall^s t_k\, (\forall^s x\, \varphi(x, t_1, \ldots, t_k) \Rightarrow \forall x\, \varphi(x, t_1, \ldots, t_k)). \tag{3.23}$$

$t_1, \ldots, t_k$ heißen in diesem Zusammenhang *Standardparameter* von φ, da der Laufbereich dieser Variablen auf Standardobjekte eingeschränkt ist. Trivialerweise gilt in (3.23) auch die Richtung „$\Leftarrow$".

Wie in Abschnitt 2.6.1 folgt aus **T**, dass zwei Standardmengen gleich sind, wenn sie dieselben Standardelemente enthalten (vgl. Satz 7). Eine Standardmenge ist also durch ihre Standardelemente bereits eindeutig bestimmt.

Wendet man **T** auf $\neg\varphi$ an, erhält man als äquivalente Variante **T'**:

$$\forall^s t_1 \ldots \forall^s t_k\, (\exists x\, \varphi(x, t_1, \ldots, t_k) \Rightarrow \exists^s x\, \varphi(x, t_1, \ldots, t_k)). \tag{3.24}$$

Die Gegenrichtung ist wieder trivial.

Insbesondere folgt aus **T'**: Wenn es genau ein x mit $\varphi(x, t_1, \ldots, t_k)$ gibt, dann muss dieses x standard sein. Daher ist alles, was sich durch interne Ausdrücke (ggf. mit Standardparametern) definieren lässt, standard (siehe etwa die Beispiele in Abschnitt 2.6.1).

Für einen internen Ausdruck φ sei φ^s der Ausdruck, der dadurch entsteht, dass man alle vorkommenden Quantoren $\forall$ und $\exists$ jeweils durch die relativierten Quantoren $\forall^s$ bzw. $\exists^s$ ersetzt. Man nennt φ^s die *Relativierung von φ auf Standardmengen*. Durch hinreichend oft wiederholte Anwendung von **T** bzw. **T'** (wobei man von außen nach innen arbeitet) erhält man (vgl. [153], S. 1166):

Satz 49. *Für jeden internen Ausdruck $\varphi(t_1, \ldots, t_n)$ gilt:*

$$\forall^s t_1 \ldots \forall^s t_n\, (\varphi^s(t_1, \ldots, t_n) \Leftrightarrow \varphi(t_1, \ldots, t_n)) \tag{3.25}$$

Insbesondere hat man für jeden internen Satz φ (das heißt im Fall n = 0):

$$\varphi^s \Leftrightarrow \varphi.$$

In dieser Form wird das Transferaxiom zum Beispiel in [109] (S. 84) angegeben.

Um das Transferaxiom auf eine Aussage anwenden zu können, sind zwei Dinge sicherzustellen (vgl. [153], S. 1167):
1. Die Aussage ist intern.
2. Alle Parameter haben Standardwerte.

Die Verletzung dieser Regel nennt Nelson einen *illegalen Transfer* ([153], S. 1167). Einen entsprechenden Hinweis hatten wir in Abschnitt 2.6.1 gegeben.

In der Praxis ist es häufig so, dass die interne Aussage, die transferiert werden soll, noch definierte Konstanten enthält, von denen man weiß, dass sie standard sind. In diesem Fall ist der Transfer legal, denn Axiom **T** ist auf Ausdrücke mit Standardparametern anwendbar.

3.5.3 Idealisierungsaxiom

Das Schema der Idealisierungsaxiome sorgt dafür, dass es überhaupt Nichtstandardmengen gibt und dass ausreichend große endliche Mengen für alle intendierten Anwendungen zur Verfügung stehen. Es ist jedoch eine weitreichende Verallgemeinerung gegenüber dem Idealisierungsaxiom für reelle Zahlen aus Abschnitt 2.6.2.

Axiom I (Idealisierungsaxiom, Schema). *Sei φ(x, y) ein interner Ausdruck mit den freien Variablen x und y (und eventuell weiteren freien Variablen). Dann gilt:*

$$\forall^{s\,fin} z\; \exists x\; \forall y \in z\; \varphi(x, y) \quad \Leftrightarrow \quad \exists x \forall^s y\; \varphi(x, y). \tag{3.26}$$

Mit der Sprechweise „x dominiert y" für φ(x, y) (man stelle sich zum Beispiel die Größerrelation x > y vor) besagt das Idealisierungsaxiom, dass folgende Aussagen äquivalent sind:
1. Für jede endliche Standardmenge z gibt es ein x, das alle y ∈ z dominiert.
2. Es gibt ein x, das alle standard y dominiert.

Für die meisten Anwendungen von **I** ist die Richtung 1. ⇒ 2. relevant. Die umgekehrte Richtung wird für die folgende Charakterisierung endlicher Standardmengen gebraucht (vgl. [153], S. 1167):

Satz 50. *Sei A eine Menge. Dann gilt: Jedes Element von A ist standard genau dann, wenn A eine endliche Standardmenge ist.*

Aus Satz 50 folgt, dass jede unendliche Menge Nichtstandardelemente enthält.

In Abschnitt 3.4 wurde der Begriff *starke Nichtstandardeinbettung* (bzw. *Enlargement*) eingeführt, der es gestattete, jede Menge der Standardwelt in eine *-endliche Obermenge der Nichtstandardwelt einzubetten. Charakteristisch für ein Enlargement war, dass jede endlich erfüllbare Relation der Standardwelt in der Nichtstandardwelt auf ihrem gesamten Definitionsbereich erfüllbar ist (vgl. Satz 48). Axiom **I** (in der Richtung „⇒") ist die axiomatische Entsprechung dieser Charakterisierung, jetzt für Prädikate, die auf dem gesamten Mengenuniversum definiert sind.[23] Den endlichen Mengen der Standardwelt $\hat{S}$ entsprechen in IST die endlichen Standardmengen, den *-endlichen Mengen der Nichtstandardwelt entsprechen in IST die endlichen Mengen. Dementsprechend folgt aus **I**, dass es „sehr große" endliche Mengen gibt.

Satz 51. *Es gibt eine endliche Menge, die alle Standardmengen als Elemente enthält.*

Zum Beweis wende man **I** auf den internen Ausdruck $(\text{fin}(x) \wedge y \in x)$ an (vgl. [153], S. 1167).

Eine weitere für die Analysis wichtige Folgerung aus **I** ist die Existenz unendlich großer Zahlen in $\mathbb{N}$ (und damit auch in $\mathbb{R}$).

Satz 52. *Es gibt ein $h \in \mathbb{N}$ mit $h > n$ für alle standard $n \in \mathbb{N}$* ([123], *S. 438*).

Zum Beweis wende man **I** auf den internen Ausdruck $(x \in \mathbb{N} \wedge (y \in \mathbb{N} \Rightarrow x > y))$ an. Da jede durch eine Einsensumme $1 + \cdots + 1$ darstellbare Zahl standard ist, ist h größer als jede dieser Zahlen und damit größer als $1, 2, 3, \ldots$. Die natürliche Zahl h ist also in diesem Sinne *unendlich groß*.

In $\mathbb{N}$ kommen alle Standardzahlen *vor* allen Nichtstandardzahlen, denn für jedes standard $n \in \mathbb{N}$ ist die endliche Menge $\{k \in \mathbb{N} \mid k < n\}$ standard und enthält nach Satz 50 daher ausschließlich Standardelemente. Man vergleiche dagegen den Beweis zu Satz 13 in Abschnitt 2.6.3, der mit dem wesentlich schwächeren Idealisierungsaxiom für reelle Zahlen auskommt.

3.5.4 Standardisierungsaxiom

Das Schema der Standardisierungsaxiome ist eine gewisse Kompensation für die Nichtanwendbarkeit des Aussonderungsaxioms für externe Ausdrücke. Wir hatten bereits in Abschnitt 2.10.3 einen Ausblick auf dieses Axiomenschema gegeben. Grob formuliert besagt es, dass eine Aussonderung mit externen Prädikaten möglich ist, wenn man dabei nur auf Standardelemente achtet.

Axiom S (Standardisierungsaxiom, Schema). *Sei $\varphi(z)$ ein (interner oder externer) Ausdruck mit der freien Variablen z (und eventuell weiteren freien Variablen). Dann gilt:*

---

23 Die Position der beiden Parameter von φ ist in **I** gegenüber Definition 17 vertauscht, was aber nur eine Frage der Konvention ist.

$$\forall^s x \exists^s y \forall^s z \, (z \in y \Leftrightarrow z \in x \land \varphi(z)). \tag{3.27}$$

Der Aufbau von **S** und der des Schemas der Aussonderungsaxiome sind vollkommen identisch, abgesehen davon, dass die Quantoren in **S** durch s relativiert sind.

Umgangssprachlich sagt **S** aus: Zu jeder Standardmenge x gibt es eine Standardmenge y, deren Standardelemente genau die Standardelemente von x sind, die φ erfüllen. Die Standardmenge y ist damit (durch ihre Standardelemente) eindeutig bestimmt und wird mit $^S\{z \in x \mid \varphi(z)\}$ bezeichnet.

Man beachte, dass Axiom **S** nur Aussagen über Standardelemente macht: Die Standardelemente von y sind genau die Standardelemente von x, die φ erfüllen. Es kann also Nichtstandardelemente von y geben, die φ nicht erfüllen, ebenso wie Nichtstandardelemente, die φ erfüllen, aber nicht in y sind.

Der folgende Satz zeigt, dass man mit externen Prädikaten eine Standardfunktion definieren kann, solange Standardargumenten Standardfunktionswerte zugeordnet werden. Dies ist zum Beispiel wichtig, um die für Standardargumente definierten Ableitungen einer differenzierbaren Funktion zu einer Ableitungsfunktion fortzusetzen.

Satz 53. *Seien X und Y Standardmengen und $\varphi(x, y)$ ein zweistelliges Prädikat, das jedem standard $x \in X$ genau ein standard $y \in Y$ zuordnet. Dann gibt es genau eine Standardfunktion $f : X \to Y$, sodass für alle standard $x \in X$ und für alle standard $y \in Y$ gilt:*

$$f(x) = y \quad \Leftrightarrow \quad \varphi(x, y) \tag{3.28}$$

Beweis. Man setze $f := {}^S\{(x, y) \in X \times Y \mid \varphi(x, y)\}$ und schließe mit **T** (vgl. [153], S. 1167).[24] Genauer: Nach Definition sind die Standardelemente von f genau die standard $(x, y) \in X \times Y$, für die $\varphi(x, y)$ gilt. Dabei ist (x, y) genau dann standard, wenn x und y standard sind. Nach Voraussetzung gibt es zu jedem standard $x \in X$ genau ein standard $y \in Y$ mit $\varphi(x, y)$. Daher gibt es zu jedem standard $x \in X$ genau ein standard $y \in Y$ mit $(x, y) \in f$. Dies ist eine interne Aussage mit Standardparameter f. Per Transfer erhält man: Zu jedem $x \in X$ existiert genau ein $y \in Y$ mit $(x, y) \in f$. Also ist f eine Funktion von X nach Y und erfüllt (nach Konstruktion) (3.28) für alle standard x, y. Damit ist f als Standardmenge durch die Standardelemente eindeutig bestimmt. □

3.5.5 Elementare Analysis in der internen Mengenlehre

In der Robinson'schen Nonstandard-Analysis sind die reellen Zahlen die Standardzahlen und die mittels Körpererweiterung $^*\mathbb{R} \supset \mathbb{R}$ hinzugefügten Zahlen die Nichtstandardzahlen. In der internen Mengenlehre wird die Unterscheidung zwischen

---

24 Der Satz wird dort in einer etwas allgemeineren Version bewiesen.

Standardzahlen und Nichtstandardzahlen dagegen innerhalb der reellen Zahlen durch das neue Prädikat *standard* getroffen. Dementsprechend werden sich die Nichtstandarddefinitionen von Begriffen der Analysis dahin gehend von den Definitionen in der Robinson'schen Nonstandard-Analysis unterscheiden, dass die Standardzahlen die Rolle der reellen Zahlen übernehmen und die reellen Zahlen die Rolle der hyperreellen Zahlen.

Statt der Notwendigkeit, Begriffe wie *Stetigkeit, Ableitung* etc. vom Reellen (Standardfall) auf interne Funktionen im Hyperreellen zu verallgemeinern, ergibt sich in IST die Notwendigkeit, den Standardfall auf den reellen Fall zu verallgemeinern. Den internen Mengen der Robinson'schen Nonstandard-Analysis entsprechen in IST die Mengen schlechthin. Die externen Mengen der Robinson'schen Nonstandard-Analysis haben in IST keine Entsprechung.

Die Begriffe *beschränkt (endlich groß), unbeschränkt (unendlich groß), infinitesimal (unendlich klein)* werden mit dem Prädikat *standard* wie in Abschnitt 2.6.2 definiert (vgl. dort Definition 4).

Nach Satz 52 enthält $\mathbb{N}$ unbeschränkte Zahlen. Ihre Kehrwerte sind infinitesimal. Somit enthält $\mathbb{R}$ sowohl unbeschränkte als auch infinitesimale Zahlen (ungleich 0).

Mit Axiom **S** folgt, dass es zu jedem beschränkten $x \in \mathbb{R}$ genau eine infinitesimal benachbarte Standardzahl in $\mathbb{R}$ gibt. Diese wird wieder der Standardteil von x genannt und mit st(x) bezeichnet.[25] st(x) kann als Supremum der Menge $^S\{t \in \mathbb{R} \mid t \le x\}$ definiert werden (vgl. [153], S. 1169).

3.5.6 Stetigkeit und S-Stetigkeit

Überträgt man die Nichtstandarddefinitionen für Limes, Stetigkeit, Ableitung Integral aus Abschnitt 3.2.5 in die interne Mengenlehre, so hat man vorerst nur Definitionen für Standardfunktionen und Standardzahlen. Verwirft man die Bedingung *standard*, so sind die Definitionen nicht mehr äquivalent zu den klassischen Definitionen. Daher wählt man für die so definierten Begriffe Namen mit dem Präfix S, also zum Beispiel *S-Limes, S-Stetigkeit, S-Ableitung* und *S-Integral*. Eine Verallgemeinerung auf Begriffe, die zu den klassisch definierten äquivalent sind, geschieht dann mittels Standardisierung. Wir zeigen dies am Beispiel der Stetigkeit.

Eine Übertragung von Definition 8 ohne die Voraussetzung, dass f und a standard sind, führt zu:

Definition 19. Sei $D \subseteq \mathbb{R}$ und $f : D \to \mathbb{R}$. f heißt *S-stetig in a*, wenn $a \in D$ und wenn für alle $x \in D$ gilt:

$$x \approx a \Rightarrow f(x) \approx f(a). \tag{3.29}$$

---

25 In der Literatur sind auch andere Bezeichnungen zu finden, zum Beispiel x^* ([168]) oder $^\circ x$ ([58]).

Definition 19 ist äquivalent zur klassischen $\varepsilon\delta$-Definition der Stetigkeit, wenn f und a standard sind (siehe [168], S. 52). Dies ist die Aussage von Satz 17, den wir in Abschnitt 2.8.2 bewiesen haben. Eine (nach klassischer Definition) stetige Funktion erfüllt (3.29) jedoch im Allgemeinen nicht, wenn a eine Nichtstandardzahl oder f eine Nichtstandardfunktion ist. So ist zum Beispiel für die stetige Funktion $x \mapsto x^2$ an Stellen $x \gg 1$ zwar $x \approx x + \frac{1}{x}$, aber $(x + \frac{1}{x})^2 = x^2 + 2 + \frac{1}{x^2} \neq x^2$. Und für die stetige Nichtstandardfunktion $x \mapsto x^n$, mit $n \gg 1$, ist zwar $1 \approx 1 + \frac{1}{n}$, aber $(1 + \frac{1}{n})^n \approx e \neq 1$.

S-Stetigkeit und klassische Stetigkeit sind also nicht allgemein äquivalent, sondern nur für Standardfunktionen und Standardargumente. Zwar ist jede konkret angebbare Funktion und jedes konkret angebbare Argument standard. Man möchte aber natürlich eine Nichtstandarddefinition der Stetigkeit, die zur klassischen Definition äquivalent ist und die Nichtstandardfunktionen und -argumente einschließt. Dies gelingt mittels Standardisierung.

Definition 20. Sei $\tilde{f}$ eine reelle Funktion und $\tilde{a} \in \mathbb{R}$. Dann heißt $\tilde{f}$ *stetig in* $\tilde{a}$, wenn gilt:

$$(\tilde{f}, \tilde{a}) \in {}^{S}\{(f, a) \in \mathbb{R}^2 \times \mathbb{R} \mid f \text{ Funktion}, f \text{ S-stetig in } a\}.$$

Die allgemeine Stetigkeit ist also implizit über die S-Stetigkeit definiert. In Beweisen über stetige Funktionen kann man sich zunächst auf den Standardfall (also f und a standard) zurückziehen (und daher die einfachere S-Stetigkeit benutzen), um dann per Transfer auf den allgemeinen Fall zu schließen.

Hat man zum Beispiel für alle standard f und standard a gezeigt

$$f \text{ stetig in } a \text{ (im Sinne von Definition 20)} \quad \Leftrightarrow \quad f \ \varepsilon\delta\text{-stetig in } a, \tag{3.30}$$

so kann man per Transfer schließen, dass die Äquivalenz für alle reellen Funktionen und für alle $a \in \mathbb{R}$ gilt. Dies mag auf den ersten Blick überraschen, weil Axiom **T** nur für interne Ausdrücke anwendbar ist, in der Definition 20 aber das externe Prädikat *S-stetig* verwendet wird. Axiom **T** ist aber dennoch anwendbar, weil ein transferfähiger Ausdruck Standardparameter enthalten darf und ${}^{S}\{(f, a) \in \mathbb{R}^2 \times \mathbb{R} \mid f \text{ Funktion}, f \text{ S-stetig in } a\}$ eine Standardmenge ist.

Nach dem gleichen Schema (und analog zu den impliziten Definitionen in Abschnitt 3.4.9) kann man gleichmäßige Stetigkeit, Limes, Ableitung, Integral implizit über die entsprechenden S-Begriffe definieren und die üblichen Sätze der elementaren Analysis beweisen, indem man jeweils den Standardfall betrachtet und dann – wie in Kapitel 2 – per Transfer auf den allgemeinen Fall schließt. In Kapitel 2 mussten wir allerdings auf die impliziten Definitionen mittels Standardisierung verzichten, da wir dort nur das speziellere Standardteilaxiom vorausgesetzt haben.

3.6 Andere axiomatische Zugänge

3.6.1 Beschränkte Mengenlehre

Eine Variante der internen Mengenlehre ist die *beschränkte Mengenlehre* (*Bounded Set Theory*, kurz BST), die von Kanovei eingeführt worden ist ([111], S. 16).

Zur BST gehören die ZFC-Axiome[26] sowie die Axiomenschemata *Transfer* und *Standardisierung* (wie in IST). Hinzu kommt das Axiom der *Beschränktheit* (das besagt, dass alle Mengen Element einer Standardmenge sind) und das Schema der *beschränkten Idealisierung* (anstelle des Schemas *Idealisierung* in IST).

Axiom (Beschränktheit).

$$\forall x \exists^s y \, x \in y. \tag{3.31}$$

Axiom (Beschränkte Idealisierung, Schema).

$$\forall^s u \quad [\, \forall^{s\,\mathrm{fin}} z \subseteq u \, \exists x \, \forall y \in z \, \varphi(x,y) \quad \Leftrightarrow \quad \exists x \, \forall^s y \in u \, \varphi(x,y) \,] \tag{3.32}$$

für jeden internen Ausdruck $\varphi(x,y)$ mit den freien Variablen x und y (und eventuell weiteren freien Variablen).

Der Unterschied zum Idealisierungsschema in IST (vgl. (3.26)) besteht darin, dass die (durch die Äquivalenz ausgedrückte) Idealisierung nicht für das ganze Universum, sondern nur beschränkt (auf eine beliebige Standardmenge u) gefordert wird. Dementsprechend gilt Satz 51 nur in einer auf Standardmengen beschränkten Form: Zu jeder Standardmenge u gibt es eine endliche Menge, die alle Standardelemente von u enthält, was für die Praxis in der Regel ausreicht. Für die folgenden Aussagen zu BST siehe [109], S. 131–137.

Wie IST ist auch BST eine konservative Erweiterung von ZFC (das heißt, jeder $\in$-Satz, der in BST beweisbar ist, ist bereits in ZFC beweisbar). Aus der Konservativität folgt die Äquikonsistenz von BST und ZFC.

Darüber hinaus hat BST eine weitere Eigenschaft, die bei Kanovei *Standardkern-Interpretierbarkeit* (*standard core interpretability*) heißt und die unter anderem dafür sorgt, dass jedes Modell von ZFC zu einem Modell von BST erweitert werden kann.

Die Standardkern-Interpretierbarkeit von BST bedeutet: Es gibt eine Interpretation[27] von BST in ZFC, sodass (unter dieser Interpretation) das ZFC-Universum **V** gerade der Klasse der Standardmengen in BST (dem *Standardkern*) entspricht. Genauer: Es gibt

---

26 In anderen Quellen ([109, 104]) werden für BST statt der ZFC-Axiome die auf Standardmengen relativierten ZFC-Axiome gefordert. Dies ist jedoch unerheblich, da jedes ZFC-Axiom φ ein interner Satz ist und nach dem Transferaxiom daher $\varphi^s \Leftrightarrow \varphi$ gilt (vgl. Satz 49).

27 Der Begriff *Interpretation* wird hier in einem allgemeineren Sinne als in der Prädikatenlogik normalerweise gebraucht. Er bedeutet hier, vereinfacht ausgedrückt, ein „Modell", dessen Träger eine Klasse

eine $\{\epsilon, \mathsf{s}\}$-Struktur ${}^*\mathbf{v} = ({}^*\mathbf{V}, {}^*\epsilon, {}^*\mathsf{s})$ und eine ϵ-Einbettung $* : \mathbf{V} \to {}^*\mathbf{V}$ (eine injektive Abbildung, mit ${}^*x \, {}^*\!\epsilon \, {}^*y \Leftrightarrow x \in y$ für alle $x, y \in \mathbf{V}$), sodass gilt

$$\mathbb{S}^{({}^*\mathbf{v})} := \{z \in {}^*\mathbf{V} \mid {}^*\mathsf{s}(z)\} = \{{}^*x \mid x \in \mathbf{V}\}.$$

$\mathbb{S}^{({}^*\mathbf{v})}$ heißt der *Standardkern* von ${}^*\mathbf{v}$. Informell ausgedrückt hat man damit innerhalb von ZFC eine Erweiterung des ZFC-Universums beschrieben, deren Standardkern das Ausgangsuniversum ist. Kanovei nennt standardkern-interpretierbare Theorien „realistisch" (wobei er selbst den Begriff stets in Anführungszeichen setzt).

Im Gegensatz zur BST ist IST nicht standardkern-interpretierbar. Es gibt Modelle von ZFC, die nicht zu einem Modell von IST erweitert werden können. Eine ausführliche Diskussion der Vorteile von BST gegenüber IST findet man in [109].

3.6.2 Externe Mengenlehren

In internen Mengenlehren wie IST oder BST sind externe Prädikate im Allgemeinen nicht mengenbildend. Daher bilden zum Beispiel die Standardelemente von $\mathbb{N}$ oder $\mathbb{R}$ keine Menge. Externe Mengenlehren erlauben dagegen auch die Bildung solcher externen Mengen und sind in dieser Hinsicht näher am modelltheoretischen Zugang. Auf der anderen Seite sind sie komplizierter zu beschreiben und haben andere Einschränkungen bezüglich Mengenbildung, zum Beispiel der Art, dass die Potenzmenge einer Menge oder die Menge aller Abbildungen von einer Menge in eine andere im Allgemeinen nicht gebildet werden können. Ich stelle das Beispiel der *Hrbaček-Mengenlehre* (*Hrbaček Set Theory*, kurz HST) vor und beziehe mich dabei auf [109], S. 12–21.

In der HST spielen drei Klassen eine herausgehobene Rolle
- $\mathbb{S} := \{x \mid \mathsf{s}(x)\}$ (die Klasse der Standardmengen),
- $\mathbb{I} := \{x \mid \mathrm{int}(x)\}$ (die Klasse der internen Mengen) mit

$$\mathrm{int}(x) \quad :\Leftrightarrow \quad \exists^{\mathsf{s}} y \, x \in y,$$

- $\mathbb{WF} := \{x \mid \mathrm{wf}(x)\}$ (die Klasse der fundierten Mengen) mit

$$\mathrm{wf}(x) \quad :\Leftrightarrow \quad (x \neq \emptyset \Rightarrow \exists y \in x \, x \cap y = \emptyset).$$

Wie sich herausstellt, interpretieren alle drei Klassen ZFC, das heißt, in allen drei Klassen gelten die Axiome von ZFC (relativiert auf die jeweilige Klasse). Das Diskursuniversum von HST wird mit $\mathbb{H}$ bezeichnet.

Die Axiome von HST sind:

---

ist. Dementsprechend sind die Begriffe *Struktur*, *Abbildung*, *injektiv* etc. in diesem Zusammenhang auf Klassen bezogen zu verstehen. Zur Definition der Klasse **V** siehe auch Abschnitt 5.4.2.

- das Extensionalitäts-, das Paarmengen-, das Vereinigungsmengen- und das Unendlichkeitsaxiom aus ZFC,
- das Schema der Aussonderungsaxiome

$$\forall X \exists Y \forall x \, (x \in Y \Leftrightarrow x \in X \wedge \varphi(x))$$ (3.33)

  für jeden $\{\in, s\}$-Ausdruck $\varphi(x)$ (eventuell mit weiteren Parametern),
- das Schema der Kollektionsaxiome[28]

$$\forall X \exists Y \forall x \in X \, (\exists y \, \varphi(x,y) \Rightarrow \exists y \in Y \, \varphi(x,y))$$ (3.34)

  für jeden $\{\in, s\}$-Ausdruck $\varphi(x,y)$ (eventuell mit weiteren Parametern),
- φ^s für jedes Axiom φ aus ZFC.
- Transfer: Für jeden $\in$-Ausdruck $\varphi(x_1, \dots, x_n)$ ohne weitere Parameter gilt:

$$\forall^s x_1 \dots \forall^s x_n \quad (\varphi(x_1, \dots, x_n)^s \Leftrightarrow \varphi(x_1, \dots, x_n)^{\mathrm{int}}).$$ (3.35)

- Transitivität von $\mathbb{I}$:

$$\forall^{\mathrm{int}} x \, \forall y \, (y \in x \Rightarrow \mathrm{int}(y)).$$ (3.36)

- Fundierung über $\mathbb{I}$: Für alle nicht leeren Mengen X gibt es $x \in X$ mit $x \cap X \subseteq \mathbb{I}$ (Fundierung würde dagegen $x \cap X = \emptyset$ fordern).
- Standardisierung:

$$\forall X \exists^s Y \, X \cap \mathbb{S} = Y \cap \mathbb{S}.$$ (3.37)

Die Menge Y ist (wegen Transfer- und Extensionalitätsaxiom) eindeutig bestimmt und wird mit $^s X$ bezeichnet.

Bemerkungen. 1. Anders als in IST gelten in HST die Axiomenschemata der Aussonderung und der Kollektion (und damit auch der Ersetzung) nicht nur für $\in$-Ausdrücke, sondern sogar für $\{\in, s\}$-Ausdrücke.

2. Potenzmengen-, Fundierungs- und Auswahlaxiom aus ZFC gelten in HST nicht allgemein (dies würde zu Widersprüchen führen), sondern nur relativiert auf Standardmengen.

3. Aufgrund der Fundierung über $\mathbb{I}$ bilden die internen Mengen in gewisser Weise ein Fundament des HST-Universums. Die Klasse $\mathbb{I}$ selbst ist nicht fundiert, das heißt, es gibt nichtleere Mengen $X \subseteq \mathbb{I}$ ohne $\in$-minimales Element (Beispiel: Die Menge der nichtstandard $\mathbb{I}$-natürlichen Zahlen).

---

[28] Aus dem Schema der Kollektionsaxiome folgt das Schema der Ersetzungsaxiome.

4. Es gilt $\mathbb{S} \subseteq \mathbb{I}$. Sowohl $\mathbb{WF} \cap \mathbb{S}$ als auch $\mathbb{WF} \cap \mathbb{I}$ ist die Klasse der erblich endlichen Mengen.

Wie BST ist auch HST standardkern-interpretierbar. Das heißt, $\mathbb{S}$ interpretiert ZFC. Wegen (3.35) interpretiert auch $\mathbb{I}$ ZFC. HST erlaubt noch eine weitere Interpretation von ZFC. Man kann nämlich per $\in$-Induktion durch $^*w := {}^{\mathbb{S}}\{^*u \mid u \in w\}$ einen $\in$-Isomorphismus $*$ von $\mathbb{WF}$ auf $\mathbb{S}$ definieren. Daher interpretiert auch $\mathbb{WF}$ ZFC in HST.

Der folgende Satz fasst die wesentlichen Ergebnisse zusammen (siehe [109], S. 17).

Satz 54. *Die Klassen $\mathbb{WF}$ und $\mathbb{S} \subseteq \mathbb{I}$ haben folgende Eigenschaften:*
1. $\in\!\upharpoonright \mathbb{S}$ *ist fundiert.[29]* $\mathbb{S}$ *interpretiert ZFC.*
2. $\in\!\upharpoonright \mathbb{WF}$ *ist fundiert. $\mathbb{WF}$ ist transitiv, $\subseteq$-vollständig[30] (es gilt sogar $X \subseteq \mathbb{WF} \Rightarrow X \in \mathbb{WF}$) und interpretiert ZFC. Die Abbildung $*$ ist ein $\in$-Isomorphismus von $\mathbb{WF}$ auf $\mathbb{S}$.*
3. $\mathbb{I}$ *ist transitiv und interpretiert ZFC. Die Abbildung $*$ ist eine $\in$-elementare Einbettung von $\mathbb{WF}$ in $\mathbb{I}$. Für jeden $\in$-Satz $\varphi(x_1, \ldots, x_n)$ (ohne weitere Parameter) gilt folgender $*$-Transfer:*

$$\forall^{\mathrm{wf}} x_1 \ldots \forall^{\mathrm{wf}} x_n \quad \left(\varphi(x_1, \ldots, x_n)^{\mathrm{wf}} \Leftrightarrow \varphi\left({}^*x_1, \ldots, {}^*x_n\right)^{\mathrm{int}} \right).$$

Die Menge ω (auch als $\mathbb{N}_0$ bezeichnet[31]) wird (wie in ZFC) als kleinste Limeszahl definiert (vgl. Abschnitt 5.2.2). Ihre Elemente heißen *natürliche Zahlen*. Eine Menge X heißt *endlich*, wenn es eine Bijektion von $n \,(:= \{0, \ldots, n-1\})$ auf X gibt für ein $n \in \omega$. $^*\omega$ (das Bild von ω unter der Abbildung $*$) heißt die Menge der *-*natürlichen Zahlen*. Eine Menge X heißt *-*endlich* oder *hyperendlich*, wenn es eine interne Bijektion von $n \,(:= \{0, \ldots, n-1\})$ auf X gibt für ein $n \in {}^*\omega$ (vgl. [109], S. 26). Der weitere Aufbau der Analysis gestaltet sich ähnlich wie im modelltheoretischen Zugang.

3.6.3 Relative Mengenlehren

In relativen Mengenlehren ist das Prädikat *standard* nicht einstellig, sondern zweistellig. Eine Menge x ist also nicht per se standard oder nicht, sondern gegebenenfalls im Verhältnis zu einer anderen Menge y. Diese Idee geht auf Péraire zurück, der ausgehend von Nelsons IST eine *Relative Internal Set Theory* (RIST) definiert hat (siehe [161]). Weitere relative Mengenlehren stammen von Hrbaček ([101, 102]).

---

29 Die Einschränkung $\in\!\upharpoonright X$ des Prädikats $\in$ auf eine Menge oder Klasse X heißt fundiert, wenn jede nichtleere Teilmenge von X ein $\in$-minimales Element enthält.

30 Eine Menge oder Klasse X heißt $\subseteq$-vollständig, wenn jede Teilmenge von X auch ein Element von X ist.

31 In [109] steht $\mathbb{N}$, da dort die Null zu $\mathbb{N}$ gehört.

Die hier vorgestellte *relative beschränkte Mengenlehre* (*Relative Bounded Set Theory*, kurz RBST) von Hrbaček ist die relative Variante von BST und Grundlage des Lehrbuchs *Analysis with Ultrasmall Numbers* ([104]), dessen Anhang die folgenden Ausführungen zur RBST entnommen sind. Das zweistellige Prädikat *standard* wird dort mit dem Symbol ⊑ bezeichnet und erfüllt die folgenden Axiome der Relativierung.

Axiom (Relativierung).

$$\forall p \; p \sqsubseteq p \tag{3.38}$$

$$\forall p \forall q \forall r \, (p \sqsubseteq q \wedge q \sqsubseteq r \Rightarrow p \sqsubseteq r) \tag{3.39}$$

$$\forall p \forall q \, (p \sqsubseteq q \vee q \sqsubseteq p) \tag{3.40}$$

$$\forall p \; \emptyset \sqsubseteq p \tag{3.41}$$

$$\forall p \exists q \, (p \sqsubseteq q \wedge \neg q \sqsubseteq p) \tag{3.42}$$

⊑ hat damit die Eigenschaften einer totalen Quasiordnung[32] auf dem Universum mit ∅ als einem kleinsten Element und ohne ein größtes Element.

Außer in der kumulativen Hierarchie (vgl. Abschnitt 5.4.2) ist das Universum von RBST also noch in einer weiteren Dimension hierarchisch organisiert, nämlich in „Ebenen der Standardheit" (*levels of standardness*) oder – was im Deutschen etwas schöner klingt – in Ebenen der Beobachtbarkeit. In [104] wird $p \sqsubseteq q$ als „p ist beobachtbar relativ zu q" gelesen. Man kann sich diese Hierarchie so veranschaulichen, dass auf jeder Ebene die Mengen der gleichen Ebene und die der darunter liegenden Ebenen beobachtbar sind.

Für die weiteren Axiome ist es vorteilhaft, $s_p(q)$ oder (in der Klassenschreibweise) $q \in s_p$ statt $q \sqsubseteq p$ zu schreiben. Unter s_p kann man sich dann das Universum bis zur Ebene von p vorstellen, also die Klasse aller Mengen, die standard bzw. beobachtbar relativ zu p sind.

In RBST wird gefordert, dass die Axiome von BST (also ZFC plus *Beschränktheit*, *Transfer*, *Standardisierung* und *beschränkte Idealisierung*), in einer „relativen Version" gelten, das heißt jeweils mit dem Prädikat s_p statt s, und das für alle p. Das Transferschema (in der Version aus Satz 49)

$$\forall^s x_1 \ldots \forall^s x_n \, (\varphi(x_1, \ldots, x_n)^s \Leftrightarrow \varphi(x_1, \ldots, x_n)) \tag{3.43}$$

aus BST (für jeden ∈-Ausdruck $\varphi(x_1, \ldots, x_n)$) lautet in seiner relativen Version dann zum Beispiel so:

Axiom (Relativer Transfer). *Für jeden ∈-Ausdruck $\varphi(x_1, \ldots, x_n)$ gilt:*

$$\forall p \, \forall^{s_p} x_1 \ldots \forall^{s_p} x_n \, (\varphi(x_1, \ldots, x_n)^{s_p} \Leftrightarrow \varphi(x_1, \ldots, x_n)). \tag{3.44}$$

---

32 Im Gegensatz zu einer Ordnung muss eine Quasiordnung nicht antisymmetrisch sein, das heißt, aus ⊑ und ⊒ folgt nicht =.

Insbesondere gilt $\forall p\,(\varphi^{s_p} \Leftrightarrow \varphi)$ für jeden $\in$-Satz φ.[33]

Man definiert: q ist standard relativ zu $p_1,\ldots,p_n$ genau dann, wenn $q \sqsubseteq p_i$ für mindestens ein $i \in \{1,\ldots,n\}$. Es gilt dann: q ist standard relativ zu $p_1,\ldots,p_n$ genau dann, wenn $q \sqsubseteq (p_1,\ldots,p_n)$.

RBST unterscheidet sich von IST und BST dadurch, dass die mit dem Prädikat *standard* definierten Begriffe wie *ultraklein, ultranahe, ultragroß, beobachtbarer Nachbar*[34] etc. relativ zu einem *Kontext* $p_1,\ldots,p_n$ definiert sind. Sie heißen daher *relative Begriffe*.

Definition 21. Sei $p := (p_1,\ldots,p_n)$.
1. $x \in \mathbb{R}$ heißt *ultraklein* relativ zu $p_1,\ldots,p_n$, wenn $x \neq 0$ und wenn gilt:

$$\forall^{s_p} y\,(y \in \mathbb{R} \wedge y > 0 \Rightarrow |x| < y).$$

2. $x,y \in \mathbb{R}$ heißen *ultranahe* oder *Nachbarn* (kurz: $x \approx y$) relativ zu $p_1,\ldots,p_n$, wenn $x - y$ ultraklein oder 0 ist relativ zu $p_1,\ldots,p_n$.
3. $x \in \mathbb{R}$ heißt *ultragroß* relativ zu $p_1,\ldots,p_n$, wenn gilt:

$$\forall^{s_p} y\,(y \in \mathbb{R} \Rightarrow |x| > y).$$

Satz 55. *Für alle $x \in \mathbb{R}$ gilt: Wenn x nicht ultragroß ist relativ zu $p_1,\ldots,p_n$, dann gibt es genau ein $y \in \mathbb{R}$ mit $s_p(y)$ und $x \approx y$ relativ zu $p_1,\ldots,p_n$. y heißt der* beobachtbare Nachbar *von x relativ zu $p_1,\ldots,p_n$.*

Der Beweis von Satz 55 verläuft analog zu Beweisen in IST oder BST, nur dass die Schritte immer relativ zum Kontext ausgeführt werden. Die Regeln für das Rechnen mit $\approx$ und st übertragen sich entsprechend (also immer relativ zum Kontext). So gilt zum Beispiel:

$$(x,y \text{ nicht ultragroß} \wedge x \approx a \wedge y \approx b) \text{ relativ zu } p_1,\ldots,p_n$$
$$\Rightarrow \quad xy \approx ab \text{ relativ zu } p_1,\ldots,p_n. \tag{3.45}$$

Das explizite Mitführen des Kontextes ist auf die Dauer sehr umständlich und scheint zunächst ein großer Nachteil von RBST zu sein. In der Praxis wird die Umständlichkeit in den Formulierungen jedoch durch die folgende Konvention umgangen.

Konvention zu Kontexten: Wenn relative Begriffe in Sätzen, Definitionen oder Beweisen ohne explizite Angabe eines Kontextes verwendet werden, sind sie relativ zum Kontext des Satzes, der Definition bzw. des Beweises zu verstehen.

---

[33] Damit ist es wieder unerheblich, ob man in RBST die ZFC-Axiome oder die durch s_p relativierten ZFC-Axiome (für alle p) annimmt (vgl. Fußnote 26).

[34] In [104] werden diese Begriffe anstelle von *infinitesimal, unendlich nahe, unbeschränkt, Standardteil* verwendet. Die Autoren schreiben außerdem $\simeq$ statt $\approx$. Im Unterschied zur bisherigen Verwendung von *infinitesimal* schließt *ultraklein* die Null aus.

Wir verdeutlichen dies am Beispiel der Stetigkeitsdefinition.

Definition 22. Eine reelle Funktion f heißt *stetig in* a, wenn $a \in \mathrm{Def}(f)$ und wenn für alle $x \in \mathrm{Def}(f)$ gilt:

$$x \approx a \Rightarrow f(x) \approx f(a). \tag{3.46}$$

Die Definition ist äußerlich analog zu Definition 19 für die S-Stetigkeit in IST. (3.46) ist aber hier (aufgrund der Konvention zu Kontexten) relativ zum Kontext der Definition zu verstehen. Der Kontext besteht in diesem Fall aus den Parametern f und a. (3.46) bedeutet also ausführlich:

$$x \approx a \text{ relativ zu } f, a \Rightarrow f(x) \approx f(a) \text{ relativ zu } f, a. \tag{3.47}$$

Der Vorteil von RBST gegenüber IST oder BST zeigt sich nun darin, dass die allgemeine Stetigkeit nicht erst implizit über S-Stetigkeit definiert werden muss (vgl. Definition 20), sondern direkt verwendbar (und äquivalent zur $\varepsilon\delta$-Stetigkeit) ist.

So ist zum Beispiel die Funktion $f(x) = x^2$ in allen Punkten a stetig im Sinne von Definition 22, denn aus $x \approx a$ (relativ zu a) folgt x nicht ultragroß (relativ zu a) und (nach den Rechenregeln für $\approx$, siehe (3.45)) daher $x^2 \approx a^2$ (relativ zu a). Das Gegenbeispiel für S-Stetigkeit aus Abschnitt 3.5.6 kommt hier nicht zum Tragen, weil für alle $a \in \mathbb{R} \setminus \{0\}$ nicht $a + \frac{1}{a} \approx a$ (relativ zu a) gilt.[35]

In RBST wird ein $\{\in, \sqsubseteq\}$-Ausdruck $\varphi(x_1, \ldots, x_n)$ als *intern* bezeichnet, wenn jegliche Vorkommen des Prädikats *standard* relativ zu den Parametern $x_1, \ldots, x_n$ sind, mit anderen Worten, wenn er aus einem $\{\in, s\}$-Ausdruck hervorgeht, indem alle Vorkommen von s durch $s_{(x_1, \ldots, x_n)}$ ersetzt werden. Ein Begriff heißt *intern*, wenn er durch einen internen Ausdruck definiert ist. So wie die Stetigkeit werden Ableitung, Integral und Limes durch interne Ausdrücke definiert, sind also interne Begriffe. Beim Operieren mit internen Begriffen tritt der Kontext (aufgrund der Konvention zu Kontexten) gar nicht mehr explizit in Erscheinung. Der weitere Aufbau einer elementaren Analysis auf der Basis von RBST wird in [104] ausgeführt (siehe auch Abschnitt 4.3.6).

---

35 $a + \frac{1}{a} \approx a$ (relativ zu a), also $\frac{1}{a} \approx 0$ (relativ zu a), würde bedeuten, dass für alle positiven reellen $y \in s_a$ gilt: $|\frac{1}{a}| < y$. Das ist aber nicht der Fall, da s_a unter anderem alle Zahlen enthält, die mittels $\in$-Ausdruck (mit a als Parameter) definierbar sind, also zum Beispiel $|\frac{1}{a}|$.

4 Zur Praxis und Akzeptanz in der Lehre

4.1 Veranstaltungen zur Nonstandard-Analysis

Sucht man in Vorlesungsverzeichnissen nach Veranstaltungen zur Nonstandard-Analysis, findet man nur vereinzelte Angebote, zum Beispiel:

- Universität Düsseldorf, Sommersemester 2018: Vorlesung Nichtstandard-Analysis.[1] Literatur: [89, 171].
- RWTH Aachen, Wintersemester 2012/13: Proseminar Nonstandard Analysis.[2] Literatur: [82] sowie ein Skript von A. Krieg zur Vorlesung *Zahlbereichserweiterungen*.
- Universität Freiburg, Sommersemester 2009: Vorlesung Nichtstandardanalysis (ab 4. Semester).[3] Literatur: [1, 171].
- Universität Hamburg, Wintersemester 2007/08: Proseminar „Grundlagen der Nichtstandardanalysis".[4] Literatur: [90, 123].
- Ruhr-Universität Bochum, Sommersemester 2007: Seminar über Nichtstandard Analysis (ab 4. Semester).[5] Literatur: Diverse (Literaturliste mit 17 Einträgen).

Die Veranstaltungen in Düsseldorf, Freiburg und Bochum richteten sich an mittlere und höhere Semester. Die Angebote aus Aachen und Hamburg waren als Proseminare und ohne Semesterangabe ausgewiesen. Das Proseminar an der RWTH Aachen begann mit der Konstruktion von $\mathbb{R}$, um die anschließende Ultrafilterkonstruktion von $^*\mathbb{R}$ vorzubereiten. Das Transferprinzip wurde formuliert, aber nicht bewiesen. Als Anwendungen der hyperreellen Zahlen wurden Folgen, Grenzwerte, stetige Funktionen und gleichmäßige Stetigkeit behandelt. Das Proseminar an der Universität Hamburg behandelte die ersten zehn Kapitel (von insgesamt 38 Kapiteln) aus [123], also neben der Ultrafilterkonstruktion von $^*\mathbb{R}$ und elementarer Nonstandard-Analysis auch die Nichtstandardeinbettung von Superstrukturen (ohne Existenzbeweis). Bei dieser Veranstaltung bestand die Option, durch vertiefende Bearbeitung eines Themas (anhand eines Artikels aus der Forschungsliteratur) statt des Proseminarscheins einen Hauptseminarschein zu erwerben.

---

1 http://reh.math.uni-duesseldorf.de/~internet/NSA_SS18/#veranstaltungen (zugegriffen am 30.05.2021). Kurzskript zur Vorlesung sowie Übungsblätter sind dort online verfügbar.

2 http://www.matha.rwth-aachen.de/de/lehre/ws12/nsa/ (zugegriffen am 30.05.2021). Ausarbeitungen zu den gehaltenen Vorträgen sind dort online verfügbar.

3 https://www.math.uni-freiburg.de/lehre/v/ss09/sommersemester09su10.html (zugegriffen am 30.05. 2021).

4 https://www.math.uni-hamburg.de/home/loewe/WS0708-PSNSA.html (zugegriffen am 30.05.2021).

5 https://www.ruhr-uni-bochum.de/ffm/Lehrstuehle/singular/150403.html (zugegriffen am 30.05.2021). Vortragsliste und Literaturliste sind dort online verfügbar.

https://doi.org/10.1515/9783111229027-004

4.2 Lehrbücher zur Analysis

Die Lehrbücher, die üblicherweise als vorlesungsbegleitende Literatur zur Analysis empfohlen werden (deutschsprachig zum Beispiel die Lehrbücher von Barner und Flohr, Behrends, Deitmar, Forster, Grieser, Heuser, Hildebrandt, Königsberger, Walter, englischsprachig zum Beispiel Lang, Royden, Rudin, Spivak), wählen durchweg einen klassischen Zugang auf der Basis des Weierstraß'schen Grenzwertbegriffs. Die reellen Zahlen werden axiomatisch eingeführt, Fragen nach Existenz und Eindeutigkeit, sofern thematisiert, zumeist mit Hinweisen auf die Literatur beantwortet. In [56] wird die Konstruktion der reellen Zahlen (ausgehend von den rationalen Zahlen) im Anhang ausgeführt und die Eindeutigkeit (bis auf Isomorphie) von $\mathbb{R}$ als vollständig angeordnetem Körper gezeigt.

Nonstandard-Analysis wird in diesen Lehrbüchern – von wenigen Ausnahmen (zum Beispiel bei Behrends und Heuser) abgesehen – nicht erwähnt. Infinitesimalien kommen, wenn überhaupt, in historischen Anmerkungen zur Sprache. Heusers Lehrbuch zur Analysis Teil 2 enthält ein eigenes Kapitel zur Geschichte der Analysis („ein historischer *tour d'horizon*"), das den Zeitraum von den Pythagoreern bis zu Dedekinds Definition der reellen Zahlen umreißt und mit dem folgenden Resümee endet:

> Nach einer langen Wanderung durch die Steinwüste der Exhaustion und das Schattenreich der Infinitesimalien war die Analysis zurückgekehrt zu ihrem Ursprung, zu Pythagoras, der in Kroton verkündet hatte: „Alles ist Zahl" ([93], S. 700).[6]

Die Nonstandard-Analysis wird zuvor zumindest in einer Fußnote angesprochen:

> Infinitesimale Größen sind, wenn auch in ganz anderer Form als ihre Erfinder sich denken konnten, vor etwa zwanzig Jahren[7] in der sogenannten *Non-Standard Analysis* wieder zum Leben erweckt worden. Sie sind natürlich keine reellen Zahlen, sondern Objekte, die von außen zu **R** hinzugefügt werden.[8] Den interessierten Leser verweisen wir auf D. Laugwitz: *Infinitesimalkalkül. Eine elementare Einführung in die Nichtstandard-Analysis* (Mannheim/Wien/Zürich 1978) ([93], S. 680, Hervorhebung im Original).

Eine etwas ausführlichere Würdigung erfährt die Nonstandard-Analysis bei Behrends, der immerhin auch Vorteile anerkennt.

> Es gibt einen aus der Modelltheorie entstandenen und vor einigen Jahrzehnten viel diskutierten alternativen Zugang zur Analysis, in dem die „unendlich kleinen Größen" ein Comeback erleben

---

6 Zutreffender müsste man wohl feststellen, dass aus Pythagoras' „Alles ist Zahl" heute ein „Alles ist Menge" geworden ist (siehe Abschnitt 5.4).

7 Die Zeitangabe bezieht sich vermutlich auf die erste Auflage von 1981, ist aber auch in der 14. Auflage von 2008 noch so zu finden.

8 Einschränkend muss man hier hinzufügen: Dies gilt für Robinsons Nonstandard-Analysis. Nelson hat mit seiner internen Mengenlehre gezeigt, dass Infinitesimalien auch innerhalb der reellen Zahlen möglich sind (siehe Abschnitt 3.5).

(die *Nonstandard-Analysis*). Hauptvorteil ist, dass man endlich „versteht", was LEIBNIZ und den anderen wohl vorgeschwebt haben könnte, außerdem kommt man viel schneller zu den Hauptsätzen der Analysis ([27], S. 76, Hervorhebung im Original).

Gleich danach schränkt der Autor jedoch ein:

> Dabei muss man sich allerdings, wenn man alles so streng wie allgemein üblich entwickeln möchte, sehr ausführlich mit sehr verzwickten Teilen der Modelltheorie beschäftigen, und deswegen spricht einiges dafür, dass diese Variante der Analysis nur eine Episode bleiben wird ([27], S. 76).

Hierzu ist anzumerken, dass die modelltheoretische Konstruktion von Nichtstandarderweiterungen zwar vergleichsweise kompliziert ist, aber nicht unbedingt benötigt wird, um (auf der Basis von Axiomen oder Vereinbarungen) nonstandard *in* Modellen zu arbeiten. Dies gilt insbesondere für die Schule und die Anfängervorlesungen, wo man darauf vertraut, dass geeignete Modelle existieren (so wie man es auch bezüglich der reellen Zahlen tut).

Es gibt nicht viele Lehrbücher, die einen Nichtstandardeinstieg in die Analysis wählen. Das erste Lehrbuch dieser Art war der *Elementary Calculus* von Keisler. Die erste Auflage stammt aus dem Jahr 1976 ([114]), die zweite aus 1986. Eine überarbeitete Fassung aus dem Jahr 2012 ist online frei verfügbar ([116]) sowie gedruckt als dritte Auflage ([115]). Mit fast 1000 Seiten ist dieses Buch sehr umfangreich und ausführlich. Wesentlich schlanker (135 Seiten) ist der *Infinitesimal Calculus* von Henle und Kleinberg ([88]). Beide Lehrbücher sind englischsprachig und führen die hyperreellen Zahlen axiomatisch ein (siehe Abschnitt 4.3.4). In deutscher Sprache gibt es vor allem die Bücher von Laugwitz ([124, 125]), die gute elementare Einführungen in die Nonstandard-Analysis sind, aber keine Analysislehrbücher im eigentlichen Sinne. Sie sind nur noch antiquarisch verfügbar.

Von Laugwitz' genetischem Aufbau der Analysis mit Omegazahlen (siehe Abschnitt 3.2) beeinflusst sind Henles *Non-nonstandard Analysis* ([87]) und Taos Online-Post *A Cheap Version of Nonstandard Analysis* ([202]). Beide Beiträge zeigen knapp und exemplarisch, was mit einer Konstruktion auf der Basis des Fréchet-Filters Cof an Infinitesimalrechnung möglich ist. Sie sind aber keine vollständigen Lehrbücher. Eine andere nichtarchimedische Erweiterung von $\mathbb{R}$, die ohne Ultrafilter konstruierbar ist, stellt das System der *superreellen Zahlen* von David O. Tall dar (siehe [200]).

An einführenden Analysislehrbüchern auf der Basis von Nelsons interner Mengenlehre (siehe Abschnitt 3.5) ist mir nur [57] (französisch) bekannt (siehe Abschnitt 4.3.5). Es ist nur noch antiquarisch erhältlich. [168] ist eine knappe und gut lesbare Einführung in die interne Mengenlehre und behandelt im ersten Teil elementare Analysis. Insgesamt richtet es sich eher an Studierende im fortgeschrittenen Studium. Das Lehrbuch [104] (englisch) nutzt eine vereinfachte Version der *Relative Bounded Set Theory*, RBST (siehe Abschnitt 3.6.3), und ist für den Analysisunterricht auf Highschool- oder College-Level gedacht.

Deutschsprachige Lehrbücher mit der Zielgruppe Schule bzw. Lehrende an Schulen sind [20, 22] und [136].[9] Zur Motivation des Einsatzes von Nonstandard-Analysis in der Schule siehe auch [23].

4.3 Nichtstandardeinführungen in die Analysis

4.3.1 Konstruktion mit Fréchet-Filter

In Abschnitt 3.2 wurde der genetische Aufbau der Analysis mit Omegazahlen aus [124] vorgestellt. Dort stellte die mit dem Fréchet-Filter Cof gebildete Menge $^{\Omega}\mathbb{R} := \mathbb{R}^{\mathbb{N}}/\text{Cof}$ der Omegazahlen die Grundlage dar.

Die Vorteile des Omega-Kalküls liegen in der einfachen Konstruktion der Omegazahlen und der einfachen Fortsetzbarkeit aller reellen Funktionen. Des Weiteren sind Gleichungen und Ungleichungen sowie deren Konjunktionen von $\mathbb{R}$ auf $^{\Omega}\mathbb{R}$ übertragbar, was bereits für viele Überlegungen ausreicht. Der Hauptnachteil ist, dass $^{\Omega}\mathbb{R}$ kein angeordneter Körper, sondern nur ein partiell geordneter Ring mit Nullteilern ist. Es gilt nur ein eingeschränktes Transferprinzip.

Was die Frage der Eignung der Omegazahlen für einen Einstieg in die Analysis angeht, sind die geschilderten Nachteile weniger störend beim Rechnen als bei der Veranschaulichung. Insbesondere wegen des Fehlens der totalen Ordnung können die Omegazahlen nicht linear geordnet auf einer Geraden veranschaulicht werden. Auf der „Formelebene" bieten diese Zahlen dennoch didaktisches Potential, da Definitionen und Herleitungen gegenüber der Standard-Analysis einfacher werden.

Henle vereinfacht in [87] gegenüber [124] noch weiter, indem er auf die (für Anfänger möglicherweise schon recht abstrakte) Äquivalenzklassenbildung verzichtet und direkt mit den Folgen arbeitet. Hierdurch bleibt der unmittelbare Bezug zur Standard-Analysis erhalten, man bedient sich aber zugleich der suggestiven Notation der Nonstandard-Analysis.

Folgen werden bei Henle zur Unterscheidung von reellen Zahlen mit fett gedruckten Buchstaben bezeichnet. Beispiel: $\mathbf{a} := (a_n)_{n\in\mathbb{N}}$. Dabei ist zugelassen, dass die Folgenglieder für endlich viele Indizes nicht definiert sind. Gleichungen oder Ungleichungen mit Folgen (zum Beispiel $\mathbf{a} = \mathbf{b}$, $\mathbf{a} = 0$, $\mathbf{a} \neq 0$, $\mathbf{a} > 0$), ebenso Elementbeziehungen (zum Beispiel $\mathbf{a} \in D$ mit $D \subseteq \mathbb{R}$) sind so zu interpretieren, dass sie für die Komponenten der Folgen *ab einem gewissen Index* (also *fast überall*, das heißt *mit endlich vielen Ausnahmen*) gelten.[10] Achtsamkeit ist bei Verwendung des Symbols $\neq$ geboten. So bedeutet $\mathbf{a} \neq 0$ *nicht*

---

9 Weitere Informationen und Unterrichtsmaterial findet man zum Beispiel auf der Internetseite www.nichtstandard.de (besucht am 18.06.2023).

10 Durch diese Vereinbarung wird die „Gleichheit" von Folgen zu einer *Äquivalenzrelation*, Henle verzichtet aber darauf, dies explizit so zu definieren.

„nicht $\mathbf{a} = 0$" sondern „$a_n \neq 0$ fast überall". Funktionen werden komponentenweise auf
Folgen fortgesetzt. Beispiel: $\sin(\mathbf{a}) := (\sin(a_n))_{n \in \mathbb{N}}$.

Analog zur Nonstandard-Analysis mit hyperreellen Zahlen definiert man:
- $\mathbf{a}$ heißt *unendlich klein* ($\mathbf{a} \approx 0$) genau dann, wenn für alle positiven $r \in \mathbb{R}$ gilt: $|\mathbf{a}| < r$.
- $\mathbf{a}$ heißt *endlich groß* oder *beschränkt* genau dann, wenn es $r \in \mathbb{R}$ mit $|\mathbf{a}| < r$ gibt.

Und für Funktionen $f : D \to \mathbb{R}, D \subseteq \mathbb{R}$ definiert man wie in der Nonstandard-Analysis
mit hyperreellen Zahlen:
- f ist *stetig* in $r \in D$ genau dann wenn für alle $\mathbf{a} \in D$ gilt:

$$\mathbf{a} \approx r \Rightarrow f(\mathbf{a}) \approx f(r).$$

- f ist *gleichmäßig stetig* auf D genau dann, wenn für alle $\mathbf{a}, \mathbf{b} \in D$ gilt:

$$\mathbf{a} \approx \mathbf{b} \Rightarrow f(\mathbf{a}) \approx f(\mathbf{b}).$$

- Ist r ein innerer Punkt von D und $d \in \mathbb{R}$, dann gilt $f'(r) = d$ genau dann, wenn für
alle $\Delta\mathbf{x} \approx 0, \Delta\mathbf{x} \neq 0$ gilt:

$$\frac{f(r + \Delta\mathbf{x}) - f(r)}{\Delta\mathbf{x}} \approx d.$$

Die Definitionen sind gegenüber den Standarddefinitionen so einfach geworden, weil
die sonst notwendigen Quantoren in der Definition von $\approx$ stecken. $\mathbf{a} \approx 0$ bedeutet ja
definitionsgemäß nichts anderes als

$$\forall \varepsilon > 0 \, \exists n_0 \in \mathbb{N} \, \forall n \in \mathbb{N} \, (n \geq n_0 \Rightarrow |a_n| < \varepsilon).$$

Das Fehlen der totalen Ordnung wirkt sich dahin gehend aus, dass nur ein abge-
schwächtes Standardteilprinzip gilt und man für manche Überlegungen zu Teilfolgen
übergehen muss. Henle schreibt $\mathbf{a} \subset \mathbf{b}$ für „$\mathbf{a}$ ist eine Teilfolge von $\mathbf{b}$". Dann lautet
das
Standardteilprinzip Wenn $\mathbf{a}$ beschränkt ist, dann gibt es $\mathbf{c} \subset \mathbf{a}$ und $r \in \mathbb{R}$ mit $\mathbf{c} \approx r$.

Die Notwendigkeit, zu einer Teilfolge überzugehen, besteht zum Beispiel beim Beweis
der Kettenregel, des Zwischenwertsatzes oder der Aussage, dass jede stetige Funktion
integrierbar ist (siehe [87]).

Zur Definition des Integrals greift Henle auf Folgen von Treppenfunktionen zurück.

Definition 23. Für eine Funktion f und ein Intervall $[p, q]$ gilt

$$\int_p^q f \, dx = r$$

genau dann, wenn es Folgen $\mathbf{d}, \mathbf{u}$ von Treppenfunktionen auf $[p, q]$ gibt mit $\mathbf{d} \leq f \leq \mathbf{u}$ und

$$\int_p^q \mathbf{d}\,dx \approx r \approx \int_p^q \mathbf{u}\,dx.$$

Dabei sind Treppenfunktionen und das Integral für Treppenfunktionen wie üblich definiert. Das Integral für Folgen von Treppenfunktionen ist komponentenweise erklärt. $\mathbf{d} \leq f \leq \mathbf{u}$ bedeutet, dass für fast alle n gilt: $d_n \leq f \leq u_n$ auf $[p, q]$.

4.3.2 Verallgemeinerte Ω-Adjunktion

Die oben geschilderten Nachteile der Konstruktion $\mathbb{R}^{\mathbb{N}}/\text{Cof}$ als Erweiterung von $\mathbb{R}$ werden überwunden, wenn man statt des Filters Cof einen Cof umfassenden Ultrafilter $\mathcal{U}$ verwendet (siehe Abschnitt 3.3.1). Die so entstehende Erweiterung $\mathbb{R}^{\mathbb{N}}/\mathcal{U}$ ist, wie $\mathbb{R}$, ein angeordneter Körper, und man hat das volle Transferprinzip (siehe Satz 43). Eine Konstruktion mittels Ultrafilter erscheint jedoch für Anfängerkurse wenig geeignet.

Laugwitz bietet in [125] noch einen alternativen Weg an, der zwar nicht vollständig konstruktiv ist, der aber einen expliziten Rückgriff auf Ultrafilter vermeidet. Dieser Weg besteht in einer verallgemeinerten Adjunktion eines unendlich großen Elements Ω und dem Postulieren eines Prinzips, mit dem wahre Aussagen über den erweiterten Zahlbereich gewonnen werden können. Laugwitz nennt es das *Leibniz'sche Prinzip* in Anlehnung an eine Formulierung aus einem Brief von Leibniz an Varignon, wonach die Regeln des Endlichen auch im Unendlichen erfolgreich anzuwenden sind (siehe das Leibnizzitat auf S. 17).

In [125] wird das Vorgehen für einen beliebigen archimedisch geordneten Körper K formuliert.

Adjunktion von Ω Jede Folge $a(n) \in K$, definiert für alle hinreichend großen natürlichen n, oder, anders ausgedrückt, für alle $n \geq n_0$ mit einem $n_0 \in \mathbb{N}$, gibt ein Element des erweiterten Zahlbereichs $^\Omega K$ an; wir schreiben für dieses Element $a(\Omega)$ und nennen es eine Omegazahl ([125], S. 85).

Leibniz'sches Prinzip Sei $A(n)$ eine Aussageform, formuliert in der Sprache von K. Wenn es ein $n_0 \in \mathbb{N}$ gibt, sodass für alle $n \geq n_0$ die Aussage $A(n)$ in der zugrunde gelegten Theorie von K wahr ist, dann soll $A(\Omega)$ als wahrer Satz in die neue Theorie von $^\Omega K$ aufgenommen werden ([125], S. 88).

Die hier angegebene Adjunktion von Ω ist gegenüber der Körperadjunktion $K(\Omega)$ eine Verallgemeinerung, da als $a(n)$ beliebige Folgen und nicht nur rationale Ausdrücke in n zugelassen sind. Damit sind zum Beispiel auch $(1 + \frac{1}{\Omega})^\Omega$ oder $\sum_{k=0}^{\Omega} \frac{1}{k!}$ definierte Omegazahlen. Die „Sprache von K", auf die sich das Leibniz'sche Prinzip bezieht, ist die Sprache erster Stufe mit Konstanten für jedes Element von K sowie Funktions- und Relationssymbolen für alle Funktionen bzw. Relationen über K.[11]

Mit dem Leibniz'schen Prinzip beweist man, dass $^{\Omega}K$ ein angeordneter Körper ist. Interessant sind hier die Existenz des multiplikativen Inversen und die Trichotomie der Ordnungsrelation $<$, denn diese Axiome gelten in $K^{\mathbb{N}}/\text{Cof}$ nicht. Ist eine Folge $a(n) \in K$ gegeben, so gilt für hinreichend große (sogar für alle) n: $a(n) = 0 \vee \exists x\, a(n) \cdot x = 1$. Also gilt nach dem Leibniz'schen Prinzip: $a(\Omega) = 0 \vee \exists x\, a(\Omega) \cdot x = 1$. Sind Folgen $a(n)$ und $b(n)$ gegeben, so gilt für alle hinreichend großen (sogar für alle) n: $a(n) = b(n) \vee a(n) < b(n) \vee a(n) > b(n)$. Also gilt nach dem Leibniz'schen Prinzip: $a(\Omega) = b(\Omega) \vee a(\Omega) < b(\Omega) \vee a(\Omega) > b(\Omega)$. Welche dieser Möglichkeiten zutrifft, kann aber für konkret gegebene Omegazahlen nicht immer entschieden werden.

Am Beispiel $(-1)^{\Omega}$ bedeutet die Anwendung des Leibniz'schen Prinzips: Da die Aussageform $(-1)^n = 1 \vee (-1)^n = -1$ in K für hinreichend große (sogar für alle) n gilt, gilt $(-1)^{\Omega} = 1 \vee (-1)^{\Omega} = -1$ in $^{\Omega}K$. Welche der Möglichkeiten zutrifft, bleibt unbestimmt.

Die Unbestimmtheit von Ω in der Theorie von $^{\Omega}K$ stört beim weiteren Aufbau der Analysis genauso wenig, wie die Unbestimmtheit des Ultrafilters $\mathcal{U}$ in der Konstruktion $^{*}K := K^{\mathbb{N}}/\mathcal{U}$ für den Aufbau der Analysis mit $^{*}K$ stört. Es ist zum Beispiel nicht entscheidend, ob $\mathcal{U}$ die Menge der geraden oder die Menge der ungeraden Zahlen enthält. Laugwitz bemerkt:

> Die Theorie von $^{\Omega}K$ ist sozusagen der gemeinsame Kern aller möglichen Nichtstandard-Theorien zu den $^{*}K$. Sie enthält alle diejenige Infinitesimalmathematik, welche von der willkürlichen Wahl eines speziellen Ultrafilters und sogar von der Existenz der Ultrafilter selbst unabhängig ist ([125], S. 103).

4.3.3 Superreelle Zahlen

Die einfachste Art, $\mathbb{R}$ zu einem nichtarchimedischen Körper zu erweitern besteht darin, ein neues Element zu adjungieren, das definitionsgemäß unendlich groß (größer als jede reelle Zahl) oder alternativ unendlich klein (positiv, aber kleiner als jede positive reelle Zahl) ist. Dieser Ansatz wird mit den superreellen Zahlen verallgemeinert, indem neben einem neuen, unendlich kleinen Element ε noch bestimmte Reihen in ε hinzugenommen werden (vgl. [200]). Tall definiert seine superreellen Zahlen als formale Laurent-Reihen in ε mit reellen Koeffizienten und endlichem Hauptteil (das heißt, nur endlich viele Koeffizienten mit negativem Index sind ungleich null), also als Reihen der Form

---

11 Laugwitz lässt auch Symbole aus der Mengenlehre zu (zum Beispiel $\in$, $\cup$, $\cap$). Da nur Individuenvariablen (für Elemente aus K) zur Verfügung stehen, ergeben sich hierdurch keine erweiterten Ausdrucksmöglichkeiten. Man kann damit aber zum Beispiel das vertraute $x \in \mathbb{N}$ statt des ungewohnten $\mathbb{N}x$ schreiben.

$$\sum_{i=m}^{\infty} a_i \varepsilon^i \tag{4.1}$$

mit $m \in \mathbb{Z}$ und $a_i \in \mathbb{R}$. „Formal" bedeutet, dass Konvergenzbetrachtungen hier keine Rolle spielen. Technisch gesehen lassen sich die superreellen Zahlen mit denjenigen Elementen aus $\mathbb{R}^{\mathbb{Z}}$ identifizieren, bei denen nur endlich viele Glieder mit negativem Index ungleich null sind. Die Darstellung als Reihe in ε dient der Intuition, zum Beispiel um die Definitionen von Addition, Multiplikation und Anordnung für superreelle Zahlen zu motivieren. Dabei ist ε als eine unendlich kleine Zahl zu denken.

Die Menge aller superreellen Zahlen bezeichnet Tall mit $\mathfrak{R}$. Es ist $\mathbb{R} \subseteq \mathfrak{R}$. Die reellen Zahlen in $\mathfrak{R}$ sind genau diejenigen, für die in (4.1) alle Koeffizienten außer a_0 verschwinden. Addition, Multiplikation, Anordnung und das additive Inverse werden auf naheliegende Weise (durch formales Operieren mit der Reihendarstellung (4.1)) definiert. Auch das multiplikative Inverse für $\alpha \in \mathfrak{R} \setminus \{0\}$ existiert. Ist $\alpha = \sum_{i=m}^{\infty} a_i \varepsilon^i$ mit $a_m \neq 0$ gegeben, dann gibt es $\beta = \sum_{j=-m}^{\infty} b_j \varepsilon^j$ mit $\alpha\beta = 1$, denn aus

$$\left(\sum_{i=m}^{\infty} a_i \varepsilon^i \right) \cdot \left(\sum_{j=-m}^{\infty} b_j \varepsilon^j \right) = \sum_{k=0}^{\infty} \sum_{j=0}^{k} a_{m+j} b_{-m+k-j} \varepsilon^k = 1$$

lassen sich die Koeffizienten b_j rekursiv bestimmen. Es ist $b_{-m} = a_m^{-1}$ und für $k \geq 1$

$$b_{-m+k} = -a_m^{-1} \sum_{j=1}^{k} a_{m+j} b_{-m+k-j}.$$

$\mathfrak{R}$ wird so zu einem angeordneten Körper. Da außerdem $\varepsilon^{-1} > n$ für alle $n \in \mathbb{N}$ gilt, ist $\mathfrak{R}$ ein nichtarchimedischer Oberkörper von $\mathbb{R}$.

Beschränkte (endlich große), unbeschränkte (unendlich große) und infinitesimale (unendlich kleine) Zahlen sowie der Standardteil beschränkter Zahlen werden wie üblich definiert. Die beschränkten superreellen Zahlen sind genau diejenigen, für die alle Koeffizienten mit negativem Index verschwinden. Standardteil einer beschränkten superreellen Zahl ist der Koeffizient mit Index Null.

Jede analytische Funktion $f : D \to \mathbb{R}$ (D offenes Intervall) lässt sich zu einer Funktion $f : D^{\#} \to \mathfrak{R}$ fortsetzen mit $D^{\#} = \{x \in \mathfrak{R} \mid \mathrm{st}(x) \in D\}$, indem man für $\delta \approx 0$ definiert:

$$f(x + \delta) := \sum_{n=0}^{\infty} a_n \delta^n,$$

wobei $f(x + h) = \sum_{n=0}^{\infty} a_n h^n$ die Potenzreihenentwicklung von f an der Stelle $x \in D$ (und h hinreichend klein) ist. Durch Einsetzen der Reihendarstellung von δ und Ausmultiplizieren erhält man die Reihendarstellung von $f(x + \delta)$ als Reihe in ε.

Für analytische Funktionen lassen sich die Begriffe *Stetigkeit* und *Ableitung* wie in der Nonstandard-Analysis üblich definieren und zum Beispiel die Ableitungsregeln herleiten und die Ableitungen konkreter Funktionen berechnen. Ähnlich wie bei Keisler können Definitionen oder Beweissituationen geometrisch durch „Mikroskope" oder „Teleskope" veranschaulicht werden, indem man einen passenden Vergrößerungs- bzw. Verkleinerungsfaktor (die passende ε-Potenz) wählt.

Einschränkungen gegenüber einer elementaren Analysis mit hyperreellen Zahlen sind:

– Es können nur analytische Funktionen betrachtet werden.
– Es stehen keine unendlich großen ganzen Zahlen zur Verfügung.
– Es gilt kein allgemeines Transferprinzip für Aussagen der ersten Stufe.

Durch das Fehlen unendlich großer ganzer Zahlen lassen sich Folgen und Reihen nicht in der Weise verallgemeinern, wie es im Hyperreellen (mit hyperganzen Indizes und Summationsgrenzen) möglich ist. Integrale lassen sich nicht mittels Riemann'scher Summen definieren.

Tall definiert das Integral analytischer Funktionen über den Begriff der Flächenfunktion (siehe Definition 24) und beweist damit den Hauptsatz.

Definition 24. Sei $D \subseteq \mathbb{R}$ ein offenes Intervall und $f : D \to \mathbb{R}$. Dann heißt $A_f : D^\# \times D^\# \to \mathfrak{R}$ eine *Flächenfunktion*, wenn gilt

1. $A_f(u, v) + A_f(v, w) = A_f(u, w)$ für alle $u, v, w \in D^\#$
2. $\frac{A_f(x, x+\theta)}{\theta} \approx f(x)$ für alle $x \in D^\#$ und für alle $\theta \approx 0, \theta \neq 0$.

Nach dem Hauptsatz gilt für eine Flächenfunktion A_f, beliebiges $a \in D$ und $F(x) := A_f(a, x)$ (für alle $x \in D^\#$): $F' = f$. Umgekehrt ist für eine analytische Funktion F mit $F' = f$ durch $A_f(a, b) := F(b) - F(a)$ eine Flächenfunktion definiert.

4.3.4 Axiomatische Einführung der hyperreellen Zahlen

Keisler geht in seinem *Elementary Calculus* (der nach eigenen Angaben für Analysis-Anfängervorlesungen und einen Zeitraum von drei bis vier Semestern konzipiert ist) von folgenden drei Prinzipien aus:

Erweiterungsprinzip 1. Die reellen Zahlen bilden eine Untermenge der hyperreellen Zahlen und die Ordnungsrelation $x < y$ für reelle Zahlen ist eine Untermenge der Ordnungsrelation für hyperreelle Zahlen.

2. Es gibt eine hyperreelle Zahl, die größer als null ist, aber kleiner als jede positive reelle Zahl.

3. Für jede reelle Funktion einer oder mehrerer Variablen gibt es eine zugehörige hyperreelle Funktion $^*f$ mit derselben Anzahl von Variablen. $^*f$ heißt die *natürliche Fortsetzung* von f (vgl. [115], S. 27).

Transferprinzip Jede reelle Aussage, die für eine oder mehrere reelle Funktionen gilt, gilt auch für die hyperreellen natürlichen Fortsetzungen dieser Funktionen (vgl. [115], S. 28).

Unter einer reellen Aussage versteht Keisler eine Kombination von Gleichungen oder Ungleichungen reeller Ausdrücke sowie Aussagen, die spezifizieren, ob ein reeller Ausdruck definiert ist oder nicht.

Standardteilprinzip Jede endliche hyperreelle Zahl liegt unendlich nahe bei genau einer reellen Zahl. Die einer hyperreellen Zahl b infinitesimal benachbarte reelle Zahl heißt Standardteil von b und wird mit st(b) bezeichnet (vgl. [115], S. 36).

Die endlichen hyperreellen Zahlen sind dabei diejenigen, die zwischen zwei reellen Zahlen liegen (vgl. [115], S. 30).

Auf dieser Basis wird der Kalkül der Analysis aufgebaut. Eine formalere Version der oben angegebenen Prinzipien findet man in [117] mit den Axiomen A–E. Dort wird auch eine Konstruktion der hyperreellen Zahlen mittels Ultrafilter ausgeführt (Kapitel 1G) und (in Kapitel 15A) der Beweis erbracht, dass die Beschränkung auf Kombinationen von Gleichungen und Ungleichungen im Transferprinzip nicht wesentlich ist und das (scheinbar allgemeinere) elementare Erweiterungsprinzip für Sätze erster Stufe aus den Axiomen A–E folgt (vgl. die Formulierung des elementaren Erweiterungsprinzips in Abschnitt 4.5.5).

Die hypernatürlichen Zahlen führt Keisler im *Elementary Calculus* als Bildmenge der natürlichen Fortsetzung der Gaußklammer-Funktion $x \to [x]$ ein, weist aber in [117] darauf hin, dass man mit dem für Funktionen formulierten Erweiterungsprinzip jede beliebige Relation $P \subseteq \mathbb{R}^n$ fortsetzen kann, indem man deren charakteristische Funktion $1_P \colon \mathbb{R}^n \to \{0,1\}$, (mit $1_P(x) = 1 \Leftrightarrow x \in P$) betrachtet und definiert:

$$^*P := \left\{ x \in {}^*\mathbb{R}^n \mid {}^*1_P(x) = 1 \right\}$$

(vgl. [117], S. 19).

Henle und Kleinberg geben in ihrem *Infinitesimal Calculus* eine kurze (nicht zu formale) Einführung in Sprachen und Strukturen (zum Teil mit Beispielen außerhalb der Mathematik) und definieren anschließend eine Sprache L zur Beschreibung der Struktur der reellen Zahlen (auch genannt: *das System der reellen Zahlen*). L enthält neben den üblichen logischen Symbolen Konstanten für alle reellen Zahlen sowie Funktions- und Relationssymbole für alle Funktionen bzw. Relationen über den reellen Zahlen. Damit ist klar, dass das *Alphabet* dieser Sprache nicht explizit angegeben werden kann, sondern eine abstrakte Menge ist.

Eine Struktur S heißt (vgl. [88], S. 25.) *ein System der hyperreellen Zahlen*,[12] wenn gilt:

1. S enthält das System der reellen Zahlen. Das bedeutet: Alle reellen Zahlen sind in S enthalten und alle Funktionen und Relationen, die für $\mathbb{R}$ definiert sind, sind auch für die Zahlen in S definiert.

---

12 Henle und Kleinberg weisen an dieser Stelle darauf hin, dass S durch die geforderten Eigenschaften nicht eindeutig bestimmt ist und daher der unbestimmte Artikel angebracht ist.

2. S enthält infinitesimale Zahlen. Das bedeutet: Es gibt eine Zahl in S, die größer als null, aber kleiner als jede positive reelle Zahl ist.
3. In S und $\mathbb{R}$ sind die gleichen Sätze wahr. Wenn B ein Satz der Sprache L ist, dann gilt: B ist wahr in S genau dann, wenn B in $\mathbb{R}$ wahr ist.

Henle und Kleinberg belassen es nicht bei der bloßen Definition des Begriffs *System der hyperreellen Zahlen*, sondern geben auch an, wie ein spezifisches solches System (sie bezeichnen es mit $\mathbb{HR}$) konstruiert werden kann, wobei allerdings die anspruchsvolleren Teile (der Existenzbeweis für den verwendeten Ultrafilter und der Beweis des Transferprinzips) in den Anhang ausgelagert werden. Sie stellen es dem Leser frei, die Konstruktion von $\mathbb{HR}$ zu überspringen, da die Kenntnis der Konstruktion für den weiteren Aufbau der Analysis nicht erforderlich sei. Eine analoge Situation liegt in der Standard-Analysis vor, wenn die reellen Zahlen axiomatisch eingeführt werden und die Möglichkeit ihrer Konstruktion in Lehrbüchern nur erwähnt bzw. die Konstruktion (wie in [56]) im Anhang ausgeführt wird.

Die Definition von Stetigkeit, Ableitung und Limes wird analog zu Definition 8 in Abschnitt 3.2.5 vorgenommen. Lediglich die Integraldefinition weicht davon ab, da der Begriff der hyperendlichen Summen fehlt. Statt auf allgemeine Riemann'sche Summen wird auf Summen zu äquidistanten Intervallteilungen zurückgegriffen und die Summe (als Funktion der Schrittweite) hyperreell fortgesetzt, sodass sie auch für infinitesimale Schrittweiten definiert ist.

Genauer geschieht dies wie folgt: Für eine reelle Funktion $f : [a, b] \to \mathbb{R}$ und reelles $h > 0$ sei

$$S_a^b(f, h) := \sum_{i=0}^{n-1} f(x_i) h + f(x_n)(b - x_n)$$

mit $n := \max\{i \in \mathbb{N}_0 \mid a + ih \leq b\}$, $x_i := a + ih$, für $i = 0, \ldots, n$.

Bei fest vorgegebenen f, a, b ist $S(h) := S_a^b(f, h)$ eine auf $\mathbb{R}^+$ definierte reelle Funktion, mit einer auf $^*\mathbb{R}^+$ definierten hyperreellen Fortsetzung. Im infinitesimalen Fall schreibt man statt h auch gerne dx.

Definition 25. Seien $a, b \in \mathbb{R}$, $a < b$ und $f : [a, b] \to \mathbb{R}$. f heißt über $[a, b]$ *integrierbar*, wenn es $c \in \mathbb{R}$ gibt, sodass für jedes infinitesimale $dx > 0$ gilt:

$$S_a^b(f, dx) \approx c.$$

c heißt *Integral von f über $[a, b]$* und wird mit $\int_a^b f(x)\, dx$ bezeichnet.

Im Falle Riemann-integrierbarer Funktionen führen Definition 25 und die klassische Definition mittels Riemann'scher Summen auf das gleiche Integral, aber gemäß Definition 25 sind auch Funktionen integrierbar, die nicht Riemann-integrierbar sind (vgl. [88], S. 118 f.). In der elementaren Analysis (zum Beispiel beim Beweis gängiger Integralsätze oder des Hauptsatzes) stört dieser Umstand nicht.

4.3.5 Elementare Einführung mit interner Mengenlehre

In [57] steht am Anfang ein Paradoxon, das mit der Existenz unendlich großer natürlicher Zahlen verbunden ist: Geht man davon aus, dass die Menge E aller endlichen Zahlen aus $\mathbb{N}_0$ die 0 enthält und mit jeder Zahl n auch deren Nachfolger $n + 1$, dann ist nach dem Prinzip der vollständigen Induktion $E = \mathbb{N}_0$. Alle Zahlen in $\mathbb{N}_0$ sind demnach endlich. Die Existenz unendlich großer Zahlen in $\mathbb{N}_0$ wäre also paradox.

Die Auflösung des Paradoxons in der internen Mengenlehre besteht darin, anzunehmen, dass es keine *Menge E* gibt, die genau alle endlichen Zahlen enthält, das heißt, dass sich die endlichen Zahlen in $\mathbb{N}_0$ nicht zu einer Menge im Sinne der klassischen Mathematik zusammenfassen lassen.

Deledicq und Diener motivieren so die Einführung eines neuen Prädikats *standard* in die Sprache der Mathematik und definieren damit beschränkte (endlich große), unbeschränkte (unendlich große) und infinitesimale (unendlich kleine) Zahlen wie in Abschnitt 2.6.2 (Definition 4). Um den Einstieg in die interne Mengenlehre zu erleichtern, stellen die Autoren vorläufige Prinzipien zum Umgang mit dem neuen Prädikat auf und behandeln das vollständige Axiomensystem von IST erst im zweiten Teil des Buches. Die vorläufigen Prinzipien sind die folgenden:

Erstes Prinzip Ist M ein Objekt, das ohne (direkte oder indirekte) Verwendung des Prädikats *standard*, ggf. unter Verwendung anderer Standardobjekte definiert ist, dann ist M standard.

Zweites Prinzip Sei M eine Menge, die ohne (direkte oder indirekte) Verwendung des Prädikats *standard* definiert ist. Dann gilt: Alle Elemente von M sind standard genau dann, wenn M endlich ist.

Transferprinzip Sei $P(x)$ eine Eigenschaft, die ohne (direkte oder indirekte) Verwendung des Prädikats *standard* formuliert ist. Dann ist $P(x)$ für alle x wahr genau dann, wenn $P(x)$ für alle standard x wahr ist.

Das zweite Prinzip ist der wichtige Spezialfall (Satz 51) des Idealisierungsaxioms aus IST. Aus ihm folgt, dass jede unendliche Menge Nichtstandardelemente enthält und dass in $\mathbb{N}_0$ alle Standardzahlen *vor* allen Nichtstandardzahlen kommen. Das Transferprinzip entspricht dem Transferaxiom aus IST (allerdings ohne Parameter). Ließe man in $P(x)$ noch Standardparameter zu, wäre das erste Prinzip eine Folgerung aus dem Transferprinzip.

Auf der Basis der oben genannten drei Prinzipien werden im ersten Teil des Buches die Begriffe S-Stetigkeit, S-Grenzwert, S-Ableitung, S-Integral behandelt und die wesentlichen Sätze dazu bewiesen.

Genau genommen setzen Deledicq und Diener noch ein weiteres Prinzip voraus, das

Standardteilprinzip Jede beschränkte reelle Zahl ist infinitesimal benachbart zu einer reellen Standardzahl.

Dieses Prinzip formulieren die Autoren zwar als Satz, verschieben aber den Beweis in den zweiten Teil, wo das für den Beweis notwendige Standardisierungsaxiom zur Verfügung steht. Dort wird auch der Zusammenhang zwischen den S-Begriffen und den jeweils korrespondierenden Begriffen der klassischen Analysis thematisiert und der Hauptsatz bewiesen.

4.3.6 Elementare Einführung mit relativer Mengenlehre

Das Lehrbuch [104] beruht auf der *Relative Bounded Set Theory* (RBST) (siehe Abschnitt 3.6.3). Dabei wird die sogenannte *Standardperspektive* eingenommen (siehe dazu Abschnitt 5.4.8). Das bedeutet, man stellt sich vor, das vertraute Universum der traditionellen Mathematik (das zum Beispiel die Mengen $\mathbb{N}$ und $\mathbb{R}$ sowie Funktionen und Relationen über diesen Mengen enthält) wird im Rahmen einer erweiterten Mathematik um neue, ideale Objekte (wie zum Beispiel unendlich große natürliche Zahlen oder unendlich kleine reelle Zahlen) angereichert. Auch vertraute Mengen, wie $\mathbb{R}$ oder $\mathbb{N}$ enthalten also in dieser Sichtweise neue, ideale Elemente. Der Wahrheitsgehalt von Aussagen der traditionellen Mathematik bleibt dabei unangetastet. Wahre Aussagen bleiben wahr und falsche falsch. So ist zum Beispiel auch in der erweiterten Mathematik $\mathbb{R}$ ein vollständig angeordneter Körper.

Hrbaček, Lessmann und Donovan bringen ein Gleichnis aus der Zoologie. Dort gibt es die Klasse der Säugetiere. Dazu zählen zum Beispiel Löwen, Pferde, Fledermäuse, Wale und Kängurus. In der erweiterten Sichtweise enthält die Klasse der Säugetiere auch fiktive Wesen (ideale Elemente) wie Einhörner und Yetis. Diese fiktiven Wesen haben dieselben säugetiertypischen Eigenschaften wie reale Säugetiere (sind homöotherm, säugen ihre Jungen und so weiter) (vgl. [104], S. 4).

Um über die neuen Objekte sprechen zu können, wird die Sprache der traditionellen Mathematik um einen neuen Begriff erweitert, der in der traditionellen Mathematik keine Bedeutung hat, der also nicht mit bereits bekannten Begriffen definiert werden kann, sondern undefiniert bleibt. Dieser neue Begriff wird von den Autoren des Lehrbuchs *beobachtbar* getauft, genauer, *beobachtbar relativ zu*, denn es handelt sich um eine zweistellige Relation. Für alle Objekte p, q gilt demnach entweder „q ist beobachtbar relativ zu p" oder „q ist nicht beobachtbar relativ zu p". Objekte, die beobachtbar relativ zu *jedem* beliebigen Objekt sind, werden auch *standard* genannt. Intuitiv sind das (in der Standardperspektive) alle Objekte der traditionellen Mathematik, während die neuen, idealen Objekte (zum Beispiel unendlich große Zahlen) sich dadurch auszeichnen, dass sie *nicht* standard, also *nicht* relativ zu jedem Objekt beobachtbar sind.

Als weitere Sprechweise wird vereinbart: q ist beobachtbar relativ zu $p_1, \ldots, p_k$, wenn p beobachtbar relativ zu mindestens einem der p_i, $i = 1, \ldots k$, ist. $p_1, \ldots, p_k$ heißt in diesem Zusammenhang der *Kontext*. Damit ist klar: Wenn q beobachtbar relativ zu einem bestimmten Kontext ist, dann gilt das auch für jeden erweiterten Kontext.

Begriffe, die vom Begriff *beobachtbar* abgeleitet werden und ebenfalls vom Kontext abhängen, heißen *relative Begriffe*. Beispiele sind die Begriffe *ultraklein, ultragroß* und *ultranahe*, die von den Autoren statt der sonst üblichen Begriffe *unendlich klein* (oder *infinitesimal*), *unendlich groß* (oder *unbeschränkt*) bzw. *unendlich nahe* (oder *infinitesimal benachbart*) verwendet werden (vgl. Definition 21).[13]

Zur Vereinfachung von Formulierungen wird dann die (bereits in Abschnitt 3.6.3 vorgestellte) *Konvention über Kontexte* vereinbart: Wenn relative Begriffe in Sätzen, Definitionen oder Beweisen ohne explizite Angabe eines Kontextes verwendet werden, sind sie relativ zum Kontext des Satzes, der Definition bzw. des Beweises zu verstehen.

Eine Aussage heißt *intern*, wenn der Kontext aller darin vorkommenden relativen Begriffe durch die Parameter der Aussage gegeben ist.

Die Analysis mit ultrakleinen Zahlen baut auf folgenden Prinzipien auf (vgl. [104], S. 32 f.), die im Wesentlichen eine informelle Version der Axiome aus RBST (teilweise auf Spezialfälle reduziert) sind oder aus den Axiomen folgen:

Prinzip der relativen Beobachtbarkeit Für alle p, q, r gilt:

1. p ist beobachtbar relativ zu p.
2. Wenn p beobachtbar relativ zu q ist und q beobachtbar relativ zu r ist, dann ist p beobachbar relativ zu r.
3. Wenn p nicht beobachtbar relativ zu q ist, dann ist q beobachtbar relativ zu p.

Stabilitätsprinzip Eine interne Aussage ist äquivalent zu jeder Aussage, die durch Erweiterung ihres Kontextes um weitere Parameter entsteht.

Existenzprinzip Es existieren ultrakleine reelle Zahlen.

Abgeschlossenheitsprinzip (Existenz-Version) Für eine interne Aussage mit den Parametern $p, p_1, \ldots, p_k$ gilt: Wenn $p_1, \ldots, p_k$ beobachtbar sind und es ein Objekt p gibt, für das die Aussage wahr ist, dann gibt es ein beobachtbares Objekt p, für das die Aussage wahr ist.

Prinzip des beobachtbaren Nachbarn Wenn eine reelle Zahl nicht ultragroß ist, liegt sie ultranahe bei einer beobachtbaren Zahl.

Definitionsprinzip Interne Aussagen können verwendet werden, um Mengen und Funktionen zu definieren. Diese Mengen und Funktionen sind beobachtbar, wenn alle Parameter ihrer Definition beobachtbar sind.

Auf der Basis dieser Prinzipien wird die Analysis, wie in Abschnitt 3.6.3 angedeutet, entwickelt. Die Herleitung der Prinzipien aus den Axiomen von RBST wird in [104] im Anhang ausgeführt. Die letzten vier Prinzipien sind relativ zum Kontext zu verstehen (Konvention über Kontexte).

---

13 Als Grund für die Einführung neuer Begriffe geben die Autoren an, dass die Verwendung der etablierten Begriffe möglicherweise zu verwirrenden Formulierungen führt, wenn man zum Beispiel sagt, dass die *endliche* Menge $\{1, \ldots, N\}$ eine *unendlich* große Elementeanzahl hat, wenn N unendlich groß ist (vgl. [104], S. 6).

Tab. 4.1: Zusammenfassung und Vergleich der elementaren Nichtstandardeinführungen.

Zugang	Referenz	Vorteile	Nachteile
Konstruktion mit Fréchet-Filter	[124], [87], [202]	Einfache Konstruktion, unmittelbarer Bezug zur Standard-Analysis	Kein angeordneter Körper, eingeschränktes Transferprinzip
Superreelle Zahlen	[200]	Einfache Konstruktion	Einschränkung auf analytische Funktionen, keine unendlich großen natürlichen Zahlen, kein Transferprinzip
Verallgemeinerte Ω-Adjunktion	[125]	Keine Konstruktion erforderlich, vollwertiges Transferprinzip (Leibniz'sches Prinzip)	Leibniz'sches Prinzip muss als Axiom akzeptiert werden.
Hyperreelle Zahlen axiomatisch	[115]	Keine Konstruktion erforderlich, vollwertiges Transferprinzip (Axiom)	Zusätzliche Prinzipien (Erweiterung, Transfer, Standardteil) müssen als Axiome akzeptiert werden.
Interne Mengenlehre	[57], [168]	Keine Konstruktion erforderlich, vollwertiges Transferprinzip (Axiom), Rolle der Mengenlehre wird transparent (Grundlagenbewusstsein).	Stärkere Bezugnahme auf Mengenlehre, Achtsamkeit für „illegale" Mengenbildungen und Transfers notwendig. Zusätzliche Axiome müssen akzeptiert werden.
Relative Mengenlehre	[104]	Stetigkeit, Ableitung etc. können unmittelbar extern definiert werden. Ansonsten Vorteile wie bei interner Mengenlehre.	Erweiterung ist durch das Konzept der „relativen Beobachtbarkeit" komplexer. Ansonsten Nachteile wie bei interner Mengenlehre.

4.3.7 Zusammenfassung und Vergleich

Tabelle 4.1 fasst die in diesem Kapitel behandelten elementaren Zugänge zur Nonstandard-Analysis mit ihren wesentlichen Vor- und Nachteilen zusammen. Nicht berücksichtigt wird dabei das Kriterium, ob *interne Mengen* und darauf aufbauend *hyperendliche Mengen* betrachtet werden können.

Während dieses Kriterium für fortgeschrittene Anwendungen der Nonstandard-Analysis absolut entscheidend ist (weshalb zum Beispiel superreelle Zahlen für diese Zwecke ausscheiden), kommt man in der elementaren Analysis weitgehend ohne diese anspruchsvolleren Konzepte aus. In den axiomatischen Zugängen von Keisler sowie Henle und Kleinberg stehen sie nicht ohne Weiteres zur Verfügung, und auch in den konstruktiven Zugängen von Henle oder Tao wird ganz darauf verzichtet. Eine Konsequenz dieser Beschränkung ist, dass das Integral nicht mittels beliebiger hyperendlicher unendlich feiner Zerlegungen des Integrationsintervalls definiert werden kann (siehe Definition 15), sondern mittels äquidistanter unendlich feiner Zerlegungen (siehe zum Beispiel [88], S. 56).

Eine Behandlung interner und hyperendlicher Mengen ist zwar auch in Konstruktionen mit Fréchet-Filter und bei der verallgemeinerten Ω-Adjunktion möglich (siehe [124] bzw. [125]). Allerdings wird das Programm dadurch deutlich anspruchsvoller, und es stellt sich die Frage, ob dieser Aufwand wegen der spezifischeren Integraldefinition allein gerechtfertigt ist, wenn man nur an der Analysis für Standardfunktionen interessiert ist.

In den auf internen Mengenlehren beruhenden Zugängen durch Spracherweiterung entfällt die Definition interner und hyperendlicher Mengen, da alle Mengen intern sind und *endliche* Mengen auch eine unendlich große (ultragroße) Elementeanzahl haben können. Stattdessen hat man hier auf die Unterlassung „illegaler Mengenbildungen" zu achten (siehe Abschnitt 3.5.1). In [104] wird das Integral mittels Riemann'scher Summen zu beliebigen unendlich feinen Zerlegungen definiert. [57], und [168] begnügen sich mit einer Integraldefinition mittels äquidistanter Zerlegungen.

4.4 Erfahrungen aus der Lehre

4.4.1 Die Hypothese des kognitiven Vorteils

Erste Untersuchungen über die Einsetzbarkeit von Nonstandard-Analysis in Anfängerkursen stammen von Kathleen Sullivan. Für ihre Dissertation hat sie ein Experiment an vier kleinen Privat-Colleges und einer größeren öffentlichen Highschool im Raum Chicago und Milwaukee begleitet und die Ergebnisse auszugsweise im *American Mathematical Monthly* veröffentlicht ([193]). Eine Kontrollgruppe wurde 1972/1973 auf traditionelle Weise in Analysis unterrichtet und eine experimentelle Gruppe von denselben Lehrenden 1973/1974 auf der Basis von Keislers *Elementary Calculus* (einer früheren Version von 1971). Beide Gruppen waren gleich groß (jeweils 68 Studierende) und von den Voraussetzungen her vergleichbar.[14]

Bestandteile der Untersuchung waren ein fünfzigminütiger Test in beiden Gruppen, Interviews mit den Lehrenden der beiden Gruppen sowie eine Befragung von zwölf Lehrenden, die in den zurückliegenden drei Jahren nach Keislers *Elementary Calculus* unterrichtet hatten. In dem Test wurde die Fähigkeit geprüft, Grundbegriffe zu definieren, Grenzwerte zu berechnen, Beweise zu führen und Grundbegriffe anzuwenden. Tabelle 4.2 zeigt, wie viele Studierende in den beiden Vergleichsgruppen eine Lösung in den verschiedenen Aufgabenbereichen versucht haben. In den Bereichen „Grundbegriffe anwenden" war das Ergebnis in beiden Gruppen gleich, in allen anderen Bereichen lag die experimentelle Gruppe vor der Kontrollgruppe.

Eine genauere Analyse der Lösungen und Lösungsversuche wird in [193] nur für die dritte Aufgabe angegeben, bei der der Unterschied zwischen den beiden Gruppen

---

14 Die Vergleichbarkeit der Gruppen wurde durch die Angabe von *SAT Mathematics Ability Scores* dokumentiert ([193], S. 372).

Tab. 4.2: Anzahl der Studierenden, die eine Lösung versucht haben ([193], S. 373).

	Kontrollgruppe (68 Studierende)	Experimentelle Gruppe (68 Studierende)
Grundbegriffe definieren	48	52
Grenzwerte berechnen	49	68
Beweise führen	18	45
Grundbegriffe anwenden	60	60

Tab. 4.3: Antworten der Studierenden zu Frage 3 ([193], S. 373).

	Kontrollgruppe (68 Studierende)	Experimentelle Gruppe (68 Studierende)
nicht versucht	22	4
Standardargumentation		
Zufriedenstellender Beweis	2	
Unvollständiger Beweis	15	14
Inkorrekte Argumente	29	23
Nichtstandardargumentation		
Zufriedenstellender Beweis		25
Inkorrekte Argumente		2

besonders deutlich war. Die Aufgabe lautete:

Sei $f(x)$ gegeben durch $f(x) = x^2$ für $x \neq 2$ und $f(x) = 0$ für $x = 2$. Zeigen Sie mit der Grenzwertdefinition $\lim_{x \to 2} f(x) = 4$.[15]

In der experimentellen Gruppe lieferten 25 von 68 Studierenden einen zufriedenstellenden Beweis ab, während es in der Kontrollgruppe nur 2 von 68 waren. In der Kontrollgruppe hatten 22 Studierende gar keinen Beweisversuch unternommen (in der experimentellen Gruppe 4). Die weiteren Werte sind in Tabelle 4.3 angegeben.

Die Rückmeldung der Lehrenden fielen in der Tendenz eindeutig zugunsten des Nichtstandardansatzes aus. Im ersten Teil der Befragung wurden die Lehrenden gebeten, ihre Zustimmung oder Ablehnung zu bestimmten Aussagen zu bekunden (siehe Tabelle 4.4).[16] Im zweiten Teil wurden die Lehrenden gefragt, welcher Zugang in Be-

---

15 Die Aufgabe erfasst die korrekte Anwendung der Grenzwertdefinition an einer Unstetigkeitsstelle. Nach Keislers Grenzwertdefinition ist zu zeigen, dass aus $0 \neq \alpha \approx 0\, f(2 + \alpha) \approx 4$ folgt, was sich aus der einfachen Rechnung $f(2 + \alpha) = (2 + \alpha)^2 = 4 + 4\alpha + \alpha^2 \approx 4$ ergibt. Nach der Standard-Grenzwertdefinition muss man statt α eine Nullfolge (a_n), $a_n \neq 0$, einsetzen und zu einem beliebig vorgegebenen $\varepsilon > 0$ ein n ermitteln, ab dem $|f(2 + a_n) - 4| < \varepsilon$ ist.

16 Im Original wurden noch weitere Fragen gestellt, und die Zustimmung bzw. Ablehnung wurde nach zwei Intensitätsstufen differenziert. Insofern ist die Darstellung in Tabelle 4.4 ein Auszug und eine Vergröberung.

Tab. 4.4: Rückmeldung der Lehrenden, Teil 1 ([193], S. 374).

	stimme zu	neutral	stimme nicht zu
Die Studierenden hatten Probleme, die Axiome der hyperreellen Zahlen zu akzeptieren.	4	1	7
Die Studierenden schienen „unendlich klein" als natürlichen Begriff zu empfinden.	9	2	1
Die Studierenden, die zwei Semester Nonstandard-Analysis gelernt haben, werden Nachteile haben, wenn im dritten Semester Standard-Analysis unterrichtet wird.	1	1	10
Ich fürchte, die Einführung von Infinitesimalien hat die Studierenden bezüglich der reellen Zahlen verwirrt.	2	0	10

Tab. 4.5: Rückmeldung der Lehrenden, Teil 2 ([193], S. 374). Antwortmöglichkeiten: Standard (Std.), Nichtstandard (Nstd.), kein Unterschied (k. U.).

Aussage trifft eher zu auf	Std.	Nstd.	k. U.
Die Studierenden lernen die Grundbegriffe leichter.		8	4
Die Studierenden schienen motivierter zu sein.		5	7
Die Beweise waren leichter zu erklären und intuitiver.	1	10	1
Die Studierenden fanden es leichter, ihre Fragen zu stellen.		2	9
Die Studierenden hatten am Ende ein besseres Verständnis der Grundbegriffe.		5	7

zug auf verschiedene Aspekte Vorteile hat (siehe Tabelle 4.5). In der überwiegenden Einschätzung der Lehrenden hat demnach der Nichtstandardzugang einen kognitiven Vorteil gegenüber dem Standardzugang, insbesondere für das Erlernen und das Verständnis der Grundbegriffe sowie durch die intuitiveren Beweise.

Sullivan resümiert, dass ihre Untersuchung die These stütze, dass Keislers Ansatz tatsächlich eine praktikable Alternative für die Lehre der Analysis sei. Befürchtungen, dass Studierende, die Analysis über diesen Zugang lernen, die Grundfertigkeiten weniger beherrschen könnten, seien nicht gerechtfertigt. Die positiven Eindrücke wurden von Wattenberg aufgrund von Lehrerfahrung an Universitäten in Wisconsin und Massachusetts bestätigt (siehe [209]).

In jüngerer Zeit haben Hernandez und Fernandez Sullivans Ergebnisse durch eine Untersuchung an der University of Puerto Rico in Rio Piedras bestätigt und um Ergebnisse zur Integralrechnung ergänzt ([91]), ebenso Ely an der University of Idaho ([68]). Eine weitere relativ aktuelle Erhebung, die ebenfalls in diese Richtung weist, wurde an der Bar-Ilan-Universität durchgeführt (siehe Abschnitt 4.4.3). Verzerrende Einflüsse in den zitierten Untersuchungen, wie etwa ein unterschiedliches Engagement bei der Vermittlung von Standard- bzw. Nonstandard-Analysis, können jedoch nicht gänzlich ausgeschlossen werden. Ebenfalls lässt sich nicht ausschließen, dass der festgestellte Vorteil der Nichtstandardvariante durch andere Maßnahmen bei der Vermittlung der Standardvariante relativiert werden kann. Auf der anderen Seite sind mir keine empirischen

Studien bekannt, die die Hypothese des kognitiven Vorteils des Nichtstandardzugangs explizit widerlegen oder umgekehrt einen kognitiven Nachteil nachweisen würden.

Es gibt Stimmen, die Keislers axiomatische Einführung der hyperreellen Zahlen aus grundsätzlichen Erwägungen heraus ablehnen (siehe zum Beispiel das Review [35] von Errett Bishop). Dabei ist jedoch zu berücksichtigen, dass Bishop aus einer sehr speziellen, nämlich intuitionistischen Grundlagenposition heraus urteilt (siehe hierzu auch Abschnitt 6.1.2).

Vorsichtig formuliert lässt sich festhalten, dass die Hypothese des kognitiven Vorteils des Nichtstandard- gegenüber der Standardzugangs zwar nicht eindeutig belegt ist, aber durch die vorhandenen Vergleichsuntersuchungen eher gestützt als widerlegt wird.

4.4.2 Die kognitive Existenz von Infinitesimalien

Die meisten Mathematiker sind heute bereit, die Existenz eines mathematischen Objekts zu akzeptieren, wenn sich die Existenz in ZFC beweisen lässt. Einige haben ein besseres Gefühl bei Objekten, die sich in ZF allein konstruieren lassen. Konstruktivisten stellen noch strengere Anforderungen an die Konstruktion (siehe Abschnitt 5.1.5). Bei Studierenden (und erst recht bei Schülerinnen und Schülern) ist allerdings von einem intuitiveren Existenzverständnis auszugehen, das weder an einen Existenzbeweis in ZF oder ZFC noch an einen konstruktivistischen Existenzbeweis geknüpft ist. Tall hat hierfür den Begriff *kognitive Existenz* (*cognitive existence*) verwendet, der ausdrücken soll, dass Begriffe Teil einer akzeptablen kohärenten Struktur im Geist der Studierenden werden ([199], S. 4). Er spricht dann auch von einem *Glauben an die kognitive Existenz* oder vom *kognitiven Glauben* an die Existenz.

In einem Einführungskurs zur Nonstandard-Analysis für Studierende im dritten Studienjahr hat er untersucht, wie sich der kognitive Glaube an die Existenz von Zahlensystemen mit Infinitesimalien (speziell von superreellen und hyperreellen Zahlen) im Verlauf der Veranstaltung entwickelt hat. Anders als bei Sullivan hatten die Studierenden also bereits zwei Jahre Erfahrung in Standard-Analysis.

In dem Kurs wurden die superreellen Zahlen nicht streng formal konstruiert, sondern als Potenzreihen vorgestellt, die man algebraisch manipulieren und geometrisch veranschaulichen kann. Die hyperreellen Zahlen wurden zunächst axiomatisch eingeführt und dann mit dem Zorn'schen Lemma konstruiert.[17] Unmittelbar nach dieser Konstruktion wurde die erste Befragung durchgeführt (siehe Tabelle 4.6), fünf Wochen später, am Ende des Kurses, eine zweite (siehe Tabelle 4.7). Die Frage lautete jeweils: Halten Sie folgende Zahlensysteme für kohärente mathematische Ideen? Die Antwortmöglich-

---

[17] Die Studierenden hatten laut Tall bis zu diesem Zeitpunkt wenig oder keine Erfahrung mit dem Zorn'schen Lemma.

Tab. 4.6: Ergebnis der Befragung zu Beginn des Kurses ([199]).

$N = 42$	1	2	3	4	5	6
Natürliche Zahlen	40	2	0	0	0	0
Reelle Zahlen	39	3	0	0	0	0
Komplexe Zahlen	32	8	1	0	1	0
Infinitesimalien	23	9	8	0	2	0
Superreelle Zahlen	18	12	8	2	2	0
Hyperreelle Zahlen	15	7	11	6	3	0

Tab. 4.7: Ergebnis der Befragung am Ende des Kurses ([199]).

$N = 46$	1	2	3	4	5	6
Natürliche Zahlen	43	3	0	0	0	0
Reelle Zahlen	39	5	1	0	0	0
Superreelle Zahlen	27	13	4	2	0	0
Hyperreelle Zahlen	15	20	5	4	2	0

keiten waren: definitiv ja (1), ziemlich sicher (2), neutral / keine Meinung (3), verwirrt (4), ziemlich sicher nicht (5), definitiv nicht (6).

Tall stellt fest, dass die zustimmenden Antworten (Kategorien 1 und 2) für Infinitesimalien in der ersten Befragung sogar noch etwas höher liegen als für superreelle und hyperreelle Zahlen und dass der kognitive Glaube an die Existenz superreeller oder hyperreeller Zahlen sich durch den Gebrauch dieser Zahlensysteme während des Kurses verstärkt hat. Als Ergebnisse einer weiteren Befragung gibt er an: Nur 7 der 46 Kursteilnehmer bemängelten, dass die superreellen Zahlen nicht formal konstruiert worden waren. 10 waren nicht glücklich mit dem Einsatz des Zorn'schen Lemmas bei der Konstruktion der hyperreellen Zahlen, obwohl 22 die Konstruktion als essentiell ansahen. Tall interpretiert das so, dass die Konstruktion eher als notwendig erachtet wird, wenn der kognitive Glaube an die Existenz geringer ist.

Robert Ely hat in seiner Dissertation ([67]) bestätigt, dass viele Studierende robuste Vorstellungen einer reellen Zahlengerade haben, die infinitesimale und unendlich große Größen und Entfernungen einschließen. 31 % der von ihm befragten Studierenden aus Analysiskursen gaben konsistent über mehrere Fragebogenelemente an, dass es unendlich kleine Zahlen und / oder Entfernungen gibt ([67], zitiert nach [66], S. 139). In einer ausführlichen Fallstudie mit einer Studentin (Sarah) stellte er zahlreiche Ähnlichkeiten fest zwischen Sarahs Vorstellungen und Leibniz' Vorstellungen, die später in Robinsons Nonstandard-Analysis formalisiert wurden (siehe zum Beispiel die tabellarische Übersicht in [66], S. 140 f.). Nach Ely kann es sich daher nicht um bloße Missverständnisse handeln:

> These similarities suggest that these student conceptions are not mere misconceptions, but are nonstandard conceptions, pieces of knowledge that could be built into a system of real numbers proven

to be as mathematically consistent and powerful as the standard system. This provides a new perspective on students' "struggles" with the real numbers, and adds to the discussion about the relationship between student conceptions and historical conceptions by focusing on mechanisms for maintaining cognitive and mathematical consistency ([66], S. 117).

Noch deutlicher zugunsten einer Vorstellung des unendlich Kleinen ist die Auswertung in [19] zur Frage „$0,\overline{9} < 1$ oder $0,\overline{9} = 1$?" ausgefallen. Befragt wurden 256 Gymnasiasten der Klassen 7 bis 12, 50 Mathematikstudierende (nach dem dritten Semester) sowie 51 Lehramtsstudierende verschiedener Fächer. 50 % der Mathematikstudierenden haben sich demnach für $0,\overline{9} < 1$ ausgesprochen. Bei den Lehramtsstudierenden anderer Fächer waren es sogar über 90 %, bei den Gymnasiasten über 72 %. Selbst drei Semester $\varepsilon\delta$-Analysis konnten offenbar bei der Hälfte der Mathematikstudierenden die Vorstellung einer unendlich kleinen Differenzen zwischen Zahlen nicht ausradieren.

4.4.3 Experimentelle Analysiskurse

Mikhail G. Katz und Luie Polev von der Bar-Ilan-Universität in Ramat Gan, Israel, haben Analysis für ca. 120 Erstsemester des Jahrgangs 2014/2015 zunächst mit Infinitesimalien auf der Basis von Keislers *Elementary Calculus* ([115]) unterrichtet und dann im zweiten Semester auf der Basis der gängigen $\varepsilon\delta$-Definitionen (das Vorgehen wurde auch in den folgenden beiden Jahrgängen bis zur Veröffentlichung in [112] beibehalten). Katz und Polev nennen den ersten Weg *B-track* und den zweiten Weg *A-track*.[18]

Am Ende des Kurses wurden die Studierenden befragt, welche Definitionen sie als hilfreicher empfunden haben, um die grundlegenden Begriffe der Analysis zu verstehen, speziell ging es um die Begriffe *Stetigkeit, gleichmäßige Stetigkeit* und *Konvergenz*. Dazu sollten die Studierenden die Aussage „the definition helped me understand the concept" nach folgendem Schema bewerten: (1) agree strongly; (2) agree; (3) undecided; (4) disagree; (5) disagree strongly.

An der Umfrage haben sich 84 Studierende beteiligt. Das Ergebnis ist in Tabelle 4.8 zusammengefasst (Rückmeldungen (1) und (2) als „fanden hilfreich" gewertet). Katz und Polev kommentieren das Ergebnis so:

> To summarize, what we tried to do in the course is to impart to the students the fundamental concepts of the calculus in a way that is the least painful to the students, while making sure that they have the necessary background in the ε-δ techniques to continue in the second semester course taught via EDC [Epsilon-Delta Calculus]. The results of the poll suggest that starting with the intuitive B-track definitions succeeds in this sense. Once the students understand the basic concepts via their intuitive B-track formulations, they are able to relate more easily to the A-track paraphrases of the definitions ([112], S. 94).

---

18 Die Buchstaben A und B sollen an Archimedes bzw. Bernoulli erinnern, da der A-track ein archimedisch geordnetes Kontinuum verwendet, während im B-track, wie bei Bernoulli, unendlich kleine Größen zum Einsatz kommen.

Tab. 4.8: Ergebnis der Umfrage von Katz und Polev ([112]). Die Zahlen in Klammern beziehen sich auf die Studierenden, die eine korrekte Begriffsdefinition angeben konnten.

Für das Verständnis des Begriffs	Stetigkeit	Gleichmäßige Stetigkeit	Konvergenz
fanden die A-track-Def. hilfreich:	10 % (9 %)	21 % (24 %)	10 % (13 %)
fanden die B-track-Def. hilfreich:	69 % (75 %)	74 % (80 %)	62 % (70 %)

Die Umfrage enthielt ebenfalls die folgende Testfrage: Zeigen Sie $\lim_{x \to 2}(x + 5) = 7$ einmal via A-track und einmal via B-track.[19] 98 % versuchten einen Beweis via B-track (davon 85 % erfolgreich), 71 % versuchten einen Beweis via A-track (davon 20 % erfolgreich).

4.4.4 Gibt es Widerstand?

Angesichts der berichteten positiven Erfahrungen mit experimentellen Nichtstandard-kursen zur Analysis stellt sich die Frage, warum dieser Zugang in der Lehre so wenig verbreitet ist. Tall sieht einen Zusammenhang zwischen dem Aufwand, den man in die $\varepsilon\delta$-Analysis investiert hat, einerseits und der Wertschätzung für diesen Zugang bzw. dem Widerstand gegen alternative Zugänge andererseits. Während seiner Untersuchung zur kognitiven Existenz infinitesimaler Zahlen (siehe Abschnitt 4.4.2) hatte er in Interviews mit den Studierenden diesen Zusammenhang beobachtet und vermutet ihn auch bei den Lehrenden.

> When several students, representing a cross-section of all abilities, were interviewed in depth after the course, it became clear that their heavy investment in ε-δ analysis made them have a high regard for it, even though it still presented them with technical difficulties.
> The vast majority of university teachers have a similar investment, so a cultural resistance to non-standard analysis is only natural ([199], S. 6).

Demnach wäre die Standard-Analysis in der Lehre ein sich selbst erhaltendes System, und jeder alternative Zugang nahezu chancenlos. Tatsächlich haben weder Keisler in Wisconsin noch Katz an der Bar-Ilan-Universität es geschafft, ihre experimentellen Analysiskurse dauerhaft in den mathematischen Fakultäten zu etablieren.

Keisler hatte 1969 damit begonnen, Analysis-Einführungskurse unter Verwendung der hyperreellen Zahlen zu geben. Sein daraus hervorgegangenes Lehrbuch *Elementary Calculus* von 1976 für einen dreisemestrigen Analysis-Kurs wurde ungefähr 20 Jahre an der University of Wisconsin Madison eingesetzt. Während dieser Zeit konnte Keisler neun Mitglieder des Fachbereichs dafür gewinnen, diesen Kurs zu unterrichten. Danach fehlten weitere Freiwillige, sodass der Kurs nicht weitergeführt wurde, wie Rebecca Vin-

---

19 Die unterschiedlichen Lösungswege sind analog zu jenen in Fußnote 15.

sonhaler aus ihrer persönlichen Kommunikation mit Keisler aus dem Jahr 2014 berichtet ([206]). Ein Grund für die Schwierigkeiten, Dozentinnen und Dozenten für den Kurs zu finden, liege nach Keisler darin, dass viele Lehrende den zusätzlichen Aufwand scheuten, sich mit dem neuen Ansatz vertraut zu machen, umso mehr für einen *service course* wie Analysis. Zudem spiele die geringe Vertrautheit mit mathematischer Logik eine Rolle. Ein weiteres mögliches Hindernis sei die Sorge des mathematischen Fachbereichs, ein Experimentieren mit den (auch von anderen Fachbereichen in Anspruch genommenen) Analysis-Kursen könne dem eigenen Fachbereich schaden. Wenn die anderen Fachbereiche die Experimente nicht guthießen und beschlössen, eigene Analysis-Kurse zu geben, würde dies zu einem Verlust an Kontrolle und eventuell sogar zu Stellenabbau im mathematischen Fachbereich führen.

Laut Keisler wurden die Freiwilligen, die den *Elementary Calculus* unterrichteten, manchmal von ihren Kollegen angefeindet („sometimes faced hostility from their colleagues" (Keisler, zitiert nach [206], S. 272)).

Mikhail Katz berichtet ebenfalls von einer gewissen Feindseligkeit innerhalb der mathematischen Fakultät gegen den Nichtstandardansatz, trotz positiver Rückmeldungen von den Studierenden:

> We taught using the infinitesimal method for 5 years in the computer science department, and trained close to 1000 students. We also taught in the mathematics department for 2 years where the classes were considerably smaller: on the order of 40 students in each class. The students were very satisfied but the approach generated a considerable amount of hostility among the faculty and was abandoned last year. This year a new chairman came in in the computer science department who seems more favorably inclined. We did opinion surveys among computer science students who took our courses and they are overwhelmingly in favor of the infinitesimal approach (they are familiar with both approaches, both because we taught epsilon-delta in our course, and also because the follow-up second semester course was pure epsilon-delta). This seems to have made an impression on the current chair. At any rate it remains to be seen if this is ever reinstated. In the math department there are also a couple of people who are favorably inclined but the higher-ups [...] oppose it (Katz, persönliche Mitteilung vom 30.09.2020).

Ein Argument der Gegenseite war laut Katz: „we have got to be able to give the students a complete and satisfying answer to the question: 'what is number?'"

Interessant ist hier zweierlei. Zum ersten die vorgebrachte Begründung aus der Fakultät gegen den Einsatz von Nichtstandard. Offenbar wird den reellen Zahlen (im Gegensatz zu den hyperreellen) zuerkannt, ihre axiomatische Einführung würde den Studierenden vollständig und zufriedenstellend die Frage beantworten, was Zahlen sind. Zum zweiten haben (zumindest an der Bar-Ilan-Universität) Informatiker anscheinend weniger Vorbehalte gegenüber Nonstandard-Analysis als Mathematiker (ganz entgegen der Sorge, die Keisler im mathematischen Fachbereich die anderen Fachbereiche betreffend vermutet hat). Ein Erklärungsansatz könnte sein, dass für Informatiker die reellen Zahlen (als aktuale Unendlichkeiten) ebenso weit von der Realität entfernt scheinen wie die hyperreellen Zahlen, während für viele Mathematiker die reellen Zahlen gewissermaßen die Realität *sind* (siehe hierzu auch die Diskussion in Kapitel 5).

Aus didaktischer Sicht ist noch Katz' Hinweis wichtig, dass in den angebotenen Kursen neben der Infinitesimalmethode auch die Epsilon-Delta-Technik unterrichtet wurde. Es ging also bei dem Einsatz von Nichtstandard in den Analysis-Kursen nicht darum, den Grenzwertbegriff zu ersetzen, sondern darum, den Einstieg zu erleichtern. Auch Keislers *Elementary Calculus* behandelt die Epsilon-Delta-Definition des Grenzwertes (Abschnitt 5.8 in [116]).

4.5 Eine Umfrage unter Analysislehrenden

Im April 2018 wurde im Rahmen eines Dissertationsprojektes eine Umfrage zum Thema Nonstandard-Analysis in der Lehre an 66 deutschen Hochschulen mit mathematischem Fachbereich durchgeführt. Ziel der Umfrage war, zu erfahren,

1. ob in den Vorlesungen zur Analysis I/II Elemente oder Methoden der Nonstandard-Analysis berücksichtigt werden,
2. ob nach Einschätzung der Lehrenden Nonstandard-Analysis in der Lehre sinnvoll eingesetzt werden könnte (evtl. ergänzend zu den Standardvorlesungen, zum Beispiel in einem Proseminar),
3. welches die Hauptgründe für die jeweilige Einschätzung sind.

Die Adressaten der Umfrage waren jeweils die Dozenten der Einführungsvorlesung zur Analysis (in der Regel Analysis I) im zurückliegenden Wintersemester. Die Fragen wurden per E-Mail ohne vorgegebene Antwortkategorien gestellt und die Antworten mittels Qualitativer Inhaltsanalyse nach Mayring ([146]) ausgewertet. Zur ersten Frage waren 50 Rückmeldungen auswertbar, zur zweiten und dritten Frage 29 Rückmeldungen. Wir fassen hier die Ergebnisse zusammen. Weitere Details zur Umfrage und zur Auswertung sind in [120] zu finden.

4.5.1 Die Verbreitung von Nichtstandard

Die Ergebnisse der Umfrage haben das Bild, das sich durch die Lehrbuchanalyse (siehe Abschnitt 4.2) ergeben hat, bestätigt: Nonstandard-Analysis spielt in der Hochschullehre so gut wie keine Rolle. Keiner der 50 Lehrenden, die sich an der Umfrage beteiligt haben, setzt Elemente und Methoden der Nonstandard-Analysis in seinen Vorlesungen Analysis I oder II ein. Zwei Personen gaben an, bereits ein Proseminar zur Nonstandard-Analysis durchgeführt zu haben. Eine Person wurde durch die Umfrage angeregt, zukünftig eventuell ein Proseminar oder Seminar zur Nonstandard-Analysis durchzuführen.

4.5.2 Die Bewertung von Nichtstandard (aus der Sicht der Lehrenden)

Die Rückmeldungen zur Einschätzung des Einsatzes von Nonstandard-Analysis in der Lehre lassen sich folgendermaßen zusammenfassen:

Tab. 4.9: Gründe, die von Lehrenden für (+) bzw. gegen (−) den Einsatz von Nonstandard-Analysis in der Lehre genannt wurden.

Oberkategorie	Kategorie (Anzahl Nennungen)
+ Kognitiver Vorteil	Verständnisfördernd (2)
	Elegantere und intuitivere Beweise (1)
	Entwicklung von Intuition (1)
+ Stoffwiederholung	Stoffwiederholung in ergänzenden Veranstaltungen (1)
+ Grundlagenbewusstsein	Förderung von Grundlagenbewusstsein (1)
− Ungünstige Rahmenbedingungen	Andere inhaltliche Vorgaben (3)
	Geringe Zahl geeigneter Lehrbücher (1)
	Fehlende personelle Ressourcen (1)
	Fehlende Kompetenz bei den Lehrenden (1)
	Fehlende Zeit in den Grundvorlesungen (6)
− Überforderung	Fehlende Voraussetzungen (3)
	Überforderung der Studierenden (2)
	Verwirrung der Studierenden (4)
	Hoher Abstraktionsgrad (2)
− Geringe Relevanz	Geringe Relevanz für die Mathematik (14)
− Persönliche Gründe	Keine Relevanz für eigenes Forschungsgebiet (1)
− Fehlender Nutzen	Geringer Mehrwert gegenüber Standard-Analysis (5)
	Fehlender Nutzen für späteres Studium (4)

- Zehn Personen (34 %) beurteilten die Einsatzmöglichkeiten von Nonstandard-Analysis in der Lehre ausschließlich negativ (allgemein oder für alle Veranstaltungsarten nicht oder weniger geeignet).
- Vier Personen (14 %) hielten den Einsatz höchstens in Spezialveranstaltungen im fortgeschrittenen Studium für möglich oder gut geeignet.
- Sechs Personen (21 %) standen zumindest dem ergänzenden Einsatz neutral gegenüber (allgemein oder für ergänzende Veranstaltung möglich).
- Neun Personen (31 %) standen dem ergänzenden Einsatz positiv gegenüber (für ergänzende Veranstaltung gut geeignet). Aus diesen Personen beurteilten zwei (7 % von allen) die Einsatzmöglichkeiten grundsätzlich positiv (allgemein oder für ergänzende Veranstaltung und Grundvorlesung gut geeignet).

Die Prozentangaben beziehen sich auf die 29 Rückmeldungen, die zur Frage nach der Einschätzung auswertbar waren.

4.5.3 Die Argumente der Lehrenden

Die von den Lehrenden genannten Argumente für bzw. gegen den Einsatz von Nichtstandard in der Lehre sind in Tabelle 4.9 zusammengefasst. Die Anzahl der Interviews, in denen das jeweilige Argument genannt wurde (von insgesamt 29 Interviews), ist jeweils in Klammern angegeben. Die Kategorien wurden induktiv auf der Basis der Freitextantworten gebildet.

4.5.4 Gründe für eine ablehnende Haltung gegenüber Nichtstandard in der Lehre

Konflikte mit Denkgewohnheiten oder Wertvorstellungen sind mögliche Ursachen für eine ablehnende Haltung gegenüber dem Gegenstand, der diese Konflikte auslöst. Es liegt daher nahe, bei der Interpretation der Ergebnisse aus Tabelle 4.9 hinsichtlich möglicher Ablehnungsgründe gegenüber Nichtstandard den Fokus auf die Kategorien zu legen, die auf solche Konflikte schließen lassen, und weniger auf die Kategorien, die auf ungünstige Rahmenbedingungen verweisen. Ich sehe hier folgende Ansatzpunkte:

Überforderung

Annahme:	Nonstandard-Analysis kann in Anfängerkursen (aufgrund fehlender Voraussetzungen) nicht mit der gebotenen Strenge gelehrt werden.
Folge:	Ablehnung aufgrund des Konflikts mit der Wertvorstellung „mathematische Strenge" in der Hochschullehre.
Annahme:	Nonstandard-Analysis ist für Anfänger zu schwierig.
Folge:	Ablehnung aufgrund des Konflikts mit anerkannten didaktischen Prinzipien (nicht verwirren, nicht überfordern, keine unangemessen hohe Abstraktion gleich zu Beginn).

Geringe Relevanz

Annahme:	Nonstandard-Analysis ist für die Mathematik wenig relevant.
Folge:	Ablehnung aufgrund des Konflikts mit dem Anspruch, etwas Relevantes zu lehren.

Fehlender Nutzen

Annahme:	Nonstandard-Analysis bringt keinen Nutzen für das spätere Studium (da nicht mehr gebraucht) und hat keinen Mehrwert gegenüber der Standard-Analysis.
Folge:	Ablehnung aufgrund des Konflikts mit dem Anspruch, etwas Nützliches zu lehren.

Um zu prüfen, ob es sich bei den oben aufgeführten Annahmen um berechtigte Urteile oder eher um Vorurteile handelt, gehen wir den folgenden Fragen nach:
- Wie schwierig ist Nichtstandard?
- Wie relevant ist Nichtstandard?
- Welchen Nutzen bringt Nichtstandard?

4.5.5 Wie schwierig ist Nichtsstandard?

Der Überblick in Kapitel 3 hat gezeigt, dass Nonstandard-Analysis ein durchaus anspruchsvolles Themengebiet ist. Es dürfte weitgehende Einigkeit darüber bestehen, dass man in Analysis I weder Robinsons modelltheoretische Argumentation noch Luxemburgs Ultrafilterkonstruktion, Nelsons Axiome der internen Mengenlehre oder verwandte Axiomensysteme lehren kann. Die hierfür benötigten Konzepte sind für Anfänger in der Tat zu schwierig bzw. nicht verfügbar. Sie werden aber auch nicht gebraucht, wenn man lediglich potentiellen Verständnisschwierigkeiten der Studierenden bei den Grundbegriffen der elementaren Analysis begegnen will. In Abschnitt 4.3 wurden verschiedene reduzierte Programme vorgestellt, mit denen Methoden der Nonstandard-Analysis auch Anfängern zugänglich gemacht werden können. Ein elementarer axiomatischer Zugang mittels Spracherweiterung wurde in Kapitel 2 ausführlich behandelt.

Die geringsten Veränderungen gegenüber den Standardvorlesungen erfordert das Vorgehen nach Henle ([87]), da hier noch direkt mit den reellen Folgen operiert wird unter Einbeziehung von Begriffen und Denkweisen der Nonstandard-Analysis. Eine Konstruktion neuer Zahlen mittels Äquivalenzklassen oder neue Axiome sind hier nicht notwendig. Auf diese Weise war auch bereits Laugwitz in seinen Anfängervorlesungen vorgegangen (vgl. [125], S. 242).[20]

Einen hohen Wirkungsgrad hat meines Erachtens auch ein an Keisler und Henle/Kleinberg angelehntes Vorgehen auf der Basis des *elementaren Erweiterungsprinzips* (im Folgenden auch kurz *Erweiterungsprinzip* genannt). In seiner Kurzform lautet es:

> Es gibt eine elementare Erweiterung der Struktur der reellen Zahlen.

Ausführlicher lautet es:

Elementares Erweiterungsprinzip. *Es gibt eine echte Erweiterung $^*\mathbb{R}$ von $\mathbb{R}$ und eine Abbildung $*$, die*

1. *jeder n-stelligen Relation R über $\mathbb{R}$ eine n-stellige Relation $^*R$ über $^*\mathbb{R}$ zuordnet,*
2. *jeder n-stelligen Funktion $f : D \to \mathbb{R}$ (mit $D \subseteq \mathbb{R}^n$) eine n-stellige Funktion $^*f : {}^*D \to {}^*\mathbb{R}$ zuordnet,*
3. *das folgende Transferprinzip erfüllt: Ist φ eine Aussage erster Stufe, die in $\mathbb{R}$ gilt, dann gilt in $^*\mathbb{R}$ die Aussage $^*\varphi$, die aus φ dadurch entsteht, dass alle Funktionen und Relationen durch ihre Bilder unter der Abbildung $*$ ersetzt werden.*

---

20 Weitergehende Vorlesungen im Stile seines Buches „Zahlen und Kontinuum", die das Thema Infinitesimalmathematik ausführlicher behandeln, hat er in Abständen von etwa vier Jahren für Studierende mittlerer Semester gehalten (vgl. [125], S. 242).

Aussagen erster Stufe müssen dazu nicht formal definiert werden. Es reicht, sie informell durch die Einschränkung zu charakterisieren, dass Quantifizierungen ausschließlich über Zahlvariablen erlaubt sind.

Motiviert man das Erweiterungsprinzip durch Leibniz' Leitgedanken zur Infinitesimalrechnung (etwa analog zu den historischen Anknüpfungspunkten in Abschnitt 2.1) und erläutert es anhand einiger Beispiele, erscheint es mir als Ausgangspunkt für die elementare Analysis nicht als zu schwierig. Im Grunde ist es sogar recht einfach zu verstehen, wenn man die reellen Zahlen als gegeben annimmt.[21] Der entscheidende Vorteil dieses Zugangs ist, dass mit einem einzigen zusätzlichen Prinzip, dem Erweiterungsprinzip, Nichtstandardbeweise mit gleicher Strenge geführt werden können wie Standardbeweise.

Eine andere Frage ist, ob das Erweiterungsprinzip in einer Einführungsveranstaltung als zusätzliches Axiom akzeptabel ist, ohne konkrete Beispiele für Nichtstandardzahlen zu haben. In dieser Hinsicht unterscheidet sich die Erweiterung $^*\mathbb{R} \supset \mathbb{R}$ von der Erweiterung $\mathbb{C} \supset \mathbb{R}$, wo man $\mathbb{C}$ als $\mathbb{R}^2$ *konstruiert* (und $\mathbb{R}$ dann einbettet).

Zwar müssen in einer Anfängervorlesung auch die Axiome der reellen Zahlen akzeptiert werden, ohne dass man eine Konstruktion der reellen Zahlen zu sehen bekommt. Allerdings hat man dort den Vorteil, die reellen Zahlen als die „vertrauten unendlichen Dezimalbrüche" wiederzufinden.[22] Wir fragen also noch einmal: Ist das Erweiterungsprinzip in einer Einführungsveranstaltung als Axiom akzeptabel?

Hierzu kann man Folgendes anführen. Erstens: In der Studie von Sullivan (siehe Abschnitt 4.4.1) hatten die Studierenden (nach dem Eindruck der Lehrenden) keine Probleme, die Axiome der hyperreellen Zahlen (im Wesentlichen also das Erweiterungsprinzip) zu akzeptieren.[23] Zweitens: Das Erweiterungsprinzip ist ein Postulat, das – wie die Axiome der reellen Zahlen – mathematisch gerechtfertigt ist (da es entsprechende Modelle gibt) und das Studierenden dazu dienen kann, sich die historisch geleitete und intuitive Begriffswelt der Analysis auf einer präzisen Grundlage zu erschließen. In den geschilderten Experimenten mit Keislers Ansatz wird den Studierenden anschließend auch die Weierstraß'sche Begriffswelt nähergebracht (die ohne das Erweiterungsprinzip auskommt), die kognitive Brücke zur intuitiveren Begriffswelt bleibt ihnen jedoch

---

21 Formal ist das Erweiterungsprinzip ein Axiomenschema in einer Sprache mit überabzählbar vielen Symbolen (vgl. Abschnitt 3.3.3), aber auf dieser formalen Ebene werden Axiome in den Anfängervorlesungen nicht behandelt.

22 Der Begriff steht in Anführungszeichen, weil sich unendliche Dezimalbrüche bei einer genaueren Analyse als weniger vertraut herausstellen, als man denken könnte, was an der grundsätzlichen Problematik des aktual Unendlichen liegt (siehe hierzu die Diskussion in Kapitel 5 (speziell in 5.2, 5.4 und 5.5)). Für eine Kritik aus didaktischer Perspektive an der Einführung der reellen Zahlen als unendliche Dezimalbrüche siehe auch [21] und [23].

23 In Talls Experiment (siehe Abschnitt 4.4.2) hatte etwa die Hälfte der Kursteilnehmer angegeben, dass sie die Konstruktion der hyperreellen Zahlen für essentiell hielt, aber die Situation ist nicht vergleichbar, da es sich dort um Studierende im dritten Studienjahr handelte.

erhalten. Drittens, schließlich, ist das Erweiterungsprinzip in gewisser Weise eine konsequente Verallgemeinerung (und damit Verstärkung) der Forderung, dass $^*\mathbb{R}$ ein angeordneter Erweiterungskörper von $\mathbb{R}$ sein soll. Die Verallgemeinerung im Erweiterungsprinzip besteht darin, dass die Abbildung $*$ nicht nur der Relation $<$ und den Funktionen $+$ und $\cdot$, sondern jeder Relation und jeder Funktion über $\mathbb{R}$ eine Erweiterung zuordnet, und dass das Transferprinzip nicht nur für Körper- und Anordnungsaxiome, sondern für alle Aussagen erster Stufe gilt.

Insgesamt ist festzustellen, dass Nichtstandardmethoden nicht zwangsläufig zu schwierig sind, um in Anfängervorlesungen einbezogen werden zu können. Die hierzu vorhandenen Konzepte führen nach bisheriger Erfahrung aus der Lehre nicht zu einer Verwirrung der Studierenden. Die in den Abschnitten 4.4.1 und 4.4.3 geschilderten Rückmeldungen der Lehrenden und Studierenden weisen eher in die entgegengesetzte Richtung: Die Einbeziehung von Nichtstandard wurde von den Studierenden als motivations- und verständnisfördernd empfunden. Auch die Anschlussfähigkeit an Standardveranstaltungen sowie die Fähigkeit, den Kalkül korrekt anzuwenden und Standardprüfungsaufgaben zu lösen, wurde gemäß den in Abschnitt 4.4 berichteten Erfahrungen durch den Nichtstandardeinstieg nicht beeinträchtigt.

Der Vorwurf der Überforderung der Studierenden durch zu hohe Abstraktion trifft auf die hier diskutierten, reduzierten Programme ebenfalls nicht zu. Durch die Verfügbarkeit unendlich kleiner und unendlich großer Zahlen bieten sich im Gegenteil ganz neue Möglichkeiten der Veranschaulichung. Das Instrument der unendlichfachen Vergrößerung oder Verkleinerung durch entsprechende „Mikroskope" bzw. „Teleskope" wird von Keisler, Tall, Deledicq & Diener und anderen Lehrbuchautoren intensiv genutzt und als wesentlicher Vorteil eines Nichtstandardeinstiegs in die Analysis gewertet. Wie weit dieses Instrument trägt, wurde in [121] untersucht.

4.5.6 Wie relevant ist Nichtstandard?

Landers und Rogge schreiben im Vorwort ihres Lehrbuches über die Bedeutung von Nichtstandard: „Die Nichtstandard-Mathematik hat in den letzten Jahrzehnten einen großen Aufschwung erfahren. Sie hat die Entwicklungen in den verschiedenartigsten Gebieten beeinflusst und befruchtet" ([123], S. V). Die Autoren begründen weiter:

> Es hat sich gezeigt, daß Nichtstandard-Methoden ein mächtiges Instrument zur Behandlung von mathematischen Fragestellungen sind. Nichtstandard-Methoden wurden seit Robinson dazu eingesetzt, um einerseits bekannte Ergebnisse durchsichtiger und natürlicher zu beweisen und andererseits neue mathematische Einsichten zu gewinnen sowie offene Probleme der klassischen Mathematik zu lösen. Sehr erfolgreich eingesetzt wurden Nichtstandard-Methoden bisher in der Topologie, Funktionalanalysis, Stochastik sowie in der Mathematischen Physik und der Mathematischen Ökonomie. Gerade in den angewandten Wissenschaften hat sich gezeigt, daß der Nichtstandard-Bereich $^*\mathbb{R}$ zur Modellbildung häufig besser geeignet ist als der klassische Bereich $\mathbb{R}$ der reellen Zahlen ([123], S. 2).

Landers und Rogge selbst legen ihren Schwerpunkt auf Topologie und Stochastik. Zahlreiche Beispiele für Anwendungen in verschiedenen Bereichen findet man zum Beispiel in [1] (*Nonstandard Methods in Stochastic Analysis and Mathematical Physics*), [6] (*Nonstandard Analysis: Theory and Applications*), [53] (*Applied Nonstandard Analysis*), [58] (*Nonstandard Analysis in Practice*), [137] (*Nonstandard Analysis for the Working Mathematician*), [139] (*Nonstandard Analysis: A Practical Guide with Applications*) und [208] (*Nonstandard Analysis*). Speziell zu Anwendungen in der Ökonomie siehe auch [2] (*Infinitesimal Methods in Mathematical Economics*). Das Buch von Loeb und Wolff enthält ebenfalls einen Teil über Ökonomie. Väth, der insbesondere Topologie und Funktionalanalysis im Blick hat, sieht die Stärke der Nichtstandardmethoden darin, dass man mit ihnen mathematische Begriffe „explizit" beschreiben kann, die sich mit Standardmethoden nur „implizit" und in umständlicher Weise beschreiben lassen, zum Beispiel *Banachlimites*[24] (vgl. [208], S. vii, Anführungszeichen auch im Original).

Prominente Erfolge der Nonstandard-Analysis sind die Lösung eines *invariant subspace problem* durch den Satz von Bernstein und Robinson (siehe [32]) und die deutliche Vereinfachung von Gleasons Lösung des fünften Hilbert'schen Problems (Beweis, dass jede lokal euklidische Gruppe eine Lie-Gruppe ist, siehe [97] und [203]).

Schaut man sich die Anzahl der Veröffentlichungen mit der Klassifizierung „26E35 Nonstandard analysis" (gemäß MSC2020-Mathematics Subject Classification System) in zbMATH Open an, sieht man, dass Nonstandard-Analysis seit den 1960er Jahren ein aktives Forschungsfeld war und immer noch ist (mit einer besonderen Hochphase in den 1980ern und 1990ern). Die Abbildungen 4.1 bis 4.6 zeigen die Verteilung der Veröffentlichungen von 1963 bis 2022 mit folgenden Klassifizierungscodes:[25]

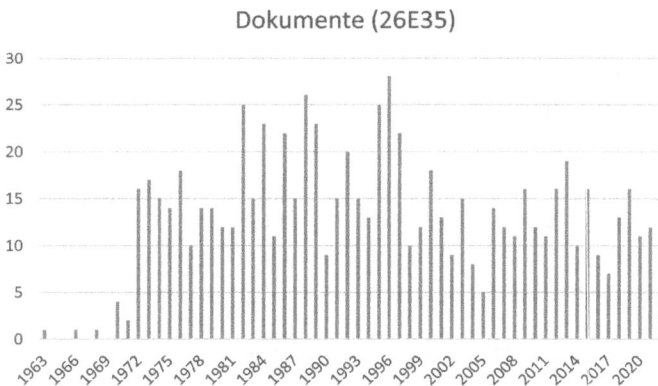

Abb. 4.1: Anzahl der veröffentlichten Dokumente mit MSC 26E35 (Nonstandard analysis).

---

24 Väth schreibt *Hahn-Banach limits*.

25 Die Zahlen sind der Internetseite https://www.zbmath.org/ entnommen (besucht am 02.04.2023). Grafik: Eigene Darstellung.

Dokumente (03H05)

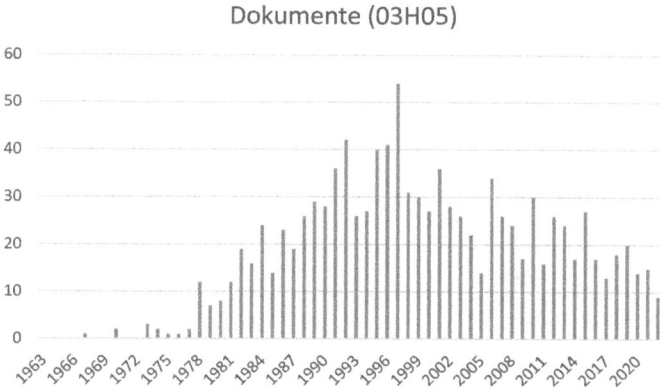

Abb. 4.2: Anzahl der veröffentlichten Dokumente mit MSC 03H05 (Nonstandard models in mathematics).

Dokumente (03H10)

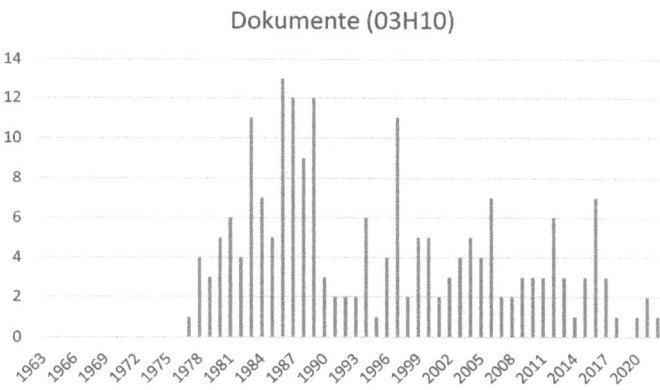

Abb. 4.3: Anzahl der veröffentlichten Dokumente mit MSC 03H10 (Other applications of nonstandard models (economics, physics, etc.))

Dokumente (03H15)

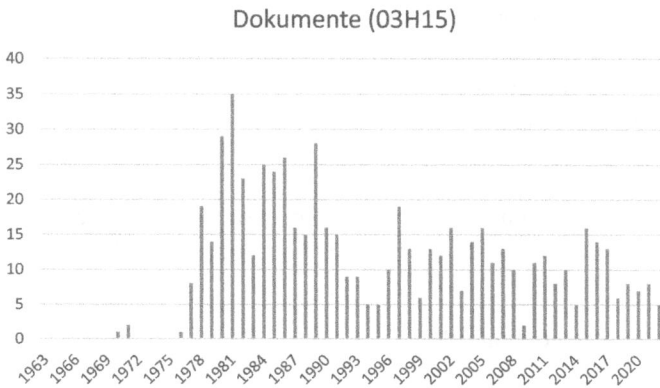

Abb. 4.4: Anzahl der veröffentlichten Dokumente mit MSC 03H15 (Nonstandard models of arithmetic).

Dokumente (28E05)

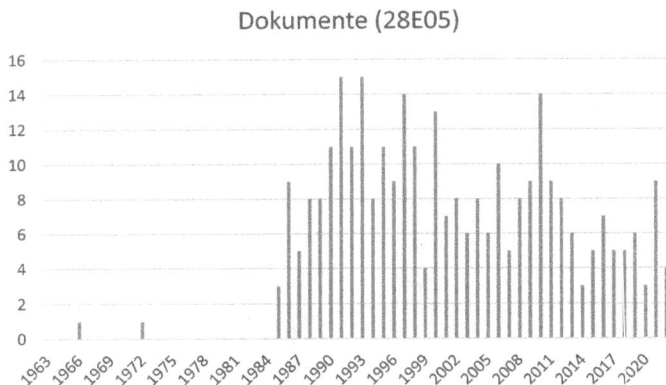

Abb. 4.5: Anzahl der veröffentlichten Dokumente mit MSC 28E05 (Nonstandard measure theory).

Dokumente (54J05)

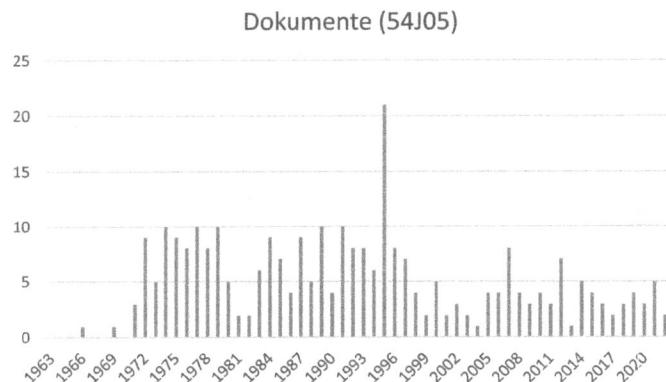

Abb. 4.6: Anzahl der veröffentlichten Dokumente mit MSC 54J05 (Nonstandard topology).

–   26E35 Nonstandard analysis
–   03H05 Nonstandard models in mathematics
–   03H10 Other applications of nonstandard models (economics, physics, etc.)
–   03H15 Nonstandard models of arithmetic
–   28E05 Nonstandard measure theory
–   54J05 Nonstandard topology

Zu beachten ist, dass die Dokumente oft mehreren Klassifizierungscodes zugeordnet sind (zum Beispiel 26E35 Nonstandard analysis und 54J05 Nonstandard topology).

4.5.7 Welchen Nutzen bringt Nichtstandard?

Grenzwerte gehören zum grundlegenden Handwerkszeug der Mathematik. Die Literatur zur Analysis ist in der Sprache der Grenzwerte (gemäß der Weierstraß'schen Definition) geschrieben. Wer sich diese Literatur erschließen will, muss daher die Sprache der Grenzwerte beherrschen. Daraus ergibt sich zwangsläufig:

- Wer einen Studienabschluss in Mathematik anstrebt, muss in der Lage sein, den Weierstraß'schen Grenzwertbegriff zu verstehen und anzuwenden. Definitionen mit drei alternierenden Quantoren dürfen keine Hürde darstellen.

Und sicherlich ist auch wahr:

- Der Weierstraß'sche Grenzwertbegriff ist nicht schwer zu verstehen im Vergleich zu fast allem, was im Mathematikstudium noch folgt.

Besteht also überhaupt eine Veranlassung, über eine Vereinfachung des Einstiegs in die Analysis nachzudenken? Oder ist der Grenzwertbegriff einfach ein früher Lackmustest zur Eignung für ein Mathematikstudium?

Ebenso unbestreitbar wie die Tatsache, dass der Grenzwertbegriff zentral für die Analysis ist, ist die Tatsache, dass er vielen Studienanfängern Schwierigkeiten bereitet.[26] Aber nicht jeder, der am Anfang Schwierigkeiten hat, ist für das Mathematikstudium ungeeignet. Die Schwierigkeiten liegen oft allgemein in der Umstellung von der elementaren, eher informellen Schulmathematik zur fortgeschrittenen, formal-axiomatischen Hochschulmathematik. Alles, was den Studierenden diese Umstellung erleichtert, ist daher willkommen. Tall beschreibt den Übergang von der elementaren zur fortgeschrittenen Mathematik so:

> The move from elementary to advanced mathematical thinking involves a significant transition: from *describing* to *defining*, from *convincing* to *proving* in a logical manner based on those definitions. This transition requires a cognitive reconstruction which is seen during the university students' initial struggle with formal abstractions as they tackle the first year of university. It is the transition from the *coherence* of elementary mathematics to the *consequence* of advanced mathematics, based on abstract entities which the individual must construct through deductions from formal definitions ([197], S. 20, Hervorhebungen im Original).

Die Gründe für die Schwierigkeiten dieses Übergangs sind vielfältig (siehe zum Beispiel die Quellen aus Fußnote 26). Im Hinblick auf mögliche Vorteile der Nonstandard-Analysis erscheinen mir folgende Aspekte hervorhebenswert.

- Die Herausforderung, komplexere logische Ausdrücke zu verstehen, speziell solche mit geschachtelten Quantoren (siehe [179]).
- Eine Diskrepanz zwischen Vorstellungen, die Studierende mit einem Begriff verknüpfen, (*concept image*) und der Begriffsdefinition (*concept definition*) ([201]).

Ausdrücke mit bis zu drei geschachtelten Quantoren spielen insbesondere in der Analysis gleich zu Beginn (bei der Grenzwertdefinition) eine Rolle. Ihre korrekte Interpretati-

---

26 Siehe hierzu zum Beispiel [34, 156, 157, 194, 195, 201, 198].

on ist entscheidend für das Verständnis und die Anwendung der so definierten Begriffe. Feinheiten, wie die Reihenfolge der Quantoren und die damit verbundene Abhängigkeit der Variablen untereinander, sind relevant (zum Beispiel bei der Unterscheidung von Stetigkeit und gleichmäßiger Stetigkeit). Hier bieten die Nichtstandarddefinitionen wegen der reduzierten Komplexität Vorteile.

Eine Schwierigkeit im Verständnis des Grenzwertbegriffs liegt in der „ungekapselten Definition" ([52]). Das Dialogische in der Definition $\forall \varepsilon > 0 \, \exists N \in \mathbb{N} \dots$ („Du gibst mir ein beliebiges ε vor, und ich finde dazu ein geeignetes N") legt die Vorstellung eines Prozesses nahe, bei dem zu einer Folge immer kleiner werdender ε jeweils ein passendes N anzugeben ist. Von Studierenden wird ein Grenzwert daher oft im Sinne eines potentiell unendlichen Prozesses aufgefasst statt als fester Wert (vgl. [42], S. 4).

Oehrtman hat Vorstellungen („Metaphern" genannt) zusammengetragen, die Studierende bemühen, um in dem Spannungsfeld zwischen Prozess und Wert die Bedeutung von Grenzwertaussagen zu erfassen ([156]). Hierzu zählen die Metaphern *collapse* (der Prozess kollabiert irgendwann in den Grenzwert), *proximity* (wenn x nahe bei y liegt, dann liegt $f(x)$ nahe bei $f(y)$), *infinity as number* (Unendlich, das in Gleichungen oder Ungleichungen verwendet oder als Argument in Funktionen eingesetzt wird), *physical limitation* (Annahme einer kleinsten positiven Zahl) und *approximation* (vgl. [42], S. 7).

Die Annahme einer kleinsten positiven Zahl (*physical limitation*) ist weder mit Standard- noch mit Nonstandard-Analysis vereinbar. Die Metapher *approximation* kann sowohl in der Standard-Analysis (als beliebige Annäherung) als auch in der Nonstandard-Analysis (als unendliche Annäherung) gedeutet werden. Die anderen Metaphern haben dagegen eine direktere und präzise Deutung in der Nonstandard-Analysis: *infinity as number* als unendlich große Nichtstandardzahlen, *proximity* als infinitesimale Nachbarschaft und *collapse* als das Übergehen zum Standardteil bei unendlicher Annäherung. Dazu passen Elys Feststellung, dass Studierende robuste Vorstellungen einer Zahlengerade inklusive infinitesimaler und unendlich großer Entfernungen haben (siehe Abschnitt 4.4.2) und die Ergebnisse von Katz und Polev, wonach der Nichtstandardeinstieg als hilfreich für das Verständnis der Grundbegriffe empfunden wurde und sich auch positiv auf das Verständnis der Standarddefinitionen ausgewirkt hat (siehe Abschnitt 4.4.3).

Ein weiterer Aspekt, der zu beachten ist: Längst nicht alle Studierenden, die Analysiskurse belegen, streben einen Studienabschluss in Mathematik an. In technischen oder naturwissenschaftlichen Studiengängen wird später vielfach eher informell infinitesimal als formal „epsilontisch" argumentiert. Studierenden dieser Fächer dürfte ein Nichtstandardeinstieg in die Analysis entgegenkommen.[27]

---

27 Eine historische Anmerkung: Bereits im 19. Jahrhundert gab es Widerstand gegen eine zu starke Formalisierung der Analysis auf der Basis des Weierstraß'schen Grenzwertbegriffs, da sie als ungeeignet für die anwendungsorientierten Ingenieurstudiengänge angesehen wurde (vgl. [165]).

In Abschnitt 4.4.1 wurde die Hypothese des kognitiven Vorteils der Infinitesimalmathematik diskutiert, für die es in der Literatur einige Belege und (soweit mir bekannt) keine explizite Widerlegung gibt. Die Nonstandard-Analysis unterbreitet der Lehre ein *Angebot*, das zumindest erwogen werden sollte. Sofern man der Hypothese des kognitiven Vorteils folgt, liegt hierin ein didaktischer Nutzen und ein Mehrwert der Nonstandard-Analysis. Es geht nicht darum, den Grenzwertbegriff abzuschaffen oder zu ersetzen, sondern darum, den Einstieg in die Analysis zu erleichtern. Nichtstandard unterstützt und ergänzt Standard. Dies gilt nicht nur didaktisch, sondern auch mathematisch (siehe Abschnitt 4.5.6).

Ein weiterer Nutzen von Nichtstandard in der Lehre liegt daher in einer Horizonterweiterung in Bezug auf die Methoden in der Mathematik. Wenn Studierende frühzeitig erfahren, dass es nichts Verwerfliches ist, mit unendlich kleinen und unendlich großen Zahlen zu rechnen, weckt dies vielleicht ihr Interesse, sich später eingehender mit Nichtstandardmethoden zu befassen und diese bei einer Spezialisierung im fortgeschrittenen Studium zum Beispiel in Funktionalanalysis, Topologie oder Stochastik ebenfalls in ihr Methodenspektrum einzubeziehen. Insofern kann nicht behauptet werden, Nichtstandard habe keinen Nutzen für das spätere Studium.

4.5.8 Gibt es weitere Gründe für eine ablehnende Haltung?

Die bisher diskutierten Gründe für eine ablehnende Haltung gegenüber Nichtstandard in der Lehre waren im Wesentlichen auf Vorurteile zurückzuführen, die einer genaueren Prüfung nicht standhalten. Daneben kann eine ablehnende Haltung aber auch durch Denkgewohnheiten verursacht sein, die mit bestimmten bewusst oder unbewusst eingenommenen mathematikphilosophischen Positionen verknüpft sind. Als ein Indiz für Ablehnungsgründe dieser Art hatten wir bereits in Abschnitt 4.4.4 das Argument aus der mathematischen Fakultät der Bar-Ilan-Universität gegen die experimentellen Analysiskurse identifiziert („we have got to be able to give the students a complete and satisfying answer to the question: 'what is number?'"). Die Tatsache, dass in der Umfrage „geringe Relevanz für die Mathematik" am häufigsten als Begründung gegen den Einsatz von Nonstandard-Analysis in der Lehre genannt wurde, könnte ebenfalls ein Indiz für mathematikphilosophisch begründete Ablehnung sein, denn Relevanz wird immer aus einer bestimmten Sicht auf die Mathematik heraus beurteilt.

Es scheint daher lohnend, die Rolle der Nonstandard-Analysis für die Philosophie der Mathematik genauer herauszuarbeiten, um Denkgewohnheiten als mögliche Ursachen für eine Ablehnung des Nichtstandardzugangs in der Lehre identifizieren und bewerten zu können. Dies geschieht im nachfolgenden Kapitel 5.

5 Philosophische Fragen und mathematische Herausforderungen

5.1 Aus den Grundlagen der Mathematik

5.1.1 Ein Blick in die Geschichte

Ist Mathematik ohne Philosophie denkbar? Die frühen Hochkulturen in Ägypten und Sumer verfügten über weitreichende mathematische Kenntnisse, ohne dass uns Zeugnisse einer philosophischen Beschäftigung mit Mathematik überliefert sind. Auch heute ist es möglich, ein Mathematikstudium zu absolvieren oder mathematische Forschung zu betreiben, ohne sich über philosophische Fragen den Kopf zu zerbrechen. Die Philosophie kommt ins Spiel, wenn man innehält, einen Schritt zurücktritt und reflektiert, was man tut, wenn man Mathematik betreibt.

Spätestens seit der griechischen Antike sind Philosophie und Mathematik eng verflochten. Originär philosophische Fragen nach dem Wesen der Dinge und nach den Möglichkeiten der Erkenntnis stellten sich in besonderer Weise in Bezug auf die Mathematik, deren Gegenstände einerseits der unmittelbaren Sinneserfahrung entrückt, andererseits in vielfältiger Weise in der Erfahrungswelt verwirklicht schienen.

Für Platon war das Reich der Mathematik Teil einer idealen Realität, die für den Menschen aufgrund seiner Intuition, einer Art Erinnerung der Seele, erkennbar ist. Die daraus abgeleitete philosophische Position des *mathematischen Platonismus* oder des *metaphysischen Realismus* blieb bis in die Neuzeit vorherrschend und ist bis heute attraktiv. Die euklidische Geometrie galt über zweitausend Jahre als Paradebeispiel für sicheres Wissen und ihre axiomatische Methode, das *more geometrico*, als beispielgebend für strenge und über jeden Zweifel erhabene Erkenntnisgewinnung.

Die Entwicklung der Algebra führte zu einer mehrfachen Erweiterung des Zahlbegriffs und damit jeweils zur Frage nach dem ontologischen Status der neuen Zahlen. Inwieweit konnten negative, irrationale, imaginäre Zahlen als *existent* oder überhaupt als Zahlen betrachtet werden? Noch problematischer schienen die infinitesimalen Größen zu sein, mit denen die Analysis aufwartete. Durfte man unendlich kleine Veränderungen einer Größe, unendlich ferne Punkte oder unendlichste Folgenglieder in Beweisen verwenden? Existierten solche Dinge? Angesichts des aristotelischen Verbots aktualer Unendlichkeiten schien dies mehr als fraglich und jedenfalls weit entfernt von der Strenge eines *more geometrico*.

Von einer Philosophie der Mathematik als philosophischem Teilgebiet kann nach Bedürftig und Murawski ab dem 19. Jahrhundert gesprochen werden mit den Bemühungen um die Begründung der Analysis ([25], S. 460). Der unbestreitbare Erfolg der von Newton und Leibniz begründeten Infinitesimalrechnung einerseits und die als unzureichend empfundene Rechtfertigung ihrer Methoden andererseits machten eine philosophische Auseinandersetzung mit dieser neuen Mathematik unabdingbar. Mit den

https://doi.org/10.1515/9783111229027-005

Arbeiten von Cantor, Dedekind und Weierstraß gelang es zwar, die Analysis ohne infinitesimale Größen zu rekonstruieren. Der Preis dafür aber war, das aktual Unendliche in Gestalt transfiniter Mengen zuzulassen, was zu neuer Kritik und neuer Verunsicherung führte. Mit der mengentheoretischen Definition der reellen Zahlen und der Arithmetisierung des Kontinuums wurde die Anschauung als valide Grundlage der Mathematik durch ein abstraktes Mengenkonzept abgelöst. Bereits zu Beginn des 19. Jahrhunderts war das Vertrauen in die Anschauung als verlässliche Erkenntnisquelle durch die Entdeckung der nichteuklidischen Geometrien erschüttert worden. Axiome büßten ihren Absolutheitsanspruch als evidente, nicht anzweifelbare Wahrheiten ein und konnten später, im Formalismus, als bloße Vereinbarungen angesehen werden.

Anfang des 20. Jahrhunderts nahmen die Mathematiker ihre Grundlagen gewissermaßen in die eigenen Hände. Mathematische Logik und axiomatische Mengenlehre bildeten sich heraus; in der durch Antinomien in der Mengenlehre ausgelösten Grundlagenkrise entstanden die klassischen Grundlagenpositionen Logizismus, Formalismus und Intuitionismus. Die Logik mit ihren Teildisziplinen Beweistheorie und Modelltheorie lieferte Erkenntnisse, die wiederum auf die Philosophie zurückwirkten. Als ein Meilenstein und eine gewisse Zäsur gelten die Gödel'schen Unvollständigkeitssätze, da sie prinzipielle Grenzen der axiomatischen Methode in formalen Systemen aufzeigen. Das Scheitern des Hilbert-Programms in seiner ursprünglichen Form (als Versuch, die infinitistische Mathematik und speziell die Mengenlehre finitistisch zu rechtfertigen) sowie die unvermeidliche Unvollständigkeit formaler Theorien (die widerspruchsfrei und rekursiv axiomatisierbar sind und die Arithmetik umfassen) führten zu einer gewissen Ernüchterung. Die Unentscheidbarkeit relativ einfacher, aber intuitiv relevant erscheinender Aussagen wie der Kontinuumshypothese im Rahmen der üblichen Mengenlehre lässt die Mengentheoretiker bis heute nach geeigneten Erweiterungen des Axiomensystems suchen, die eine Entscheidung auf eine intuitiv plausible Weise herbeiführen.[1]

Der mathematische Alltagsbetrieb geht, von solchen Grundlagenproblemen unbehelligt, weiter. Mit mathematischer Logik und axiomatischer Mengenlehre hat sich die mathematische Gemeinschaft ein Fundament geschaffen, das von der überwiegenden Mehrheit als geeignet und tragfähig angesehen wird. Es bildet (meist unausgesprochen) den akzeptierten Rahmen für mathematisches Arbeiten.

Ein solcher breiter Konsens in Bezug auf die mathematischen Grundlagen darf allerdings nicht darüber hinwegtäuschen, dass die grundlegenden philosophischen Fragen nach dem Wesen mathematischer Gegenstände und unseren Möglichkeiten, sie zu erfassen, unbeantwortet bleiben.

---

1 Das Forschungsprogramm „V = ultimate L" von W. H. Woodin etwa würde (bei Erfolg) die Kontinuumshypothese positiv entscheiden (siehe [213]).

5.1.2 Gibt es richtige und falsche Mathematik?

So, wie wir Mathematik aus der Schule oder dem Studium kennen, erscheint sie uns oft absolut und objektiv, als eine Sammlung von Definitionen, Sätzen und Beweisen und von Verfahren zur Lösung bestimmter Probleme, als eine im Wesentlichen kumulative Disziplin, die über Jahrtausende Wissen angesammelt hat, die zwar immer noch erweitert und ausgebaut wird, aber in ihrem Bestand stabil bleibt. Bestehende Begriffe und Theorien können verallgemeinert oder neue Zusammenhänge entdeckt werden, ganz neue Teildisziplinen mit neuen Begriffen können entstehen, aber was einmal als wahr bewiesen worden ist, bleibt für alle Zeiten wahr und war es bereits vor der Entdeckung des Beweises. Mathematische Wahrheiten sind für die Ewigkeit – und vor allem objektiv, also frei von Meinungen und persönlichen Vorlieben. Experten sollten sich immer darüber verständigen können, was eine gültige Definition oder was ein gültiger Beweis ist.

Wer sich mit Geschichte oder Philosophie der Mathematik befasst, weiß jedoch, dass dieses Idealbild nicht stimmt. Mathematik ist nicht (ausschließlich) kumulativ, sondern evolutiv. Und sie ist nicht (vollständig) objektiv, sondern eingebettet in einen philosophischen Wertekanon, der (bewusst oder unbewusst) den Rahmen setzt, in dem sich Mathematik vollzieht.

> Eine Philosophie schließlich, die versucht, das Phänomen der Mathematik als Wissenschaft zu erörtern, ihre Fundamente zu bestimmen und zu diskutieren, beschreibt einerseits Mathematik, wie sie betrieben wird, und ist andererseits aufgerufen, methodologische Normen festzustellen, zu erörtern – und Position zu beziehen. Sie hat also deskriptiven wie normativen Charakter ([25], S. 462).

Philosophie der Mathematik beschreibt also nicht nur, was Mathematik *ist* und wie sie betrieben *wird*, sondern auch was sie sein *soll* bzw. wie sie betrieben werden *soll*. Vereinfacht gesagt, unterscheidet sie zwischen ‚guter‘ und ‚schlechter‘ Mathematik bzw. zwischen ‚richtiger‘ und ‚falscher‘ Mathematik (in einem normativen Sinn).

Naturgemäß ist eine solche Bewertung weder einheitlich noch abschließend vorzunehmen, sondern dem historischen Wandel unterworfen und zu jeder Zeit ein Ringen unterschiedlicher Positionen. Insofern ist klar, dass philosophische Grundüberzeugungen auch die Quelle von Widerstand gegen bestimmte Teile der Mathematik sein können.

Die folgenden Fragen mögen hier als Beispiele genügen: Ist konstruktive Mathematik besser als inkonstruktive, konkrete besser als abstrakte, anwendbare besser als rein theoretische, finitistische besser als infinitistische? Ist das Auswahlaxiom akzeptabel? Sind implizite Definitionen überhaupt Definitionen? Sind prädikative Definitionen besser als imprädikative? Sind direkte Beweise besser als indirekte?

5.1.3 Mathematikphilosophische Grundfragen

Die mathematikphilosophischen Grundfragen können grob in drei Bereiche eingeteilt werden.

Ontologische Fragen: In welcher Weise sind bzw. existieren mathematische Objekte? Wird Mathematik entdeckt oder erfunden?

Epistemologische Fragen: In welchem Sinne können wir in der Mathematik etwas wissen? Was bedeutet Wahrheit in der Mathematik? Wie gelangen wir zu Erkenntnissen? Wie können wir die Methoden zur Erkenntnisgewinnung rechtfertigen? Wo liegen die Grenzen der Erkenntnis?

Fragen zur Anwendbarkeit: In welchem Verhältnis stehen Mathematik und Realität? Warum sind Ergebnisse der Mathematik auf die Welt anwendbar?

Je nach mathematikphilosophischer Position werden diese Fragen sehr unterschiedlich beantwortet. Die Vielfalt der Positionen kann und braucht in ihrer Gesamtheit hier nicht dargestellt zu werden (für einen Überblick siehe etwa [25]). Ich greife mit Realismus (5.1.4), Konstruktivismus (5.1.5) und Formalismus (5.1.6) drei Positionen heraus, die das Spektrum für die folgende Diskussion ausreichend abdecken.[2] An den Abschnitt zum Formalismus schließen sich noch Abschnitte zur reversen Mathematik (die für das relativierte Hilbert-Programm relevant ist) und zur mathematischen Praxis an.

Entsprechend der mathematikphilosophischen Grundfragen lassen sich die Präferenz für Standard oder die Ablehnung von Nichtstandard unter ontologischen, epistemologischen und anwendungsbezogenen Aspekten diskutieren. Bezogen auf den Zahlbegriff kann man fragen: Sind Nichtstandardzahlen genauso *real* wie Standardzahlen? Können wir über Nichtstandardzahlen genauso sicher etwas *wissen* wie über Standardzahlen? Können Aussagen über Nichtstandardzahlen irgendeine *Bedeutung* für die Realität haben? Diese Fragen behandeln wir im nächsten Kapitel in den Abschnitten 6.1 bis 6.3.

Zuvor widmen wir dem Unendlichen (5.2), dem Kontinuum (5.3), der Mengenlehre (5.4) und den natürlichen Zahlen (5.5) jeweils einen eigenen Abschnitt und stellen die gewohnte Sichtweise und die Herausforderung durch Nichtstandardzugänge heraus, denn die Herausforderung von Denkgewohnheiten kann – wie am Ende von Abschnitt 4.5.8 bemerkt – die Ursache für eine ablehnende Haltung gegenüber Nonstandard-Analysis sein.

---

2 J. D. Monk hat geschätzt, dass 65 % der Mathematiker Platonisten, 30 % Formalisten und 5 % Intuitionisten (und damit auch Konstruktivisten) sind ([149], S. 3).

5.1.4 Realismus

Der mathematische Realismus zeichnet sich dadurch aus, dass mathematischen Gegenständen eine Existenz unabhängig vom menschlichen Denken zugebilligt wird. Je nachdem, auf welche Gegenstände sich das Realismus-Postulat bezieht und in welcher Weise Existenz unabhängig vom menschlichen Denken verstanden wird, gibt es zahlreiche Varianten und Abstufungen des mathematischen Realismus.

Metaphysischer Realismus (Platonismus)
Die klassische Form des mathematischen Realismus ist der *metaphysische Realismus*, in Anlehnung an Platons Philosophie auch *mathematischer Platonismus* genannt. Die Gegenstände der Mathematik, ursprünglich also natürliche Zahlen, geometrische Objekte und, daraus abgeleitet, die Größen gehören demnach einer idealen, immateriellen, aber realen Welt an.

Auf die moderne Mathematik bezogen, begegnet uns diese Position als *mengentheoretischer Realismus* oder *Mengenlehrerealismus*. Cantor, als Begründer der Mengenlehre, war von der realen Existenz aktual unendlicher Vielheiten überzeugt. Diese tiefe Überzeugung ließ ihn trotz aller Widerstände (zum Beispiel von Kronecker) und trotz der ihm selbst bekannten Beispiele inkonsistenter Vielheiten (wie der Menge aller Mengen oder der Menge aller Ordinalzahlen) an seiner neuen Theorie des aktual Unendlichen festhalten.

Auch für Gödel existierten mathematische Gegenstände, wie die der Mengenlehre, *objektiv*. Zumindest hielt Gödel den Glauben an ihre Existenz für genauso legitim wie den Glauben an die Existenz physischer Körper. In *Russell's Mathematical Logic* sagte er über Klassen (classes) und Begriffe (concepts):

> Classes and concepts may, however, also be conceived as real objects, namely, classes as "pluralities of things" or as structures consisting of a plurality of things and concepts as the properties and relations of things existing independently of our definitions and constructions.
> It seems to me that the assumption of such objects is quite as legitimate as the assumption of physical bodies and there is quite as much reason to believe in their existence. They are in the same sense necessary to obtain a satisfactory systems of mathematics as physical bodies are necessary for a satisfactory theory of our sense perceptions and in both cases it is impossible to interpret the propositions one wants to assert about these entities as propositions about the "data", i. e., in the latter case the actually occurring sense perceptions ([78], S. 137).

Nach Gödel haben wir eine Art „Wahrnehmung" für die Objekte der Mengenlehre, eine mathematische Intuition, durch die sich uns die Axiome der Mengenlehre als *wahr* aufdrängen.

Die Philosophin Penelope Maddy hat sich zunächst für einen (an Gödel angelehnten) mengentheoretischen Realismus ausgesprochen ([142]), diese Position allerdings später zugunsten ihres *Mathematischen Naturalismus* oder *thin realism* revidiert ([141, 143]). Nach letzterer Auffassung muss die Rechtfertigung für mengentheoretische Axiome aus der Mathematik selbst kommen, nicht von außen (zum Beispiel der Philosophie oder der Physik). Die Rechtfertigung der Axiome liegt in ihrer Fruchtbarkeit innerhalb der Mathematik (inklusive der Mengenlehre selbst). Am Ende ihres Buches *Naturalism in Mathematics* schreibt Maddy:

> [...] set theory aims to MAXIMIZE and UNIFY because of its foundational role. But it must also include an analysis of the purely set theoretic goals that motivate the development of set theory on its own terms [...] ([141], Hervorhebung im Original).

Mit dem Kriterium der Fruchtbarkeit kommen pragmatische und eventuell ästhetische Aspekte in die Bewertung von Mathematik hinein. Eine solche Position ist nicht an einen metaphysischen Realismus gebunden. Die Herausforderung besteht darin, zu begründen, inwieweit die Fruchtbarkeit objektiv beurteilt werden kann.

Empirisch gebundene Formen des Realismus

Während der metaphysische Realismus eine erfahrungsunabhängige Erkenntnisquelle voraussetzt (sonst könnte man nichts über unendliche Mengen wissen), betonen andere Formen des Realismus eine Kopplung der Mathematik an die Erfahrungswissenschaften und knüpfen damit an die empiristische Konzeption von John Stuart Mill an ([148]).

Quine und Putnam sehen für Teile der Mathematik eine direkte Verbindung zur physikalischen Realität. Nach ihrem *Unentbehrlichkeitsargument* (*indispensability argument*) ist die Mathematik so stark in die Physik integriert, dass es nicht möglich ist, Realist in Bezug auf physikalische Theorien zu sein, ohne auch Realist in Bezug auf die mathematischen Theorien zu sein (vgl. [166], S. 74). Bei diesem Verständnis von Realismus geht es weniger um Existenz im metaphysischen Sinn, als um Objektivität der Erkenntnis.

> The question of realism is the question of the objectivity of mathematics and not the question of the existence of mathematical objects ([166], S. 70).

Die Existenz der Objekte ist eine *postulierte Existenz*. Zur Unterscheidung von *realism in ontology* und *realism in truth-value* siehe auch [180], S. 37.

Für Torsten Wilholt, der seine Philosophie *behutsamer mathematischer Realismus* nennt ([211], S. 284),[3] ist Mathematik eine zweigeteilte Wissenschaft mit einem realistischen und einem rein deduktivistisch-formalen Teil. Die *realistische Mathematik* ist nach dieser Auffassung ursprünglich in Einheit mit ihren ersten primären Anwendungen entstanden, ihre Gegenstände sind *Universalien*, die Realisierungen in der Erfahrungswelt besitzen, zum Beispiel als Eigenschaften oder Relationen (S. 282–284). Positive ganze Zahlen sind Eigenschaften von *Aggregaten* bestimmter kausaler Prozesse

---

3 Die weiteren Seitenangaben in diesem Abschnitt beziehen sich auf [211].

(S. 178–193), positive reelle Zahlen Eigenschaften realer *Größenverhältnisse* (S. 193–216). Sie gehören für Wilholt zur realistischen Mathematik.[4] Damit er zu befriedigenden mathematischen Theorien kommt, muss Wilholt die Universalien *ante rem* verstehen. Das bedeutet zum Beispiel für die natürlichen Zahlen: Da jede natürliche Zahl einen Nachfolger haben soll, muss man die Zahleneigenschaften von physikalisch realisierten Aggregaten ins Kontrafaktische extrapolieren. Wenn u die Zahleneigenschaft des maximal möglichen Aggregats A ist, dann ist $u + 1$ die Zahleneigenschaft, die ein aus A und P gebildetes Aggregat *hätte*, wenn es noch einen weiteren Prozess P *gäbe*, den man A hinzufügen *könnte* (S. 182 f.). Genauso müssen Größenverhältnisse ins Kontrafaktische extrapoliert werden, um bestimmte Abgeschlossenheitseigenschaften der rationalen und der reellen Zahlen zu garantieren (S. 207). Analog zur hochgradig formalisierbaren realistischen Mathematik lassen sich nach Wilholt formale Systeme ohne direkten Realitätsbezug studieren. Statt von Wahrheit spricht Wilholt hier von *Akzeptierbarkeit* der Axiome (und ihrer Implikationen) (S. 284).

Das aktual unendliche Universum

Wir verstehen in diesem Kapitel unter *Realismus* zusammenfassend jede Position, die die objektive Existenz eines aktual unendlichen Universums mathematischer Gegenstände annimmt mit real und objektiv bestehenden Beziehungen zwischen den Gegenständen. Ob Existenz in einem metaphysischen Sinne verstanden wird (Platonismus) oder im Sinne einer objektiv wahren Existenzaussage ohne ontologischen Anspruch (*realism in truth-value*), ob als (empirisch begründete) postulierte Existenz (Quine/Putnam) oder als Existenz von Universalien ante rem (Wilholt), soll für den hier verwendeten Begriff des *Universums* nicht entscheidend sein.

Ein solches Universum kann axiomatisch mit einer geeigneten formalen Sprache beschrieben werden, allerdings bleiben wegen der Gödel'schen Unvollständigkeitssätze stets Aussagen, die mit den festgelegten Axiomen weder bewiesen, noch widerlegt werden können.

Eine Konsequenz der realistischen Position ist, dass Aussagen über das Universum (nach klassischer Logik) in einem absoluten Sinne entweder wahr oder falsch sind, und zwar auch dann, wenn wir den Wahrheitswert nicht kennen oder wenn wir ihn (wie im Fall einer unentscheidbaren Aussage) auf der Basis der festgelegten Axiome prinzipiell nicht ermitteln können. Insbesondere ist auch jede Quantifizierung über das Universum (Allaussage, Existenzaussage) entweder wahr oder falsch. Realistische Mathematik ist *Tatsachenmathematik*.

---

4 Dass die Gleichsetzung der positiven reellen Zahlen mit Eigenschaften realer Größenverhältnisse problematisch ist, wird in [25] (S. 263 f.) diskutiert. Eine darüber hinausgehende Problematik in Bezug auf die positiven ganzen Zahlen thematisiere ich in Abschnitt 5.5.3.

5.1.5 Konstruktivismus

Unter dem Begriff Konstruktivismus werden unterschiedliche Strömungen zusammengefasst, die als Reaktion auf den Infinitismus der Cantor'schen Mengenlehre und der darin aufgetretenen Inkonsistenzen entstanden sind. Zu diesen Strömungen zählen Intuitionismus, Prädikativismus, Finitismus und Ultrafinitismus (vgl. zum Beispiel [25], S. 116–118). Verbindendes Element ist die Forderung, dass Mathematik in gewissem Sinne *konstruktiv* und *effektiv* sein soll. Existenzbeweise sind Konstruktionen.[5] Damit scheiden abstrakte mengentheoretische Konzepte, die das Potenzmengen- oder das Auswahlaxiom verwenden, aus (siehe auch Abschnitt 5.4.10). Das Unendliche wird höchstens in seiner abzählbaren (Prädikativismus) oder in seiner potentiellen Ausprägung (Finitismus) akzeptiert (siehe Abschnitt 5.2.1). Der Ultrafinitismus ist noch restriktiver.

Der von Brouwer begründete Intuitionismus lehnt die klassische Logik ab und setzt Wahrheit mit dem Vorliegen eines (konstruktiven) Beweises gleich. Indirekte Beweise oder der Satz vom ausgeschlossenen Dritten werden nicht akzeptiert. „$A \lor B$ ist wahr" bedeutet „Man hat einen Beweis für A oder man hat einen Beweis für B". Damit ist $A \lor \neg A$ nicht automatisch wahr. Viele Regeln der klassischen Logik gelten in der intuitionistischen Mathematik nicht. Eine vollständige Formalisierung der intuitionistischen Logik stammt von Heyting ([94]).

Durch die Einschränkungen, die der Konstruktivismus fordert, fallen fast die komplette Mengenlehre und damit auch Teile der klassischen Analysis fort. Schon die Definition der reellen Zahlen (siehe Abschnitt 1.3) ist nicht wie üblich möglich. Konstruktivistische Entwürfe der Analysis gibt es zum Beispiel von Lorenzen ([138]) und Bishop ([36]).

Finitismus und primitiv-rekursive Arithmetik

Der Finitismus ist auch im Zusammenhang mit dem gleich zu besprechenden Formalismus relevant, da Hilbert für die *Metamathematik* (also die Analyse der Grundlagen der Mathematik mittels mathematischer Methoden) *finite* Methoden gefordert hat (siehe Abschnitt 5.1.6). Tait hat (in [196]) vorgeschlagen, unter finitistischer Argumentation eine primitiv-rekursive Argumentation im Sinne der Skolem'schen Arithmetik ([186]) zu verstehen. Diese wird auch *primitiv-rekursive Arithmetik* (kurz: PRA) genannt. Der Titel von Skolems Arbeit, „Begründung der elementaren Arithmetik durch die rekurrierende Denkweise ohne Anwendung scheinbarer Veränderlichen mit unendlichem Ausdehnungsbereich", umreißt zugleich das Programm. Es geht um einen Aufbau der elementaren Arithmetik ohne Rückgriff auf einen aktual unendlichen Laufbereich der verwendeten Variablen. PRA erlaubt die Symbolisierung beliebiger primitiv-rekursiver Funktionen und das Bilden quantorenfreier Ausdrücke. Als Beweismittel für Genera-

---

5 Zur Ontologie dieser Konstruktionen gibt es verschiedene Positionen: Objektivismus, Intentionalismus, Mentalismus, Nominalismus (siehe [25], S. 118).

lisierungen steht die folgende Induktionsregel zur Verfügung: Von $\varphi(0)$ und $\varphi(x) \Rightarrow \varphi(\sigma(x))$ kann auf $\varphi(y)$ geschlossen werden. Darin ist φ ein quantorenfreier Ausdruck und σ die Nachfolgerfunktion.[6]

Die konstruktivistische Rechtfertigung für die Induktionsregel auf der Basis des potentiell Unendlichen besteht darin, dass jede konstruierbare Zahl (und damit im Sinne des Konstruktivismus jede existierende Zahl), sagen wir $g(0)$ (mit einer primitiv-rekursiven Funktion g), aufgelöst werden kann zu $\sigma \cdots \sigma(0)$ (mit endlich vielen Anwendungen von σ). Damit besteht ein Beweis für $\varphi(g(0))$ in einer endlich-maligen Anwendung des Induktionsschritts $\varphi(x) \Rightarrow \varphi(\sigma(x))$.

Um zum Beispiel einen klassischen arithmetischen Ausdruck der Form $\forall x \exists y\, \varphi(x,y)$ zu beweisen, muss man eine geeignete primitiv-rekursive Funktion f konstruieren und den Ausdruck $\varphi(x, f(x))$ per Induktion beweisen.

Es sei an dieser Stelle erwähnt, dass auch das Vertrauen darauf, dass jede primitive Rekursion terminiert und damit finitistisch unproblematisch ist, eine gewisse Idealisierung beinhaltet. Nelson (der diesbezüglich dem Ultrafinitismus zugerechnet wird) hat die Berechtigung dieses Vertrauens infrage gestellt (siehe [152]). In seinem Buch *Predicative Arithmetic* schreibt er:

> It appears to be universally taken for granted by mathematicians, whatever their views on foundational questions may be, that the impredicativity inherent in the induction principle is harmless—that there is a concept of number given in advance of all mathematical constructions, that discourse within the domain of numbers is meaningful. But numbers are symbolic constructions; a construction does not exist until it is made; when something new is made, it is something new and not a selection from a preexisting collection. There is no map of the world because the world is coming into being ([154], S. 2).

5.1.6 Formalismus

Der auf Hilbert zurückgehende mathematische Formalismus unterscheidet zwischen finitistischer und infinitistischer Mathematik. Die finitistische Mathematik gilt per se als sicher, während die infinitistische Mathematik (insbesondere die Cantor'sche Mengenlehre) prinzipiell als unsicher angesehen wird und durch Formalisierung und metamathematische Überlegungen mit „finiten Methoden" gerechtfertigt werden soll (Hilbert-Programm).

---

6 Simpson gibt in [184] ein formales Axiomensystem von PRA mit Quantoren an, weist jedoch darauf hin, dass es eine quantorenfreie Axiomatisierung gibt. Das Induktionsschema kann zunächst mit beschränkter Quantifizierung so formuliert werden:

$$\varphi(0) \wedge \forall x < y \left(\varphi(x) \Rightarrow \varphi(\sigma(x)) \right) \Rightarrow \varphi(y).$$

Ein Ausdruck mit ausschließlich beschränkten Quantoren ist in PRA äquivalent zu quantorenfreien Ausdrücken. Eine eigene Schlussregel für die Induktion ist dann nicht erforderlich.

Hilbert definierte nicht genau, was er unter finiten Methoden verstand. In der heutigen Beweistheorie wird als Präzisierung des Begriffs oft das formale System der *primitiv-rekursiven Arithmetik* (PRA) angenommen, da es als Theorie des potentiell Unendlichen verstanden werden kann und die wesentlichen in der Metamathematik benötigten Mittel bereitstellt.

Aufgrund der Gödel'schen Unvollständigkeitssätze war das Hilbert-Programm in seiner ursprünglichen Form nicht realisierbar. Mit den Ergebnissen der reversen Mathematik können aber gewisse Teile der Mathematik finitistisch gerechtfertigt werden. Dies wird als *relativiertes Hilbert-Programm* bezeichnet (siehe Abschnitt 5.1.7).

Für einen Formalisten ist das aktual Unendliche eine nützliche Fiktion. In seinem Artikel *Über das Unendliche* schreibt Hilbert:

> Das Gesamtergebnis ist dann: das Unendliche findet sich nirgends realisiert; es ist weder in der Natur vorhanden, noch als Grundlage in unserem verstandesmäßigen Denken zulässig – eine bemerkenswerte Harmonie zwischen Sein und Denken ([95] S. 190).

In ähnlicher Weise äußert sich Robinson:

> My position concerning the foundations of Mathematics is based on the following two main points or principles.
> (i)   Infinite totalities do not exist in any sense of the word (i. e., either really or ideally). More precisely, any mention, or purported mention, of infinite totalities is, literally, meaningless.
> (ii) Nevertheless, we should continue the business of Mathematics "as usual," i. e. we should act as if infinite totalities really existed.
> ([169], S. 230.)

Wie Hilbert sieht also auch Robinson das aktual Unendliche weder in der Natur („really") noch im Denken („ideally") realisiert. Es hat keine *Referenten* und ist in diesem Sinne *bedeutungslos* („meaningless").

In diesem Kapitel verstehen wir unter Formalismus eine Position, die finitistisch in Bezug auf die Metamathematik und fiktionalistisch in Bezug auf die infinitistische Mathematik ist. Die Gegenstände der Metamathematik (Zeichenreihen, metasprachliche natürliche Zahlen) werden als gedankliche Konstruktionen verstanden, deren Bereich offen und nur potentiell unendlich ist. Es wird kein fertiges, aktual unendliches „Universum der Metamathematik" angenommen. Aktual unendlichen Gesamtheiten der infinitistischen Mathematik wird nur eine *theoretische Existenz* zugebilligt. Solche Gesamtheiten (Mengen oder Klassen) „existieren" nur in einem formalen Sinne, das heißt vereinbarungsgemäß im Rahmen einer formalisierten axiomatischen Theorie (in der Hoffnung, dass die Theorie konsistent ist). Gleichwohl sprechen wir über das aktual Unendliche im Rahmen der axiomatischen Theorie, *als ob* es real existierte (gemäß Robinsons oben unter Punkt (ii) ausgesprochener Empfehlung). So verwenden wir die klassische Logik auch bei Quantifizierungen über das gesamte Universum. Wir wissen zum Beispiel, dass die Kontinuumshypothese CH in ZFC nicht entscheidbar ist, aber aus ZFC folgt (gemäß klassischer Logik) CH $\vee$ ¬CH.

So wie wir realistische Mathematik als Tatsachenmathematik bezeichnet haben, können wir jetzt sagen: Formalistische Mathematik ist *Vereinbarungsmathematik*.

5.1.7 Reverse Mathematik und das relativierte Hilbert-Programm

Reverse Mathematik ist ein auf Harvey Friedman ([74]) zurückgehendes Forschungs-programm zu den Grundlagen der Mathematik, das untersucht, welche Sätze mathe-matischer Kerngebiete (zum Beispiel Analysis, Geometrie, Algebra, Kombinatorik, Differentialgleichungen) in welchen formalen Systemen beweisbar sind. Dabei stellt sich in vielen Fällen heraus, dass das formale System, das gebraucht wird, um einen mathe-matischen Satz zu beweisen, äquivalent zu diesem Satz ist. Die philosophische Bedeutung der reversen Mathematik liegt darin, dass sich mit ihr das Hilbert-Programm zumindest teilweise realisieren lässt (siehe [151]).

Simpson (vgl. [184], S. 1) unterscheidet mengentheoretische Mathematik (*set-theo-retic mathematics*) und gewöhnliche, das heißt nicht mengentheoretische Mathematik (*ordinary mathematics*). Mit mengentheoretischer Mathematik sind die Gebiete der Mathematik gemeint, die erst durch die mit der Mengenlehre verbundene Grundlagenrevo-lution möglich geworden sind, wie allgemeine Topologie, abstrakte Funktionalanalysis und abstrakte Mengenlehre selbst. Die gewöhnliche Mathematik umfasst die Gebiete, die unabhängig von abstrakter Mengenlehre sind und die zum großen Teil auch bereits vor der Grundlagenrevolution untersucht worden sind. Hierzu zählen Geometrie, Zah-lentheorie, Differentialgleichungen, reelle und komplexe Analysis, abzählbare Algebra, Topologie vollständiger separabler metrischer Räume,[7] mathematische Logik und Bere-chenbarkeitstheorie.

Nach Simpson entspricht diese Unterscheidung in etwa der Unterscheidung von „abzählbarer Mathematik" und „überabzählbarer Mathematik", wenn man zur ab-zählbaren Mathematik noch die Untersuchung (möglicherweise überabzählbarer) vollständiger separabler metrischer Räume zählt. Die folgende Darstellung orientiert sich an [184].

Das System Z_2 der Arithmetik zweiter Stufe

Die Untersuchung findet in der Arithmetik zweiter Stufe (abgekürzt mit Z_2) statt. Die-ses System ist schwächer als vollwertige Mengenlehren wie ZFC oder NBG (Neumann-Bernays-Gödel-Mengenlehre), reicht aber aus, um wesentliche Teile der klassischen Ma-thematik abzubilden. Es eignet sich daher gut für grundlagentheoretische Untersuchun-gen. Alle mathematischen Begriffe (Zahlen, Funktionen etc.) sind dazu als natürliche Zahlen oder als Mengen natürlicher Zahlen zu kodieren.

---

7 Ein metrischer Raum heißt separabel, wenn er eine abzählbare dichte Teilmenge besitzt.

Die Sprache L_2 von Z_2 enthält zwei Sorten von Variablen, *Zahlenvariablen* (bezeichnet mit Kleinbuchstaben wie i, j, k, m, n) und *Mengenvariablen* (bezeichnet mit Großbuchstaben wie X, Y, Z). Im Unterschied zur Sprache L_1 der Arithmetik erster Stufe (der Peano-Arithmetik) enthält L_2 auch Ausdrücke der Form $t \in X$, wobei t ein numerischer Term und X eine Mengenvariable ist. Ebenso erlaubt L_2 Quantifizierungen über Mengenvariablen. Quantoren mit einer Zahlenvariablen (wie $\forall n$, $\exists n$) werden *Zahlenquantoren* genannt und Quantoren mit einer Mengenvariablen (wie $\forall X$, $\exists X$) *Mengenquantoren*.

Neben den auf der ersten Stufe formulierbaren Axiomen (auch Basisaxiome genannt) enthält Z_2 das *Induktionsaxiom*

$$(0 \in X \wedge \forall n\, (n \in X \to n + 1 \in X)) \to \forall n\, (n \in X) \tag{5.1}$$

und das *Komprehensionsschema*

$$\exists X \forall n\, (n \in X \leftrightarrow \varphi(n)) \tag{5.2}$$

für alle L_2-Ausdrücke φ, in denen X nicht frei vorkommt.

Aus (5.1) und (5.2) folgt das volle L_2-Induktionsschema

$$(\varphi(0) \wedge \forall n\, (\varphi(n) \to \varphi(n + 1))) \to \forall n\, \varphi(n) \tag{5.3}$$

für *beliebige* L_2-Ausdrücke.

Wichtige Teilsysteme von Z_2

Fünf Teilsysteme von Z_2 spielen in der reversen Mathematik eine herausragende Rolle und werden von Simpson „the Big Five" genannt. Aufsteigend nach Beweisstärke sortiert heißen sie RCA_0, WKL_0, ACA_0, ATR_0, $\Pi_1^1\text{-}CA_0$. Sie unterscheiden sich in der Stärke des Komprehensionsschemas, also darin, welche Mengen gebildet werden können. Das Subskript 0 deutet jeweils an, dass ein gegenüber (5.3) eingeschränktes Induktionsschema gilt. Ich gehe auf die ersten drei Teilsysteme etwas genauer ein.

RCA steht für *Recursive Comprehension Axiom*. Neben den Basisaxiomen enthält RCA_0 das Σ_1^0-Induktionsschema (das heißt (5.1) für alle Σ_1^0-Ausdrücke φ) und das folgende sogenannte Δ_1^0-Komprehensionsschema:

$$\forall n\, (\varphi(n) \leftrightarrow \psi(n)) \to \exists X \forall n\, (n \in X \leftrightarrow \varphi(n)), \tag{5.4}$$

wobei $\varphi(n)$ ein Σ_1^0-Ausdruck und $\psi(n)$ ein Π_1^0-Ausdruck ist und X in $\varphi(n)$ nicht frei vorkommt.[8] Der Name „Recursive Comprehension Axiom" hängt damit zusammen, dass

---

8 Ein Σ_1^0-Ausdruck ist ein Ausdruck der Form $\exists m\, \varphi(m)$, ein Π_1^0-Ausdruck ist ein Ausdruck der Form $\forall m\, \varphi(m)$, wobei $\varphi(m)$ ein L_2-Ausdruck ist, in dem alle Quantoren beschränkte Zahlenquantoren sind (also von der Form $\forall m \le m_0$ bzw. $\exists m \le m_0$).

das kleinste ω-Modell von RCA_0 gerade die rekursiven Mengen aus $\mathcal{P}(\omega)$ enthält, wobei ω die Menge der natürlichen Zahlen der Hintergrundmengenlehre und ein ω-Modell ein Modell mit Träger ω ist (vgl. [184], S. 65).

In RCA_0 lassen sich bereits das Zahlensystem bis zu den reellen und komplexen Zahlen aufbauen, der Zwischenwertsatz für stetige Funktionen und der Satz von Peano für gewöhnliche Differentialgleichungen beweisen. Ebenfalls lassen sich in RCA_0 (durch Gödelisierung) die Syntax der Prädikatenlogik und abzählbare Modelle definieren sowie der Korrektheitssatz beweisen (eine Satzmenge, die ein abzählbares Modell hat, ist konsistent) (vgl. [184], S. 73–96).

Das System WKL_0 enthält zusätzlich zu den RCA_0-Axiomen ein Axiom, das als Schwaches Lemma von König (*Weak König's Lemma*) bezeichnet wird. Es besagt, dass jeder unendliche binäre Baum einen unendlichen Pfad besitzt. Genauer gesagt enthält WKL_0 eine Kodierung dieser Aussage in der Sprache L_2.

Über RCA_0 sind folgende Sätze äquivalent zu WKL_0 (vgl. [184], S. 36 f.):

– Jede stetige reellwertige Funktion auf $[0,1]$ ist gleichmäßig stetig.
– Jede stetige reellwertige Funktion auf $[0,1]$ ist Riemann-integrierbar.
– Maximum-Prinzip: Jede stetige reellwertige Funktion auf $[0,1]$ nimmt ihr Maximum an.
– Gödel'scher Vollständigkeitssatz: Jede höchstens abzählbare konsistente Menge von Sätzen im Prädikatenkalkül hat ein abzählbares Modell.

Die Abkürzung ACA steht für *Arithmetic Comprehension Axiom*. Das System ACA_0 enthält zusätzlich zu den RCA_0-Axiomen das Induktionsschema (5.3) für alle arithmetischen Ausdrücke, also ein Induktionsschema wie die Peano-Arithmetik PA (vgl. (5.13) in Abschnitt 5.4.7). Über RCA_0 sind folgende Sätze äquivalent zu ACA_0 (vgl. [184], S. 34 f.):

– Supremumsprinzip: Jede von oben beschränkte Folge reeller Zahlen hat eine kleinste obere Schranke.
– Satz von Bolzano-Weierstraß: Jede beschränkte Folge reeller Zahlen (oder von Punkten im $\mathbb{R}^n$) hat eine konvergente Teilfolge.

Das relativierte Hilbert-Programm

Wie in Abschnitt 5.1.6 erwähnt, können mit den Ergebnissen der reversen Mathematik gewisse Teile der Mathematik finitistisch gerechtfertigt werden, was als *relativiertes Hilbert-Programm* bezeichnet wird. Wir fassen hierzu die wichtigsten Aussagen aus [184], S. 369–379, zusammen.

Definition 26. Ein formales System S heißt finitistisch reduzierbar, wenn alle Π_2^0-Sätze, die in S beweisbar sind, auch in PRA beweisbar sind.

Ein Π_2^0-Satz ist dabei ein Satz der Form $\forall m \exists n\, \varphi(m, n)$, wobei $\varphi(m, n)$ ein L_2-Ausdruck ist, in dem alle Quantoren beschränkte Zahlenquantoren sind.[9] Von den „Big Five" sind genau RCA_0 und WKL_0 finitistisch reduzierbar.

Die finitistische Reduzierbarkeit von WKL_0 bedeutet: Jeder in WKL_0 beweisbare Π_2^0-Satz ist bereits in PRA beweisbar oder, anders ausgedrückt, WKL_0 ist konservativ über PRA bezogen auf Π_2^0-Sätze.[10] Darüber hinaus gilt: Die Konservativität von WKL_0 über PRA ist (als Π_2^0-Satz kodiert) in WKL_0 und damit in PRA beweisbar. Identifiziert man finite Methoden mit PRA, so kann dieses Ergebnis der reversen Mathematik daher als partielle Realisierung des Hilbert-Programms aufgefasst werden.

5.1.8 Die mathematische Praxis

Muss man sich als Mathematiker für eine philosophische Position entscheiden? Oder kann man eine agnostische oder sogar eine ambivalente oder oszillierende Position einnehmen?

Nach Davis und Hersh herrscht die Meinung vor, dass der typische Mathematiker „an Werktagen Platonist und an Sonntagen Formalist ist" ([54], S. 337). Das heißt, solange er mathematisch arbeitet, ist er davon überzeugt, eine objektive Realität zu erforschen, soll er diese Realität philosophisch darlegen, zieht er es vor, vorzugeben, letztlich doch nicht an eine solche Realität zu glauben. Paul Cohen schreibt:

> The Realist position is probably the one which most mathematicians would prefer to take. It is not until he becomes aware of some of the difficulties in the set theory that he would even begin to question it. If these difficulties particularly upset him, he will rush to the shelter of Formalism, while his normal position will be somewhere between the two, trying to enjoy the best of two worlds ([47], S. 11).

Laut Shapiro interessieren sich die meisten Mathematiker nicht im Geringsten für Philosophie. Er nennt es das *philosophy-last-if-at-all principle* ([180], S. 7). Den arbeitenden Mathematiker charakterisiert er als „arbeitenden Realisten" (analog zum Werktags-Platonisten bei Davis und Hersh):

> I define a *working realist* to be someone who uses or accepts the inferences and assertions suggested by traditional realism, items like excluded middle, the axiom of choice, impredicative definition, and general extensionality ([180], S. 7).

Auf der „Arbeitsebene" sind sich also Realisten und Formalisten einig (Konstruktivisten sind hier außen vor, dürften aber in der Minderheit sein). Solange sich das, was

---

9 Zur Definition der arithmetischen Hierarchie siehe z. B. [181], Kapitel 7.5.

10 Gibt es in WKL_0 einen Beweis für den Π_2^0-Satz $\forall m \exists n\, \varphi(m, n)$, dann gibt es in PRA einen Beweis für $\varphi(m, f(m))$ mit einer primitiv-rekursiven Funktion f (vgl. [182], S. 8).

man untersucht, in ZFC modellieren lässt, ist es „real" oder kann so behandelt werden.

Nach Stephen G. Simpson liegt die Bedeutung von ZFC darin, einen gemeinsamen Rahmen für die Mathematik und einen Standard für mathematische Strenge bereitzustellen.

> The ZFC formalism provides two extremely important benefits for mathematics as a whole: a common framework, and a common standard of rigor ([185], S. 6).

Der „Arbeits-Realismus" prägt unser Denken. Diese Feststellung ist wichtig für unsere Sicht auf Nichtstandardansätze. Der Arbeits-Realismus erschwert mitunter, unser Denken für jegliches Nichtstandarddenken zu öffnen, denn es scheint unseren Arbeits-Realismus anzugreifen. In den nächsten Abschnitten werden wir dies genauer untersuchen.

5.2 Das Unendliche

5.2.1 Potentiell vs. aktual unendlich

Umgangssprachlich verwenden wir „unendlich" oft im Sinne von „sehr viel" oder „sehr groß", etwa wenn wir in eine Sache unendlich viel Mühe investieren oder jemandem unendlich dankbar sind. Auch die Zahl der Sandkörner am Strand steht bisweilen sinnbildlich für unendlich. Aber bereits Archimedes rechnete vor, wie viele Sandkörner man brauchen würde, um eine Kugel von der Größe des Kosmos (der nach damaliger Vorstellung von der Himmelssphäre begrenzt war) zu füllen. Die Zahl war im Vergleich zu den bis dahin verwendeten Zahlen riesenhaft und erforderte eine neue Art der Darstellung, aber sie war nicht unendlich.

Auf Aristoteles geht die Unterscheidung zwischen potentieller und aktualer Unendlichkeit zurück.

> Ferner kann etwas entweder in Beziehung auf das Hinzufügen oder in Beziehung auf das Hinwegnehmen oder in beiden Beziehungen unendlich sein. Daß es nun ein Unendliches für sich abgetrennt seiend – und doch sinnlich wahrnehmbar – gäbe, ist unmöglich (Aristoteles, Metaphysik K 10, 1066b1).[11]

Aristoteles ließ also nur ein beliebig Vermehrbares, ein *potentiell* Unendliches zu, jedoch nicht ein *aktual* Unendliches als fertiges Ganzes.

Am Beispiel der natürlichen Zahlen: Die Zählreihe 1, 2, 3, ... kann beliebig weit fortgeführt werden, es gibt keine letzte Zahl, die kein weiteres Hinzufügen mehr zuließe.

---

[11] Übersetzung gemäß [5], S. 217.

Aber eine unendliche Zählreihe als fertiges Ganzes existiert nicht. Oder an einem geometrischen Beispiel: Die durch zwei Punkte festgelegte gerade Linie kann zu beiden Seiten beliebig verlängert werden, aber eine unendliche gerade Linie als Ganzes existiert nicht.

Die Scheu vor dem aktual Unendlichen können wir – zumindest wenn wir Mathematiker sind – heute kaum noch nachvollziehen. Unendliche Zählreihen oder unendliche Linien, allgemein unendliche Mengen sind selbstverständliche Gegenstände mathematischen Arbeitens geworden. Unvoreingenommen betrachtet ist die aristotelische Position jedoch weiterhin sehr plausibel. Wie sollte etwas, was ohne Ende ist, jemals fertig sein? Es ist und bleibt ein Paradoxon – ein Paradoxon, an das wir uns gewöhnt haben und das wir mit dem Unendlichkeitsaxiom in ZFC sogar explizit postulieren.

Seit dem Siegeszug der Cantor'schen Mengenlehre scheint für das potentiell Unendliche mathematisch nur noch die Rolle eines historischen Begriffs zu bleiben. Allerdings gilt dies nicht für die mathematischen Grundlagen und die Philosophie der Mathematik. Stephen G. Simpson vergleicht vier philosophische Positionen in Bezug auf ihre Einstellung zum potentiell bzw. aktual Unendlichen.

Ultrafinitism: Infinities, both potential and actual, do not exist and are not acceptable in mathematics.

Finitism: Potential infinities exist and are acceptable in mathematics. Actual infinities do not exist and we must limit or eliminate their role in mathematics.

Predicativism: We may accept the natural numbers, but not the real numbers, as a completed infinite totality. Quantification over $\mathbb{N}$ is acceptable, but quantification over $\mathbb{R}$, or over the set of all subsets of $\mathbb{N}$, is unacceptable.

Infinitism: Actual infinities of all kinds are welcome in mathematics, so long as they are consistent and intuitively natural.

([182], S. 3.)

Simpson selbst spricht sich für den Finitismus aus, da er ihn am ehesten mit der von ihm vertretenen philosophischen Position des Objektivismus für vereinbar hält, die er so beschreibt: Die Epistemologie des Objektivismus setzt eine enge Beziehung zwischen *Existenz* und *Bewusstsein*, zwischen einer (unabhängig von unserem Bewusstsein) vorhandenen Realität und unserem bewussten Willensakt des Erfassens von Objekten voraus. Nach Simpson sollte die Mathematik nach einem objektiven Verständnis der mathematischen Aspekte der Realität trachten. Es sei wünschenswert, die Mathematik – oder zumindest die anwendbaren Teile der Mathematik – auf eine objektive Grundlage zurückzuführen (vgl. [185]). Dieses Ziel verfolgt er im Rahmen der reversen Mathematik (siehe Abschnitt 5.1.7).

Wir kommen auf die Bedeutung des potentiell Unendlichen in Abschnitt 5.5 zurück.

5.2.2 Arithmetisches vs. unarithmetisches Unendlich

Die Idee des aktual Unendlichen wurde – auch von Mathematikern – mit Philosophie und Theologie in Verbindung gebracht und vom aktual Unendlichen in der Mathematik (sofern zugelassen) unterschieden, so zum Beispiel bei Leibniz (vgl. [39]) oder bei Cantor (vgl. [43], S. 378). Wir konzentrieren uns hier auf das aktual Unendliche in der Mathematik, und zwar unter einem Aspekt, der für die Unterscheidung von Standard- und Nonstandard-Analysis wichtig ist. Es geht dabei um das euklidische Axiom „Das Ganze ist größer als sein Teil" (im Folgenden kurz: *Teil-Ganzes-Axiom*).

Zählen bis unendlich

Kann man das Zählen bis ins Unendliche und darüber hinaus denken? Cantor hat dies bekanntlich getan, und zwar im ordinalen wie im kardinalen Sinne, und kam so zu seinen transfiniten Ordinal- bzw. Kardinalzahlen.[12] In der Zermelo-Fraenkel'schen Mengenlehre ZF definiert man die natürlichen Zahlen mengentheoretisch nach von Neumann durch $0 := \emptyset$ und $z + 1 := z \cup \{z\}$ und dann ω als die kleinste Menge, die 0 und zu jedem Element z auch seinen Nachfolger $z + 1$ enthält. Genauer definiert man:

- x ist *induktiv*, wenn $\emptyset \in x$ und $\forall z\, (z \in x \Rightarrow z \cup \{z\} \in x)$.[13]
- $\omega := \{z \mid \forall y\, (\text{induktiv}(y) \Rightarrow z \in y)\}$.

Nach dem Unendlichkeitsaxiom existiert eine induktive Menge. Daher kann ω mit dem Aussonderungsaxiom gewonnen werden. Die Menge ω enthält also gerade die Elemente, die in *jeder* induktiven Menge enthalten sind. Anders ausgedrückt: Für jede induktive Menge x gilt $\omega \subseteq x$ (siehe [61], S. 39 f.). Da die Menge ω selbst induktiv ist, ist sie die (im Sinne der Mengeninklusion) *kleinste induktive Menge*.

Die vom Prädikat $\in$ induzierte Relation $\in_\omega$ über ω entspricht der Kleiner-Relation in den natürlichen Zahlen, denn nach Konstruktion ist jedes $z \in \omega$ die Menge seiner $\in_\omega$-Vorgänger. Die Relation $\in_\omega$ ist sogar eine *Wohlordnungsrelation* über ω und die Struktur $(\omega, \in_\omega)$ damit eine *Wohlordnung*. Das bedeutet: Jede nicht leere Teilmenge von ω enthält ein (bezüglich $\in_\omega$) kleinstes Element (vgl. [61], S. 72).

Auch ω selbst ist die Menge seiner $\in_\omega$-Vorgänger, hat aber keinen unmittelbaren Vorgänger. Es liegt daher nahe, den Zählvorgang *nach* allen Elementen von ω mit der Menge ω und dann wieder nach dem Prinzip $z + 1 := z \cup \{z\}$ im Transfiniten fortzusetzen. Dies führt auf transfinite Ordinalzahlen.

Allgemein ist x eine *Ordinalzahl* (kurz: Oz x), wenn $(x, \in_x)$ eine Wohlordnung ist und jedes Element von x die Menge seiner $\in_x$-Vorgänger ist. Ordinalzahlen ungleich

---

12 Die folgenden Ausführungen zu Ordinal- und Kardinalzahlen entnimmt man zum Beispiel [61].

13 Dies ist die in ZF übliche Definition. In Abschnitt 1.3.2 hatten wir *induktive Teilmengen von* $\mathbb{R}$ so definiert, dass sie die 1 enthalten und mit jeder Zahl auch deren Nachfolger. Daher ist ggf. der Kontext zu beachten.

0, die keinen unmittelbaren Vorgänger haben, heißen *Limeszahlen*, alle anderen Ordinalzahlen *Nachfolgerzahlen*. Man kann in ZF zeigen, dass es zu jeder Ordinalzahl eine mächtigere Ordinalzahl gibt und dass die Ordinalzahlen eine echte Klasse bilden. Die wesentlichen Ordnungseigenschaften von Ordinalzahlen lassen sich auf die gesamte Klasse (mit ∈ als Ordnungsprädikat) übertragen. Meist schreibt man dann < statt ∈. Zwei Ordinalzahlen α, β sind stets vergleichbar, das heißt, es gilt entweder $\alpha < \beta$ oder $\alpha = \beta$ oder $\beta < \alpha$. Die Elemente von ω sind definitionsgemäß die *endlichen* Ordinalzahlen. Alle anderen Ordinalzahlen heißen *transfinit*. Damit ist ω die kleinste transfinite Ordinalzahl und ebenfalls die kleinste Limeszahl.

Kardinalzahlen sind diejenigen Ordinalzahlen, bei denen die Mächtigkeit auf die nächsthöhere Stufe springt. Sie werden durch die *Aleph-Operation* definiert.[14] Die Argumente werden hier üblicherweise als untere Indizes geschrieben. Man setzt $\aleph_0 := \omega$ und $\aleph_{\alpha+1}$ als die kleinste Ordinalzahl, die mächtiger als $\aleph_\alpha$ ist. Für Limeszahlen δ definiert man $\aleph_\delta := \bigcup\{\aleph_\beta \mid \beta < \delta\}$. Damit die Operation auf dem gesamten Universum definiert ist, setzt man noch $\aleph_x := \emptyset$, falls x keine Ordinalzahl ist. Eine Menge x ist eine *Kardinalzahl*, wenn $x \in \omega$ oder wenn es eine Ordinalzahl α gibt mit $x = \aleph_\alpha$.

In ZFC lässt sich zeigen (und das Auswahlaxiom ist dabei wesentlich), dass jede Menge x zu genau einer Kardinalzahl gleichmächtig ist. Diese Kardinalzahl wird mit $|x|$ oder card(x) bezeichnet und die *Mächtigkeit* oder *Kardinalität* von x genannt. Kardinalzahlen sind ein Maß für die Größe aktual unendlicher Mengen. Sie „zählen" die Elemente unendlicher Vielheiten.

Mit Kardinalzahlen kann man in gewisser Weise rechnen, wenn auch nicht so wie gewohnt. Man definiert dazu eine kardinale Addition, Multiplikation und Exponentiation wie folgt:

- $\kappa + \mu := |(\kappa \times \{0\}) \cup (\mu \times \{1\})|$,
- $\kappa \cdot \mu := |\kappa \times \mu|$,
- $\kappa^\mu := |\kappa^\mu|$.

Die kardinalen Operationen setzen die in ω definierten gewöhnlichen arithmetischen Operationen fort. Die Addition und Multiplikation von Kardinalzahlen bleibt auch im Transfiniten kommutativ und assoziativ, aber es gelten seltsam „unarithmetische" Regeln. Für Kardinalzahlen κ, μ, von denen mindestens eine transfinit ist, gilt $\kappa + \mu = \max\{\kappa, \mu\}$ und (wenn keine der beiden 0 ist) ebenfalls $\kappa \cdot \mu = \max\{\kappa, \mu\}$.[15] Die Regeln spiegeln grob gesagt wider, dass die Bildung von Vereinigungsmengen oder von kartesischen Produkten im Transfiniten nicht zu einer „Vermehrung" führt (anders, als man es aus dem Endlichen kennt). Das Teil-Ganzes-Axiom ist verletzt. Aus der Definition der

---

14 Das globale Rekursionstheorem für Ordinalzahlen (siehe [61], S. 103) ermöglicht rekursive Definitionen von Operationen auf dem Mengenuniversum.

15 Zur Kardinalzahlarithmetik siehe [61], S. 133.

kardinalen Exponentiation folgt, dass die Potenzmenge einer unendlichen Menge A die Mächtigkeit $2^{|A|}$ hat (so, wie man es von endlichen Mengen kennt). Diese ist stets größer als $|A|$.

Cantors transfinite Ordinal- und Kardinalzahlen gehören in der Mathematik heute zum Standard. Kann man auch auf eine andere Weise bis unendlich und darüber hinaus zählen? Bereits Leibniz und Johann Bernoulli haben in einem Briefwechsel darüber diskutiert, ob eine unendliche Reihe ein unendlichstes Glied (und danach weitere Glieder) haben müsse. Während Bernoulli dies klar befürwortet hat, war Leibniz zurückhaltend und wandte ein, dass dies zumindest kein zwingender Schluss sei.[16] Bernoullis unendlichste Glieder stehen in einem ordinalen Sinne an einer unendlichen Position. Dennoch besteht ein wesentlicher Unterschied zu Cantors transfiniten Ordinalzahlen. Während Erstere stets Nachfolger und Vorgänger haben, gilt das nicht für transfinite Ordinalzahlen. Sie haben Nachfolger, aber keine Vorgänger, wenn sie Limeszahlen sind. Hier liegen also zwei gänzlich unterschiedliche Konzepte des unendlichen Zählens vor. Unendliche Gesamtheiten, und damit die Möglichkeit eines kardinalen Unendlich, wurden vor Cantor in der Regel abgelehnt, da sie (wie schon Galilei feststellte) das Teil-Ganzes-Axiom verletzen.

Das Unendliche messen

Kann man das Messen bis ins Unendliche und darüber hinaus denken? Gibt es also unendliche Größen? Cantors Kardinalzahlarithmetik gibt hierauf keine Antwort, denn die Multiplikation einer transfiniten Kardinalzahl mit einer Größe (bzw. einer reellen Zahl) ist dort nicht vorgesehen.

Leibniz unterschied zwischen einer *unbegrenzten unendlichen Linie* (linea infinita interminata) und einer *begrenzten unendlichen Linie* (linea infinita terminata). Einer unbegrenzten unendlichen Linie kann man nach Leibniz keine Größe zuschreiben, weil eine solche Linie genauso groß sein müsste wie ein Teil ihrer selbst. Wenn man zum Beispiel eine Gerade in einem Punkt teilt und die Halbgeraden ein Stück auseinander schiebt, erhält man eine Gerade, bei der ein Stück fehlt. Das Teilen und Verschieben würde aber die Größe nicht ändern. Wie bei unendlichen Gesamtheiten wäre das Teil-Ganzes-Axiom verletzt.

Eine begrenzte unendliche Linie kann man sich als eine Strecke von einem Punkt zu einem (fiktiven) unendlich fern gedachten Punkt vorstellen. Bei einer Verschiebung würde auch der unendlich ferne Endpunkt verschoben, und es würde kein echter Teil der ursprünglichen Strecke entstehen. Solche unendlichen Linien ließ Leibniz als Gegenstände der Geometrie zu. Er bezeichnete ihre Größen als nützliche Fiktionen und verwendete sie in seinem Infinitesimalkalkül (siehe [133], S. 61). Gerechnet wird mit die-

---

16 Den Briefwechsel diskutiert Spalt in [191] und kommt zu dem Ergebnis, dass Leibniz eine unendliche Zahl ablehnte. Allerdings hat Leibniz Bernoulli gegenüber nicht behauptet, dass es kein unendlichstes Glied geben könne, sondern nur, dass ein solches Glied nicht notwendigerweise existieren müsse.

sen fiktiven Größen wie mit gewöhnlichen Größen. Die Kehrwerte unendlicher Größen sind infinitesimal.

Ein ganz anderer Umgang mit unendlichen Größen ist in der heutigen Maßtheorie üblich (siehe zum Beispiel [17]). Dort kompaktifiziert man die Menge $\mathbb{R}$ zu $\overline{\mathbb{R}} :=$ $\mathbb{R} \cup \{-\infty, +\infty\}$ und definiert $-\infty < x < +\infty$ für alle $x \in \mathbb{R}$. Gerechnet wird mit den *uneigentlichen Zahlen* $+\infty$ und $-\infty$ so:

$$x + (\pm\infty) = (\pm\infty) + x = \pm\infty, \quad \text{für } x \in \mathbb{R}$$

$$(\pm\infty) + (\pm\infty) = \pm\infty$$

$$x \cdot (\pm\infty) = (\pm\infty) \cdot x = \pm\infty, \quad \text{für } 0 < x \le +\infty$$

$$x \cdot (\pm\infty) = (\pm\infty) \cdot x = \mp\infty, \quad \text{für } -\infty \le x < 0$$

$$0 \cdot (\pm\infty) = (\pm\infty) \cdot 0 = 0$$

$(\pm\infty) + \mp\infty$ ist nicht definiert. Auch eine Division durch $\pm\infty$ ist nicht definiert. Eine Maßfunktion kann Werte aus $[0, +\infty]$ annehmen. Die von Leibniz abgelehnten unbegrenzten unendlichen Linien haben hier das Maß $+\infty$.

Der Teil und das Ganze

Detlef D. Spalt konstatiert in seinem Buch *Analysis im Wandel und Widerstreit*:

> Welche kennzeichnende(n) Eigenschaft(en) hat das „aktuale" Unendlich? Fatalerweise ist dies völlig unklar! ([190], S. 676)

Nach Spalt gibt es dazu (mindestens) zwei grundverschiedene und einander ausschließende Auffassungen: eine, die das euklidische Axiom „Das Ganze ist größer als sein Teil" beibehält, und eine die es verwirft.

Die erste Auffassung erlaubt ein arithmetisches Unendlich, wie es in der Nonstandard-Analysis verwendet wird. Dann enthält zum Beispiel die Menge der ganzen Zahlen von 1 bis zu einer geraden unendlichen Zahl ν doppelt so viele ganze Zahlen wie gerade Zahlen. Die Strecke von 0 bis zu einem unendlich entfernten Punkt μ ist doppelt so lang wie die Strecke von 0 bis $\frac{\mu}{2}$, und die Strecke von 1 bis μ ist um 1 kürzer als die Strecke von 0 bis μ.

Die zweite Auffassung erlaubt mathematische Gegenstände, die ebenso groß sind wie ein echter Teil ihrer selbst. Die Verletzung des euklidischen Axioms wird in der Mengenlehre gerade zur charakteristischen Eigenschaft des aktual Unendlichen. (Eine Menge heißt Dedekind-unendlich, wenn sie sich bijektiv auf eine echte Teilmenge abbilden lässt.) Die unendliche Menge der natürlichen Zahlen enthält genauso viele gerade Zahlen wie Zahlen insgesamt.

Die Folge ist ein unarithmetisches Unendlich, mit dem sich nicht wie gewohnt rechnen lässt. Insbesondere gelten die Kürzungsregeln nicht. Für eine unendliche Kardinalzahl κ gilt zum Beispiel $\kappa = \kappa + 1$, ohne dass $0 = 1$ folgt. Genauso verhält es sich mit $+\infty$ in der Maßtheorie.

Ausschluss oder Koexistenz

Die Mathematik hat sich mit der Durchsetzung der Cantor'schen Mengenlehre dafür entschieden, das Teil-Ganzes-Axiom preiszugeben. In der reellen Arithmetik hat man sich auf das potentiell Unendliche beschränkt und das archimedische Axiom beibehalten: Es gibt beliebig große, aber keine unendlich großen reellen Zahlen (das heißt hier: keine reellen Zahlen, die größer als alle natürlichen Zahlen sind). Nichtarchimedische Körper wurden zwar weiterhin untersucht (siehe [65]), spielten jedoch für die Entwicklung der Analysis keine große Rolle mehr.

Die Entscheidung für das eine schließt aber das andere nicht aus, wie die Nonstandard-Analysis seit Schmieden/Laugwitz und Robinson beweist. Im Gegensatz zu Spalt sehe ich in den beiden Auffassungen des aktual Unendlichen nicht einander ausschließende Alternativen, sondern lediglich zwei unterschiedliche, aber koexistente Unendlichkeitsbegriffe. Eine Menge A hat eine bestimmte Kardinalität $|A|$ und – wenn A *-endlich ist – ebenfalls eine bestimmte *-Elementanzahl $^{\#}A$ (vgl. Definition 14 in Abschnitt 3.4.7). Ebenso koexistieren beide Unendlichkeitsbegriffe in der Maßtheorie. Ein unbegrenztes Intervall hat das Maß $+\infty$. Das begrenzte Intervall $[0, \mu]$ (mit Nichtstandardzahl μ) hat die (arithmetisch-unendliche) Länge μ. In der internen Mengenlehre tritt das arithmetische Unendlich gar nicht explizit auf, sondern wird als nichtstandard-endlich zu einer Unterform von endlich.

5.2.3 Herausforderung: Das aktual Unendliche in der Arithmetik

Die gewohnte Sichtweise
– Aktual unendliche Mengen sind selbstverständliche Gegenstände der Mathematik.
– Unendlich große und unendlich kleine Zahlen sind zwar in nichtarchimedischen Körpererweiterungen von $\mathbb{Q}$ oder $\mathbb{R}$ möglich, spielen aber in der Praxis kaum eine Rolle.

Herausforderungen durch die Nonstandard-Analysis
– Unendlich große und unendlich kleine Zahlen sind selbstverständliche Gegenstände der Mathematik.
– Das arithmetische Unendlich und das kardinale Unendlich stehen gleichberechtigt nebeneinander und sind gleichermaßen nützliche Konzepte in der Mathematik.

5.3 Das Kontinuum

5.3.1 Das Wesen des Kontinuums

Im Alltag erfahren wir Kontinuierliches als Fließen der Zeit oder als Ausgedehntsein des uns umgebenden Raumes. In der Geometrie werden als Kontinua Linien, Flächen oder

Körper betrachtet. Sie sind Idealisierungen von Alltagskontinua wie physikalischen Linien, Flächen und Körpern. Die Frage, was das Kontinuum (als abstrakter Oberbegriff für Kontinuierliches) seinem Wesen nach *ist*, wurde in der Geschichte sehr unterschiedlich beantwortet.[17]

Die verschiedenen Auffassungen lassen sich in atomistische und nicht atomistische einteilen. Nach den atomistischen Auffassungen ist das Kontinuum aus Atomen zusammengesetzt, also aus elementaren Bestandteilen, die nicht weiter teilbar sind. Atome sind das Primäre, das Kontinuum etwas Zusammengesetztes (also nicht primär). Je nachdem, ob das Kontinuum als nur endlich teilbar angesehen wird (Demokrit) oder als unendlich teilbar (Cavalieri), sind die Atome von endlicher Größe oder aber unendlich klein (Indivisibeln bei Cavalieri).

Eine besondere Form der atomistischen Kontinuumsauffassung ist der heute übliche überabzählbare Atomismus.[18] Sie wurde erst durch die Cantor'sche Mengenlehre möglich mit ihren Kardinalitäten jenseits des Abzählbaren. Die Atome sind nach dieser Auffassung ausdehnungslose Punkte. Das heißt: Punkte haben (als Bestandteile einer Linie) die Länge 0. Dies erzeugt erstens das Paradoxon, dass eine Vervielfachung von 0 etwas Positives ergeben muss und zweitens das Paradoxon, dass dieses Positive nicht eindeutig bestimmt ist. Mit naiver Anschauung (und $\mathfrak{c}$ als der Mächtigkeit des Kontinuums) wäre zum Beispiel $\mathfrak{c} \cdot 0 = 1$ für die Einheitsstrecke und $\mathfrak{c} \cdot 0 = 2$ für die bijektiv auf das Doppelte gestreckte Einheitsstrecke. Natürlich darf man mit Kardinalzahlen und Längen so nicht rechnen (nach Kardinalzahlarithmetik ist $\mathfrak{c} \cdot 0 = 0$ und $\mathfrak{c} \cdot 1 = \mathfrak{c} \cdot 2 = \mathfrak{c}$), aber das zeigt nur, dass man eine überabzählbare Punktmenge anschaulich nicht erfassen kann (im Gegensatz zu einer Strecke).

Man beachte, dass auch nach atomistischer Auffassung des Kontinuums *Zusammensetzung* mehr ist als bloße *Zusammenfassung*. Daher müssen zum Beispiel der *Menge* $\mathbb{R}$ ihre Struktureigenschaften (Anordnung, Körpereigenschaften, Metrik) in Gestalt von Relationen (also weiterer Mengen) separat mitgegeben werden.

Gemäß der nichtatomistischen Auffassungen ist das Kontinuum nicht aus unteilbaren Bausteinen (Punkten oder Atomen) zusammengesetzt, sondern selbst primär, ein Gegenstand eigener Art. Dies ist die vorherrschende Sichtweise in der Zeit von Aristoteles bis ins 19. Jahrhundert hinein. Nach Aristoteles ist Kontinuierliches stets teilbar, und zwar nur in wieder Kontinuierliches. Es ist für ihn daher unmöglich, dass etwas Kontinuierliches aus Unteilbarem besteht. Punkte als unteilbare Nicht-Kontinua sind demnach nicht bereits in einem Kontinuum *vorhanden* (als dessen Bestandteile), sondern sie werden ins Kontinuum *gesetzt*. Sie teilen oder begrenzen lineare Kontinua, aber sie konstituieren sie nicht.

---

17 Für einen Überblick siehe zum Beispiel [25], Kapitel 3.3.

18 Bedürftig und Murawski nennen ihn *trans-transfiniten Atomismus* ([25], S. 213).

5.3.2 Kontinuum vs. Menge

Wenn man in der Mathematik heute von *dem* Kontinuum spricht, meint man meistens die Menge ℝ der reellen Zahlen, aber dies ist eine relativ junge Sichtweise auf das Kontinuum, die sich erst Ende des 19. Jahrhunderts herausgebildet hat. Voraussetzung waren die Entwicklung der Mengenlehre durch Georg Cantor und die mengentheoretische Konstruktion der reellen Zahlen, wesentlich durch Cantor und Dedekind.

Von der Ursprungsidee sind Kontinuum und Menge zwei einander ausschließende Konzepte. Eine Menge ist nach Cantor die Zusammenfassung *wohlunterschiedener* Dinge. Das klassische Kontinuum hingegen ist etwas Homogenes, in dem keine wohlunterschiedenen Dinge als Bestandteile des Kontinuums auszumachen sind. Erst mit Cantor, Dedekind und Hilbert (vorbereitet durch Bolzano) wird das Kontinuum zur Punktmenge erklärt und damit der Mengenlehre zugänglich gemacht. Dies ist aber ein entscheidender Wandel im Denken (siehe [25], Kapitel 3.3).

5.3.3 Das Cantor-Dedekind-Postulat

Streng genommen ist das anschauliche Kontinuum kein Gegenstand der Mathematik mehr. In der *reinen* Mathematik wird es durch den (mengentheoretisch definierten) vollständig angeordneten Körper der reellen Zahlen ersetzt. Der Bezug zur Anschauung wird durch den Begriff der *reellen Zahlengeraden* hergestellt, die (gemäß atomistischer Kontinuumsauffassung) aus ausdehnungslosen Punkten besteht, wobei jeder Punkt umkehrbar eindeutig einer reellen Zahl entspricht. Nur von den Intuitionisten, die eine mengentheoretische Rekonstruktion des Kontinuums als überabzählbare Punktmenge ablehnen, wird das Kontinuum als eigenständige Intuition vorausgesetzt.

Wilholt, der in seinem behutsamen mathematischen Realismus realistische und formale Mathematik unterscheidet, zählt die reellen Zahlen noch zur realistischen Mathematik und identifiziert die positiven reellen Zahlen (als Universalien ante rem) mit realen, physikalischen Größenverhältnissen (siehe Abschnitt 5.1.4).

Eine realistische oder zumindest realitätsnahe Vorstellung der reellen Zahlen dürfte unter Mathematikern und Mathematikanwendern weit verbreitet sein. Sie wird scheinbar gerechtfertigt durch den erfolgreichen Einsatz der reellen Zahlen in den Naturwissenschaften. Wir können sie prägnant durch folgende Gleichung ausdrücken:

$$\text{(Idealisierte) physikalische Gerade}$$
$$= \text{anschauliche, geometrische Gerade}$$
$$= \text{reelle Zahlengerade.}$$

Dem Artikel [70] folgend nennen wir diese Gleichsetzung das *Cantor-Dedekind-Postulat*.

5.3.4 Das archimedische Axiom

Gemäß Euklids Definition 4 aus Buch V der Elemente haben zwei Größen ein Verhältnis zueinander, wenn sie vervielfältigt einander übertreffen können ([69], S. 91). In der vorangehenden Definition 3 wird eingeschränkt, dass es sich um gleichartige Größen handeln muss, also zum Beispiel um zwei Linien, zwei Winkel, zwei Flächen oder zwei Volumina.

Euklid *definiert* also hier, was es bedeutet, dass zwei gleichartige Größen ein Verhältnis zueinander haben, er behauptet nicht, dass zwei gleichartige Größen stets ein Verhältnis zueinander haben. In Buch III, Proposition 16 gibt er ein Gegenbeispiel, indem er feststellt, dass der Winkel zwischen Kreis und Tangente kleiner sei als jeder gradlinige spitze Winkel ([69], S. 57).

Leibniz nimmt an verschiedenen Stellen Bezug auf Euklids Definition 4, zum Beispiel bei seiner Definition *unvergleichlicher Größen*. In einem Brief vom 14./24. Juni 1695 schreibt er an de l'Hospital:

> J'appelle *grandeurs incomparables*, dont l'une multipliée par quelque nombre fini que ce soit, ne sçauroit exceder l'autre; de la même façon qu'Euclide la pris dans sa cinquieme definition du cinquiéme livre ([128], Hervorhebung im Original).[19]

Auch dies ist zunächst nur eine Definition und nicht die Behauptung, dass es unvergleichliche Größen gebe. Die Bedeutung dieser Definition für Leibniz' Kontinuumsvorstellung wird unter Historikern kontrovers diskutiert. Nach synkategorematischer Lesart handelt es sich um eine Leerdefinition, die auf nichts zutrifft, da Aussagen mit infinitesimalen oder unendlichen Größen nur als abkürzende Redeweisen für kompliziertere Aussagen mit gewöhnlichen, endlichen Größen zu verstehen sind. Nach formalistischer Lesart beschreibt die Definition *inassignable Größen*, wie die infinitesimalen Differentiale oder die Größen der begrenzten unendlichen Linien, die den gewöhnlichen Größen zumindest als Fiktion hinzugedacht werden können (vgl. etwa [167] einerseits und [13] und [14] andererseits).

Heute werden angeordnete Körper als *archimedisch* bezeichnet, wenn sie das *archimedische Axiom* erfüllen, wenn also für alle positiven Körperelemente x, y ein $n \in \mathbb{N}$ mit $nx > y$ existiert. In axiomatischen Einführungen der reellen Zahlen wird das archimedische Axiom entweder separat gefordert oder aus dem Supremumsaxiom gefolgert.

Ob das Kontinuum die archimedische Eigenschaft besitzt (das heißt, ob das archimedische Axiom gilt), hängt davon ab, was man unter dem Kontinuum versteht. Setzt man es gemäß dem Cantor-Dedekind-Postulat mit $\mathbb{R}$ gleich, dann hat es qua *Setzung* die archimedische Eigenschaft. Sieht man in $\mathbb{R}$ nur eine mögliche (aber nicht zwingende)

---

19 *Unvergleichlich* nenne ich *Größen*, von denen eine, mit einer beliebigen endlichen Zahl multipliziert, die andere nicht übertreffen kann; so wie Euklid es in seiner fünften Definition [in heutigen Ausgaben Definition 4] des fünften Buches getan hat (eigene Übersetzung).

mengentheoretische Modellierung des anschaulichen Kontinuums, so eröffnet sich die Möglichkeit, nach Belieben auch nichtarchimedische Modelle wie $^*\mathbb{R}$ in Betracht zu ziehen.[20]

Allerdings ist selbst im ersten Fall die Existenz infinitesimaler Größen nicht ausgeschlossen. Diese Option ergibt sich daraus, dass zur Formulierung der archimedischen Eigenschaft auf die Menge $\mathbb{N}$ der natürlichen Zahlen zurückgegriffen wird und unendliche natürliche Zahlen nicht ausgeschlossen werden können. Hierauf hatten wir bereits in Abschnitt 1.3 hingewiesen.

5.3.5 Herausforderung: Das nichtarchimedische Kontinuum

Die gewohnte Sichtweise
- Das anschauliche Linearkontinuum (die geometrische Gerade) besteht aus überabzählbar vielen ausdehnungslosen Punkten.
- Es ist archimedisch geordnet.
- Die Punkte können (bei willkürlicher Festlegung von 0 und 1) mit den reellen Zahlen identifiziert werden (Cantor-Dedekind-Postulat).

Herausforderungen durch die Nonstandard-Analysis
- Das anschauliche Linearkontinuum (die geometrische Gerade) ist keine Punktmenge. Es ist überhaupt *keine Menge*, sondern eine eigenständige mathematische *Leitidee*, unabhängig vom Mengenbegriff.
- Mengentheoretische Konstruktionen können bestimmte Aspekte dieser Leitidee nachbilden und sind in diesem Sinne *Modelle* des anschaulichen Kontinuums.
- Standard- und Nichtstandardmodelle stehen gleichberechtigt nebeneinander und sind gleichermaßen nützlich für die Mathematik.

5.4 Mengenlehre

Mengenlehre ist heute die „Realität" des Mathematikers, unabhängig davon, ob seine philosophische Position eher realistisch oder formalistisch ist (siehe Abschnitt 5.1.8). Daher verdient sie eine besondere Beachtung, wenn es um mögliche mathematisch oder philosophisch begründete Vorbehalte gegen Nichtstandarderweiterungen der Mengenlehre geht, wie sie in den Abschnitten 3.5 und 3.6 vorgestellt worden sind. Notwendiger-

---

20 Philip Ehrlich hat gezeigt, dass Conways System **No** der *surrealen Zahlen* in gewisser Hinsicht das maximal mögliche mengentheoretisch-arithmetische Modell des Kontinuums darstellt: Es ist das *absolute arithmetische Kontinuum modulo NBG* (von-Neumann-Bernays-Gödel-Mengenlehre mit globalem Auswahlaxiom). Jeder angeordnete Körper (dessen Universum eine Klasse in NBG ist) kann dort eingebettet werden ([64]).

weise spielt dabei die Unterscheidung zwischen Hintergrundmengenlehre und Objektmengenlehre eine Rolle. Ebenso sind inhaltliche Vorstellungen, wie die kumulative Hierarchie, die Interpretierbarkeit einer Mengenlehre in einer anderen oder Multiversum-
Theorien relevant.

5.4.1 Zur Bedeutung der Mengenlehre in der Mathematik

In der Phase der Etablierung der Mengenlehre, Ende des 19. und Anfang des 20. Jahrhunderts, stellte sich heraus, dass sich alle bis dahin verwendeten mathematischen Begriffe
(insbesondere Zahlen, Größen, Kurven, Funktionen und Relationen) mengentheoretisch
definieren ließen – wenn man zu gewissen Zugeständnissen bereit war. Tatsächlich waren die Zugeständnisse gewaltig, auch wenn das heute nicht mehr so empfunden wird.
Aktual unendliche Gesamtheiten mussten akzeptiert und das Teil-Ganzes-Axiom aufge-
geben werden. Die anschaulichen Größen mussten zu mengentheoretisch konstruier-
ten reellen Zahlen umgedeutet und das anschauliche, homogene Kontinuum atomisiert
werden. Jedoch waren auch die Vorteile gewaltig. Mit einer in der Prädikatenlogik formalisierbaren Mengenlehre auf der Basis der Zermelo-Fraenkel'schen Axiome stand unabhängig von der Anschauung „ein gemeinsamer Rahmen und ein gemeinsamer Standard der Strenge" für die Mathematik zur Verfügung, wie wir Simpson in Abschnitt 5.1.8
zitiert haben.

Man kommt im Prinzip mit einer reinen Mengenlehre ohne Urelemente aus. Hierdurch kommt der Mengenlehre eine besondere und grundlegende Rolle innerhalb der
Mathematik zu. Diskussionen über die Grundlagen der Mengenlehre können so auch
immer als Diskussionen über die Grundlagen der Mathematik insgesamt verstanden
werden.[21]

Ein weiterer Vorteil besteht aus Sicht der Logik darin, dass Mengenlehre in einer
sehr einfachen Sprache, einer Sprache erster Stufe mit $\in$ als einzigem nichtlogischen
Symbol, formalisierbar ist. Damit lässt sich (außer dem Grundbegriff *Menge* selbst) im
Prinzip jeder mathematische Begriff durch einen $\in$-Ausdruck formal definieren und jede mathematische Aussage als $\in$-Satz formalisieren.

Da Funktionen und Relationen definitionsgemäß Mengen sind, kann auch über solche Objekte quantifiziert werden, obwohl nur eine Sorte von Variablen (Individuenvariablen) zur Verfügung steht. Die wesentliche Beschränkung von Sprachen erster Stufe wird damit gewissermaßen umgangen. Zugleich erhält man die Vorteile, die Sprachen erster Stufe aus Sicht der mathematischen Logik auszeichnen. Insbesondere gelten
wichtige modelltheoretische Sätze wie der Endlichkeitssatz oder der Gödel'sche Vollständigkeitssatz.

---

[21] Neben der Mengenlehre gibt es alternative Grundlagenprogramme für die Mathematik, zum Beispiel
aus der Kategorientheorie oder der Typentheorie (siehe [8]).

5.4.2 Das Mengenuniversum als kumulative Hierarchie

In ZF (das Auswahlaxiom wird nicht gebraucht) sorgt das Fundierungsaxiom für den hierarchischen Aufbau des Mengenuniversums. Wenn man bei der einfachsten Menge, der leeren Menge, beginnend durch fortgesetzte Potenzmengenbildung und anschlie-ßend (im Limesfall) durch Vereinigung zu immer komplexeren und umfassenderen Mengen fortschreitet und dieses Vorgehen ins Transfinite extrapoliert, dann ist das Fundierungsaxiom über den restlichen Axiomen (also über ZF^0) äquivalent zu der Aussage, dass man das gesamte Universum auf diese Weise ausschöpft.

Das globale Rekursionstheorem für Ordinalzahlen (siehe zum Beispiel [61], S. 103) ermöglicht rekursive Definitionen von Operationen auf dem Mengenuniversum. Eine wichtige Anwendung dieses Satzes ist die Definition der von-Neumann'schen Hierar-chie V. Wie bei der Aleph-Operation (siehe Abschnitt 5.2.2) werden die Argumente hier üblicherweise als untere Indizes geschrieben.

Definition 27.

$$V_x = \emptyset, \quad \text{falls } \neg \text{Oz} \, x;$$
$$V_0 = \emptyset;$$
$$V_{a+1} = \mathcal{P}(V_a);$$
$$V_\delta = \bigcup \{V_\beta \mid \beta < \delta\}, \quad \text{falls } \delta \text{ Limeszahl}$$

(vgl. [61], S. 107).

Definition 28. $Vx :\leftrightarrow \exists a \, x \in V_a$ (vgl. [61], S. 107).

Konventionsgemäß sind kleine griechische Buchstaben Variablen für Ordinalzah-len. Entsprechend steht $\exists a$ abkürzend für $\exists a \, (\text{Oz} \, a \wedge \ldots)$. Statt „$Vx$" wird häufig die Klassenschreibweise „$x \in \mathbf{V}$" verwendet. Über ZF^0 ist das Fundierungsaxiom äquiva-lent zu $\forall x \, x \in \mathbf{V}$ ([61], S. 110). In ZF und in ZFC ist das Mengenuniversum daher identisch mit der Klasse $\mathbf{V}$.

Durch die von-Neumann'sche Hierarchie wird der kumulativ-hierarchische Aufbau des Mengenuniversums besonders deutlich.[22] Das Universum erhebt sich in Stufen über der leeren Menge durch fortgesetzte Potenzmengenbildung und (im Limesfall) Vereini-gung. Jede Stufe umfasst alle vorherigen Stufen.

Die Übereinstimmung des Zermelo-Fraenkel'schen Mengenuniversums mit der ku-mulativen Hierarchie wird oft als Indiz dafür gewertet, dass der axiomatischen Theorie ein intuitiv schlüssiges Konzept für den Mengenbegriff zugrunde liegt, sodass es schwer vorstellbar erscheint, dass ZF oder ZFC widersprüchlich sind (siehe zum Beispiel [61],

---

22 Das Scott'sche Axiomensystem erfasst den Gedanken der kumulativen Hierarchie axiomatisch. Die-ses Axiomensystem stellt sich als gleichwertig zu ZF heraus (siehe [61], S. 166–174).

S. 153). Ein *Beweis* der Konsistenz innerhalb der Theorie selbst ist nach den Gödel'schen Unvollständigkeitssätzen allerdings nicht möglich.

5.4.3 Die konstruktible Hierarchie

Neben der von-Neumann'schen Hierarchie V spielt für modelltheoretische Betrachtungen noch die *konstruktible Hierarchie L* mit der zugehörigen Klasse **L** der *konstruktiblen Mengen* eine wichtige Rolle. Gödel hat sie 1938 eingeführt, um zu beweisen, dass das Auswahlaxiom AC, die Kontinuumshypothese CH ($2^{\aleph_0} = \aleph_1$) und die verallgemeinerte Kontinuumshypothese GCH ($\forall \alpha\, 2^{\aleph_\alpha} = \aleph_{\alpha+1}$) konsistent relativ zu ZF sind (siehe [79, 77, 80]).

Die Idee der konstruktiblen Hierarchie ist, dass jede Stufe $L_{\alpha+1}$ nicht die komplette Potenzmenge von L_α ist, sondern nur diejenigen Mengen enthält, die sich durch einen $\in$-Ausdruck auf der Basis der Stufe L_α *definieren* lassen. Da man in der Sprache der Mengenlehre nicht direkt über Ausdrücke sprechen oder quantifizieren kann (siehe Abschnitt 5.4.5), muss man dazu die Syntax und Semantik formaler Sprachen mit mengentheoretischen Mitteln nachbilden, ähnlich wie man mit $0 := \emptyset$ und $z+1 := z \cup \{z\}$ die naiven natürlichen Zahlen mengentheoretisch nachbildet. Weitere Details hierzu und zu den folgenden Ausführungen findet man in [61], S. 182–194. In ZF lässt sich so eine einstellige Operation Defpot definieren, die eine „konstruktible Version" der Potenzmengenoperation $\mathcal{P}$ darstellt, indem sie Folgendes leistet:

$$\forall y\, \mathrm{Defpot}(y) \subseteq \mathcal{P}(y) \tag{5.5}$$

und für alle $\in$-Ausdrücke $\varphi(z, \overset{n}{x})$

$$\forall y\, \forall \overset{n}{x}\, (x_1 \in y \wedge \cdots \wedge x_n \in y \to \{z \in y \mid [\varphi(z, \overset{n}{x})]^y\} \in \mathrm{Defpot}(y)). \tag{5.6}$$

Darin steht $\overset{n}{x}$ abkürzend für $x_1, \ldots, x_n$ und $[\varphi(z, \overset{n}{x})]^y$ für denjenigen $\in$-Ausdruck, der aus $\varphi(z, \overset{n}{x})$ entsteht, indem man alle Quantoren auf y relativiert. Analog zu den Definitionen 27 und 28 definiert man dann die Operation L und die Klasse **L** (vgl. [61], S. 184):

Definition 29.

$$L_x = \emptyset, \quad \text{falls } \neg \mathrm{Oz}\, x;$$
$$L_0 = \emptyset;$$
$$L_{\alpha+1} = \mathrm{Defpot}(L_\alpha);$$
$$L_\delta = \bigcup\{L_\beta \mid \beta < \delta\}, \quad \text{falls } \delta \text{ Limeszahl.}$$

Definition 30. $\mathbf{L}x :\leftrightarrow \exists \alpha\, x \in L_\alpha.$

Durch die Beschränkung auf konstruktible Mengen ist die Klasse **L** im Allgemeinen wesentlich übersichtlicher als die Klasse **V**. Unter anderem ist es möglich, in ZF explizit ein zweistelliges Prädikat zu definieren, das **L** wohlordnet ([61], S. 190–192). Außerdem gelten in **L** alle Axiome von ZF, das Auswahlaxiom sowie die verallgemeinerte Kontinuumshypothese (jeweils relativiert auf **L**). Man sagt auch, **L** ist bezüglich ZF ein *inneres Modell* von ZF+AC+GCH, denn jedes Modell von ZF umfasst (mit dem durch **L** beschriebenen Teil) ein Modell von ZF+AC+GCH. Daraus folgt: Wenn ZF konsistent ist, dann ist auch ZF+AC+GCH konsistent.

Cohen hat 1963 seine neu entwickelte Forcing-Methode vorgestellt und damit gezeigt, dass auch die Negationen ¬AC und ¬CH (also auch ¬GCH) konsistent relativ zu ZF sind (siehe [49, 50, 48]). Zusammen mit Gödels Ergebnis bedeutet dies, dass AC, CH und GCH unabhängig von ZF sind.

Die Annahme, dass die konstruktible Hierarchie bereits das gesamte Mengenuniversum ausschöpft, dass also $\forall x\, \mathbf{L}x$ gilt, wird als *Konstruktibilitätsaxiom*, kurz $\mathbf{V} = \mathbf{L}$, bezeichnet. Da **L** bezüglich ZF ein inneres Modell von $\mathbf{V} = \mathbf{L}$ ist, ist auch das Konstruktibilitätsaxiom konsistent relativ zu ZF.

5.4.4 Vielfalt der Modelle

Da die innerhalb von ZF definierte kumulative Hierarchie V, ausgehend von der eindeutig bestimmten leeren Menge durch eine eindeutig (durch transfinite Rekursion) definierte Abfolge eindeutig definierter Schritte (Potenzmengenbildung bzw. im Limesfall Vereinigung) das Universum ausschöpft, könnte der Eindruck entstehen, das Universum sei damit eindeutig bestimmt. Das ist jedoch nicht der Fall. Wenn ZF widerspruchsfrei ist, dann gibt es nach dem Satz von Löwenheim, Skolem und Tarski unendlich viele verschiedene, zueinander nicht isomorphe Modelle von ZF, unter anderem abzählbare Modelle sowie Modelle beliebig großer Kardinalität.

Das Auswahlaxiom AC ist nach Ergebnissen von Gödel und Cohen über ZF unentscheidbar. Das Gleiche gilt für die Kontinuumshypothese CH und die verallgemeinerte Kontinuumshypothese GCH. Also gibt es unter den ZF-Modellen sowohl Modelle von ZFC als auch Modelle von ZF + ¬AC. Unter den ZFC-Modellen gibt es wieder unendlich viele verschiedene, zueinander nicht isomorphe, zum Beispiel Modelle von ZFC + GCH und Modelle von ZFC + ¬GCH (vgl. [61], S. 183). In jedem dieser Modelle schöpft V das gesamte Universum, also die Trägermenge des jeweiligen Modells, aus.

Die Klasse **V** selbst ist kein Modell von ZFC, denn **V** ist (im Gegensatz zu den einzelnen Hierarchiestufen V_α) keine Menge. Gemäß dem zweiten Gödel'schen Unvollständigkeitssatz kann innerhalb von ZFC kein Modell von ZFC definiert werden, ja nicht einmal die Existenz eines solchen Modells bewiesen werden (siehe [62], S. 119 f.). Innerhalb geeigneter Erweiterungen von ZFC ist dies dagegen durchaus möglich. Ergänzt man ZFC zum Beispiel um Axiome, die die Existenz unerreichbarer Kardinalzahlen implizieren, und ist κ die kleinste unerreichbare Kardinalzahl, dann ist V_κ ein Modell von ZFC ([106], S. 167).

Modelle für ein Axiomensystem der Mengenlehre werden immer einer bereits vorausgesetzten Mengenlehre entnommen. Dieser Umstand erfordert es, zwischen Objektmengenlehre und Hintergrundmengenlehre und damit zwischen verschiedenen Sprachebenen zu unterscheiden.

5.4.5 Metasprache und Objektsprache

In der mathematischen Logik untersuchen wir die Sprache der Mathematik mit mathematischen Methoden; und wir gebrauchen dazu Sprache, und zwar (auch) die Sprache der Mathematik. Die drohende Zirkularität dieses Vorgehens wird durch die Unterscheidung von Sprachebenen durchbrochen. Sprache tritt also in der Logik in (mindestens) zweifacher Hinsicht auf: einerseits als Untersuchungsgegenstand – dann heißt sie *Objektsprache* – und andererseits als Werkzeug oder Mittel der Untersuchung – dann heißt sie *Metasprache*.

Objektsprachen sind *formale* Sprachen. Was zu einer Objektsprache gehört ist durch ihr Alphabet und ihre Kalküle (Termkalkül, Ausdruckskalkül) festgelegt. In einer Objektsprache zu „sprechen", bedeutet, einen objektsprachlichen Ausdruck anzugeben. Einen objektsprachlichen Beweis zu führen, bedeutet, eine dem Sequenzenkalkül entsprechende Sequenz von Ausdrücken anzugeben.

Terme und Ausdrücke einer Objektsprache haben zunächst keine Bedeutung. Sie erhalten eine Bedeutung erst durch eine *Interpretation*, also eine Funktion, die den nichtlogischen Symbolen (Konstanten, Funktionssymbolen, Relationssymbolen) entsprechende Elemente, Funktionen bzw. Relationen einer passenden Struktur zuordnet und freie Variablen mit Elementen des Trägers der Struktur belegt. Eine Interpretation eines formalen Ausdrucks kann zu einer wahren oder zu einer falschen Aussage führen. Im ersten Fall heißt die Interpretation ein *Modell* des Ausdrucks. Wenn der Ausdruck keine freien Variablen enthält (also ein *Satz* ist), heißt auch die verwendete Struktur ein Modell des Ausdrucks.

Die praktizierte Mathematik findet nicht in einer Objektsprache, sondern in einer (um Fachbegriffe angereicherten) Umgangssprache statt, allerdings wird in Grundlagendiskussionen in der Regel davon ausgegangen, dass Mathematik im Rahmen der Mengenlehre und damit *prinzipiell* in einer Objektsprache der ersten Stufe formuliert werden könnte.

5.4.6 Hintergrundmengenlehre und Objektmengenlehre

In Einführungen zur Logik wird die Mengenlehre meist in naiver Weise (das heißt ohne axiomatische Grundlage) verwendet. Modelle werden einem Mengenuniversum entnommen, dessen Existenz als gegeben angenommen wird. Mit ZFC steht für diese Betrachtungen eine axiomatische Theorie zur Verfügung.

Tatsächlich kann man die gesamte Logik erster Stufe (Syntax und Semantik) auf der Basis von ZFC aufbauen (zum Beispiel mit den Elementen von ω als mengentheoretischem Ersatz für die Variablen und mit geeigneten n-Tupeln zur Kodierung von Termen, Ausdrücken, Sequenzen, Belegungen, Interpretationen und Strukturen). Die Modellbeziehung lässt sich auf der Basis von ZFC mittels $\in$-Ausdrücken definieren. Der Vollständigkeitssatz und andere modelltheoretische Sätze lassen sich durch $\in$-Sätze symbolisieren und aus ZFC ableiten (siehe [62], S. 119–122).[23]

So, wie die Sprache einmal als Werkzeug (Metasprache) verwendet wird und einmal Untersuchungsgegenstand (Objektsprache) ist, so tritt uns auch Mengenlehre in zweifacher Weise gegenüber: Einmal als Werkzeug (für syntaktische und semantische Überlegungen) und einmal als Untersuchungsgegenstand. Im ersten Fall nennt man sie *Hintergrundmengenlehre*, im zweiten Fall *Objektmengenlehre*.

Wenn die Begriffe der beiden Ebenen vermischt werden, gelangt man schnell zu paradoxen Aussagen. Als Beispiel sei hier kurz das *Skolem'sche Paradoxon* erläutert (vgl. [62], S. 120): Unter der Voraussetzung, dass ZFC widerspruchsfrei ist, besitzt ZFC nach dem Satz von Löwenheim-Skolem ein Modell $\mathfrak{A}$ mit abzählbarem Träger A. Andererseits lässt sich aus ZFC ein $\in$-Satz ableiten, der besagt, dass es eine überabzählbare Menge U gibt und damit überabzählbar viele Objekte im Diskursuniversum A. Wie passt das zusammen?

Der Widerspruch löst sich auf, wenn man die Begriffe der Objektmengenlehre (im Folgenden zur Verdeutlichung mit Superskript $\mathfrak{A}$ gekennzeichnet) und die der Hintergrundmengenlehre auseinanderhält. Die Überabzählbarkeit$^{\mathfrak{A}}$ von U bedeutet, dass es kein Element von A gibt, das die Interpretation einer Injektion$^{\mathfrak{A}}$ von U in $\omega^{\mathfrak{A}}$ ist. Dies steht nicht im Widerspruch zu der Aussage, dass es in der Hintergrundmengenlehre eine Injektion von $\{x \in A \mid x \in^{\mathfrak{A}} U\}$ in ω gibt. U ist also *intern* betrachtet (im Sinne der Objektmengenlehre) überabzählbar$^{\mathfrak{A}}$, aber *extern* betrachtet (im Sinne der Hintergrundmengenlehre) abzählbar.

Für einen Mengenlehre-Realisten ist das Universum der Hintergrundmengenlehre das *wahre* Mengenuniversum. In ihm hat jeder $\in$-Satz (auch ein in ZFC unentscheidbarer) einen eindeutigen Wahrheitswert, ist entweder wahr oder falsch. Axiomensysteme wie ZF und ZFC (und ggf. Erweiterungen davon) erfassen wesentliche Eigenschaften des wahren Mengenuniversums, auch wenn sie nicht vollständig sein können. Innerhalb der Hintergrundmengenlehre können unterschiedliche Modelle von ZFC (als Objektmengenlehre) untersucht werden.

Für einen Formalisten ist das Mengenuniversum eine Fiktion und Mengenlehre eine formale Theorie ohne semantisches Gegenstück, ohne Referenten. Modelltheoreti-

---

[23] Die Autoren weisen (mit Referenzierung von [15]) darauf hin, dass man zum Beweis des Vollständigkeitssatzes mit einem wesentlich schwächeren Axiomensystem als ZFC auskommt (vgl. [62], S. 122). Wie in Abschnitt 5.1.7 erwähnt, lässt sich der Vollständigkeitssatz sogar in der finitistisch reduzierbaren Theorie WKL$_0$ herleiten.

sche Überlegungen finden innerhalb dieser Fiktion statt, im Vertrauen darauf, dass die vereinbarten Axiome der Hintergrundmengenlehre (in der Regel also ZFC) konsistent sind.

Für einen Konstruktivisten ist ein Mengenuniversum auf der Basis von ZFC kein sinnvoller Untersuchungsgegenstand.

5.4.7 Die sogenannten Standardmodelle

Die natürlichen Zahlen oder die reellen Zahlen lassen sich durch ihre arithmetischen Axiome (die sämtlich in einer Sprache der ersten Stufe formulierbar sind) allein nicht eindeutig charakterisieren. Das Induktionsaxiom für die natürlichen Zahlen bzw. das Vollständigkeitsaxiom für die reellen Zahlen lässt sich auf der ersten Stufe nur durch ein Axiomenschema nachempfinden, welches aber keine Eindeutigkeit garantiert. Nach dem Satz von Löwenheim, Skolem und Tarski haben diese Axiomensysteme Modelle beliebig großer Kardinalität.

In einer Zermelo-Fraenkel'schen Hintergrundmengenlehre wird die Menge der natürlichen Zahlen (einschließlich der Null) mit ω identifiziert (siehe Abschnitt 5.2.2). Die Menge ω ist die kleinste induktive Menge, also die kleinste Menge, die $0^\omega := \emptyset$ enthält und mit jedem x auch dessen Nachfolger $x \cup \{x\}$ (wobei die Operationen $\cup$ und $\{.\}$ durch $\in$-Ausdrücke definiert sind). Sie existiert nach dem Unendlichkeitsaxiom.[24]

Mit dem Rekursionstheorem kann man die Addition $+^\omega$ und die Multiplikation $\cdot^\omega$ wie üblich rekursiv definieren. Dann ist die Struktur $(\omega, 0^\omega, +^\omega, \cdot^\omega)$ ein Modell der *Peano-Arithmetik* der ersten Stufe (kurz: PA), also ein Modell der Axiome

$$\forall x \, \neg x + 1 = 0 \tag{5.7}$$
$$\forall x \, x + 0 = x \tag{5.8}$$
$$\forall x \, x \cdot 0 = 0 \tag{5.9}$$
$$\forall x \forall y \, (x + 1 = y + 1 \to x = y) \tag{5.10}$$
$$\forall x \forall y \, x + (y + 1) = (x + y) + 1 \tag{5.11}$$
$$\forall x \forall y \, x \cdot (y + 1) = x \cdot y + x \tag{5.12}$$

und des Axiomenschemas

$$\varphi(0) \wedge \forall x \, (\varphi(x) \to \varphi(x + 1)) \to \forall x \, \varphi(x) \tag{5.13}$$

für alle $\{0, +, \cdot\}$-Ausdrücke $\varphi(x)$ (optional mit weiteren Parametern) (vgl. [62], S. 184).

---

24 In einer Klassenmengenlehre ohne Unendlichkeitsaxiom kann ω als echte Klasse definiert werden (siehe zum Beispiel [26]).

Man nennt $\mathfrak{N} := (\omega, 0^\omega, +^\omega, \cdot^\omega)$ das *Standardmodell der Arithmetik*. Nichtstandard-modelle der Arithmetik wurden zuerst von Skolem untersucht ([187]).

Ausgehend von ω kann man das Zahlensystem bis zu den reellen Zahlen auf eine der bekannten Arten aufbauen (siehe zum Beispiel [63]). Die so konstruierte Menge $\mathbb{R}$ zusammen mit den (durch ϵ-Ausdrücke definierten) Konstanten $0^\mathbb{R}$ und $1^\mathbb{R}$, den zweistelligen Funktionen $+^\mathbb{R}$ und $\cdot^\mathbb{R}$ sowie der zweistelligen Relation $<^\mathbb{R}$ sind ein Modell der Körperaxiome, der Anordnungsaxiome und des folgenden Axiomenschemas (welches das Prinzip der kleinsten oberen Schranke für durch φ definierte Mengen formalisiert):

$$\exists x\, \varphi(x) \wedge \exists b \forall x\, (\varphi(x) \to x \leq b)$$
$$\to \exists g\, (\forall x\, (\varphi(x) \to x \leq g) \wedge \forall c\, (\forall x\, (\varphi(x) \to x \leq c) \to g \leq c))$$

für alle $\{0, 1, +, \cdot, <\}$-Ausdrücke $\varphi(x)$ (optional mit weiteren Parametern) (vgl. [25], S. 356). $\mathfrak{R} := (\mathbb{R}, 0^\mathbb{R}, 1+^\mathbb{R}, \cdot^\mathbb{R}, <^\mathbb{R})$ ist das *Standardmodell der reellen Arithmetik*. Nichtstandard-modelle sind zum Beispiel entsprechende Strukturen mit hyperreellen Zahlen.[25]

Standardmodelle sind immer einer bereits vorausgesetzten Hintergrundmengen-lehre entnommen. Wie steht es aber mit der Mengenlehre selbst? Wenn ZFC widerspruchsfrei ist, gibt es nach dem Gödel'schen Vollständigkeitssatz ein Modell von ZFC. Aber die Existenz eines solchen Modells ist, wie bereits in Abschnitt 5.4.4 erwähnt, nicht innerhalb von ZFC, sondern höchstens in Erweiterungen von ZFC beweisbar. Insbesondere gibt es kein Standardmodell von ZFC innerhalb von ZFC. Ein Ausweichen auf eine umfassendere Mengenlehre (zum Beispiel mit Axiomen für große Kardinalzahlen) würde das Problem nur verschieben, da es dann kein Standardmodell für die umfassendere Mengenlehre gäbe.

Will man den Standardmodellen eine objektive und absolute Existenz zugestehen, so muss man ein außermathematisches Postulat an den Anfang stellen, das die Existenz eines objektiven und absoluten Mengenuniversums fordert, in dem die Standardmodelle (und alle anderen Modelle) zu Hause sind. Dies ist die Position der Mengenlehre-Realisten. Es ist auch die Arbeitsposition von Shapiros *working realist* (siehe Abschnitt 5.1.4). Das Universum der Hintergrundmengenlehre wird als *real* empfunden und kann wegen des Fundierungsaxioms mit der intuitiv plausiblen Klasse **V** zur von-Neumann'schen Hierarchie gleichgesetzt werden (vgl. Abschnitt 5.4.2). Es ist das uns vertraute Mengenuniversum mit all den uns vertrauten Mengen wie $\mathbb{N}_0$ (bzw. ω), $\mathbb{Z}$, $\mathbb{Q}$, $\mathbb{R}$, und so fort. „Vertraut" ist dabei kein mathematischer Begriff. Er bezeichnet das, was der *working realist* als real empfindet.

Für einen Formalisten ist das Mengenuniversum eine Fiktion. Damit sind auch alle Standardmodelle Fiktion. Sie haben keine Referenten. Robinson formuliert es so:

---

25 Strukturen hyperreeller Zahlen leisten allerdings noch wesentlich mehr, da sie elementare Erweiterungen der Struktur der reellen Zahlen sind bezogen auf eine Sprache, die zu *jeder* reellen Zahl und zu *jeder* Relation über $\mathbb{R}$ ein Symbol enthält (siehe Abschnitt 3.3.3).

> I will mention here the assumption that there exists a standard or intended model of Arithmetic or (alternatively, but relatedly) of Set Theory. Clearly, to the formalist, the entire notion of standardness must be meaningless, in accordance with our first basic principle ([169], S. 242).

„Our first basic priciple" bezieht sich dabei auf Punkt (i) aus dem Robinson-Zitat auf Seite 145, also auf die Aussage, dass unendliche Gesamtheiten weder ideell noch real existieren.

5.4.8 Nichtstandard-Perspektiven auf die Mengenlehre

In den Abschnitten 3.5 und 3.6 wurden mehrere konservative Erweiterungen von ZFC vorgestellt, die es durch ein zusätzliches Prädikat ermöglichten, Standardmengen und Nichtstandardmengen zu unterscheiden. Die Frage ist: Was passiert bei diesen Erweiterungen mit dem „vertrauten Mengenuniversum", also mit der Realität des *working realist*? Interessanterweise kann man hierzu verschiedene Sichtweisen einnehmen (vgl. [70], S. 19 f.).

Die interne Perspektive: Das vertraute Mengenuniversum wird als das Universum der erweiterten Theorie aufgefasst, dessen Beschreibung lediglich durch die Erweiterung reichhaltiger wird. Dem Universum wird also nichts hinzugefügt, man kann nur differenzierter über das Universum sprechen. Diese Perspektive wird von Nelson in seiner internen Mengenlehre eingenommen (siehe Abschnitt 3.5).

Die Standardperspektive: Das vertraute Mengenuniversum wird als Teiluniversum (die Klasse der Standardmengen) eines umfassenderen Universums der internen Mengen aufgefasst. Alle unendlichen Standardmengen erhalten in dem umfassenderen Universum zusätzlich (fiktive) Nichtstandardelemente. Diese Perspektive wird in [104] eingenommen.

Die externe Perspektive: Das vertraute Mengenuniversum wird als Teiluniversum (die Klasse der fundierten Mengen) eines umfassenderen Universums aufgefasst, das neben internen auch externe Mengen enthält. Diese Perspektive wird von Kanovei bevorzugt (siehe [109]).

Die interne Perspektive und die Standardperspektive unterscheiden sich nicht bezüglich ihrer Mathematik, die in beiden Fällen im Universum der internen Mengen stattfindet. Tatsächlich besteht aus formalistischer Sicht (aus der jegliche Mengenuniversen Fiktionen sind) überhaupt kein Unterschied zwischen den beiden Perspektiven. Die eingenommene Perspektive spielt aber möglicherweise für die Akzeptanz der Nichtstandardtheorie eine Rolle. In [104] wird berichtet, dass das Lehrbuch erst akzeptiert wurde, als die interne auf die Standardperspektive geändert wurde.

Für viele Realisten (oder arbeitende Realisten) ist es offenbar leichter, zu akzeptieren, dass vertrauten Mengen fiktive Elemente hinzugefügt werden, als anzunehmen, dass vertraute Mengen Elemente enthalten, von denen man bisher nichts ahnte.

Für Realisten ist aber noch ein weiterer Hinweis wichtig. In Abschnitt 3.6 wurde erläutert, dass BST und HST nicht nur konservative Erweiterungen von ZFC sind, sondern dass sie sogar in ZFC interpretierbar sind. Vereinfacht gesagt bedeutet dies, dass jedes ZFC-Universum (durch eine entsprechende Interpretation) zu einem BST- oder HST-Universum umgedeutet werden kann, in dem sich das alte ZFC-Universum als die Klasse der Standardmengen (in BST) bzw. als die Klasse der fundierten Mengen (in HST) wiederfindet. In diesem Sinne sind also BST oder HST genauso real wie ZFC. Die Entscheidung, ob es im realen Mengenuniversum Nichtstandardobjekte geben soll, ist damit auch für ZFC-Realisten wahlfrei. Man könnte einwenden, dass eine solche Interpretation in ZFC zwar möglich sei, dass sie aber nicht die „wahren Gegebenheiten" im Mengenuniversum widerspiegele. Eine solche Argumentation ist in der Mathematik allerdings sonst nicht üblich. Dazu ein Vergleich: Wir nehmen uns in der Mengenlehre auch die Freiheit, bei Bedarf die Existenz von Urelementen anzunehmen, weil dies in ZFC modellierbar ist (siehe etwa [106], S. 250).

5.4.9 Multiversum-Theorien

Für Formalisten steht über das Mengenuniversum nur das fest, was aus den vereinbarten Axiomen ableitbar ist. Der Mengenbegriff ist nur insoweit fixiert, wie es die Axiome zulassen. Es gibt keinen absoluten Mengenbegriff. Dieser formalistische Relativismus hat seine realistische Entsprechung in den Multiversum-Theorien (für einen Überblick siehe zum Beispiel [3]). Ihnen ist gemeinsam, dass sie nicht von einem einzigen realen Mengenuniversum ausgehen, sondern von einer Vielzahl mengentheoretischer Universen, die sämtlich existieren und jeweils unterschiedliche Mengenbegriffe instantiieren. Die Vielfalt der Modelle (siehe Abschnitt 5.4.4) wird gewissermaßen auf die Ebene von Universen übertragen.

Hamkins gibt mehrere Prinzipien (*multiverse axioms*) an, die die Existenz bestimmter Universen relativ zu anderen postulieren ([86]). Zum Beispiel existieren Universen, wenn sie in einem anderen Universum definierbar oder interpretierbar sind (*realizability principle*) oder wenn sie aus einem anderen Universum durch Forcing hervorgehen (*forcing extension principle*). Die Prinzipien formalisieren, dass es kein bestimmtes Universum gibt, das wir als *das* absolute Hintergrund-Universum betrachten können. So ist zum Beispiel nach dem *countability principle* jedes Universum abzählbar aus der Sicht eines anderen Universums oder nach dem *well-foundedness mirage* nicht fundiert aus der Sicht eines anderen Universums. Innerhalb von ZFC konstruieren Gitman und Hamkins ein sogenanntes *toy model* ihres Multiversums ([76]). Da es nach dieser Multiversum-Theorie keinen absoluten Mengenbegriff gibt, bezweifelt Hamkins ebenfalls, dass wir einen absoluten Endlichkeitsbegriff haben, denn dieser ist an die innerhalb der Mengenlehre definierten natürlichen Zahl geknüpft ([85]). Wir kommen auf die natürlichen Zahlen in Abschnitt 5.5 genauer zu sprechen.

Man kann darüber diskutieren, ob ein Multiversum-Realismus befriedigender ist als die formalistische Position, derzufolge es verschiedene formale Mengenlehren (und damit Mengenbegriffe) gibt, aber keine zugehörigen Mengenuniversen. Auf jeden Fall ist ein absoluter Mengenbegriff sowohl aus formalistischer als auch aus realistischer Position anzweifelbar.

5.4.10 Die Rolle des Auswahlaxioms

Abgesehen vom Extensionalitätsaxiom und vom Fundierungsaxiom, die jeweils grundlegende Wesensmerkmale des Mengenbegriffs zum Ausdruck bringen, sind die Axiome von ZF *Existenzaxiome*. Sie fordern die Existenz gewisser Mengen (zum Teil in Abhängigkeit von Parametern). ZF ist in dem Sinne *effektiv*, als dass sich für jede axiomatisch geforderte Existenz eine bestimmte Instanz *definieren* lässt: Für das Unendlichkeitsaxiom ist die Menge ω definierbar. Für die restlichen Existenzaxiome sind zu jeder gegebenen Menge die Potenzmenge, die Vereinigungsmenge sowie die Aussonderungs- und Ersetzungsmengen definierbar bzw. zu je zwei gegebenen Mengen die Paarmenge. Hierdurch ist es überhaupt möglich, Operationen wie $\mathcal{P}$, $\bigcup$ oder $\{.,.\}$ in ZF zu definieren.

Die Situation ändert sich grundlegend, wenn wir das Auswahlaxiom AC (*axiom of choice*) hinzunehmen. Es unterscheidet sich von den anderen Existenzaxiomen dadurch, dass die Existenz, die es fordert, unbestimmt bleibt. In einer gängigen Formulierung lautet AC: Zu jeder Familie nicht leerer und paarweise disjunkter Mengen gibt es eine *Auswahlmenge*, also eine Menge, die aus jeder Menge der Familie genau ein Element enthält. Eine alternative Formulierung ist: Zu jeder Familie nicht leerer Mengen gibt es eine *Auswahlfunktion*, also eine Funktion, die jeder Menge der Familie ein Element der Menge zuordnet. Im Allgemeinen ist es jedoch nicht möglich, zu einer gegebenen Familie nicht leerer Mengen eine bestimmte Auswahlfunktion explizit anzugeben, also durch einen ϵ-Ausdruck zu definieren. Insbesondere hat man keine definierbare „Auswahlfunktionsoperation", die jeder Familie nicht leerer Mengen eine bestimmte Auswahlfunktion zuordnet.[26]

Mathematische Herleitungen, die das Auswahlaxiom verwenden, um die Existenz einer Menge zu beweisen, ohne die Menge explizit zu definieren, werden üblicherweise als *inkonstruktiv* oder *nicht konstruktiv* bezeichnet. Es ist allerdings zu beachten, dass diese Begriffe im Konstruktivismus anders verwendet werden. Eine Menge zu konstruieren, bedeutet dort, ein effektives Verfahren anzugeben, mit dem man (potentiell)

---

[26] Nimmt man zu ZFC noch das Konstruktibilitätsaxiom **V** = **L** hinzu, ist die Definition einer solchen Auswahlfunktionsoperation durchaus möglich, denn es gibt eine definierbare Wohlordnung auf **L** (siehe Abschnitt 5.4.3), und man kann die Operation zum Beispiel so definieren, dass die gemäß Wohlordnung erste Auswahlfunktion genommen wird.

die Elemente der Menge konstruieren und voneinander unterscheiden kann (vgl. Abschnitt 5.1.5 und die Ausführungen zum Konstruktivismus in Abschnitt 6.1.2). Konstruktivisten lehnen daher auch das klassische Potenzmengenaxiom als inkonstruktiv ab.

Für die Analysis reichen in der Regel abzählbare Versionen des Auswahlaxioms, wie das Axiom der *abzählbaren Auswahl* CC (axiom of *countable choice*) oder das Axiom der *abhängigen Auswahl* DC (axiom of *dependent choice*). CC lautet: Zu jeder *abzählbaren* Familie nicht leerer Mengen gibt es eine Auswahlfunktion. DC lautet: Ist R eine zweistellige Relation auf einer nicht leeren Menge A und gibt es zu jedem $a \in A$ ein $b \in A$ mit bRa, dann gibt es eine Folge (a_n) mit $a_{n+1}Ra_n$ für alle $n \in \omega$. Es gilt AC $\Rightarrow$ DC $\Rightarrow$ CC (siehe [106], S. 50).

Der inkonstruktive Charakter des Auswahlaxioms schlägt auf die Sätze durch, die mit diesem Axiom bewiesen werden. Sie liefern in der Regel bloße Existenzaussagen ohne eine Möglichkeit, eines der Objekte, deren Existenz sie sichern, zu bestimmen. In den Grundvorlesungen wird mit dem Auswahlaxiom zum Beispiel bewiesen:

- dass jeder Vektorraum eine Basis hat,
- dass aus der Folgenstetigkeit die $\varepsilon\delta$-Stetigkeit folgt,[27]
- dass jede abzählbare Vereinigung abzählbarer Mengen wieder abzählbar ist.[28]

Für die letzten beiden Beispiele reicht CC. In der Mengenlehre wird AC zum Beispiel gebraucht, um zu zeigen, dass jede Menge zu einer Kardinalzahl gleichmächtig ist und somit je zwei Mengen stets bezüglich ihrer Mächtigkeit vergleichbar sind. Das Auswahlaxiom hat aber auch kontraintuitive Konsequenzen, wie die Existenz nicht Lebesguemessbarer Teilmengen von $\mathbb{R}$ oder das Banach-Tarski-Paradoxon ([205]).[29] Seine Rolle für die anwendbare Mathematik ist daher umstritten.

Nach Ergebnissen von Gödel und Cohen ist AC unabhängig von ZF (siehe Abschnitt 5.4.3). Das heißt, wenn ZF konsistent ist, dann ist auch ZFC konsistent, aber ebenso ZF zusammen mit der Negation des Auswahlaxioms. Zur Geschichte des Auswahlaxioms siehe zum Beispiel [150].

Das Auswahlaxiom ist über ZF äquivalent zum Wohlordnungssatz (jede Menge ist wohlordenbar) sowie zum Zorn'schen Lemma (eine Halbordnung im Sinne von $\leq$, in der jede Kette eine obere Schranke hat, besitzt ein maximales Element) (siehe zum Beispiel [61], S. 117–121). Eine umfangreiche Darstellung der Rolle des Auswahlaxioms in der Mathematik findet man in [107] und [98].

Mit dem Zorn'schen Lemma wird zum Beispiel der Ultrafiltersatz bewiesen (jeder Filter lässt sich zu einem Ultrafilter erweitern), der für die Konstruktion der hyperreellen Zahlen und allgemeiner der Nichtstandardeinbettungen gebraucht wird (vgl.

---

27 Die Umkehrung dieser Aussage ist bereits in Z^0 (ZF ohne Fundierungsaxiom und ohne Ersetzungsaxiom) beweisbar (siehe [61], S. 113 f.).

28 Der Beweis beruht darauf, dass für jede der abzählbar vielen Mengen eine Abzählung *gewählt* wird.

29 Eine erzählerische Behandlung des Banach-Tarski-Paradoxons findet man in [119].

Abschnitte 3.3.1 und 3.4.11). Die Vorbehalte gegenüber dem Auswahlaxiom bezüglich seiner Rolle für die anwendbare Mathematik werden daher oft auf die Nonstandard-Analysis übertragen (siehe Abschnitt 6.3). Genauer ist der Ultrafiltersatz über ZF äquivalent zum Boole'schen Primidealsatz (BPI), der schwächer als AC ist, aber nicht aus ZF allein folgt ([107], S. 17). Andererseits ist ZF+BPI nicht stark genug, um CC zu beweisen.

Ist das Auswahlaxiom für die Nonstandard-Analysis unentbehrlich? Die axiomatischen Zugänge wie IST scheinen auf der einen Seite einen Ausweg zu bieten, da sie ohne Ultrafilterkonstruktion auskommen und man daher auf das Auswahlaxiom verzichten könnte. Aus der so abgeschwächten Theorie ZF + I + S + T folgt allerdings der Boole'sche Primidealsatz und damit auch der Ultrafiltersatz (siehe [99]). Daher ist diese Theorie nicht konservativ über ZF. Auf der anderen Seite braucht man für eine elementare Nonstandard-Analysis nicht die volle Idealisierung und Standardisierung aus IST. Eine Nichtstandardtheorie, die konservativ über ZF ist, wird in ([103]) vorgestellt. Diese ist auch Grundlage für die in Kapitel 2 skizzierte Veranstaltung.

5.4.11 Herausforderung: Nichtstandard-Mengenuniversen

Die gewohnte Sichtweise
– Für die Mathematik steht ein Universum der Hintergrundmengenlehre zur Verfügung, das den Axiomen von ZFC (mindestens aber ZF) genügt.
– Dieses Mengenuniversum kann mit der Klasse **V** zur von-Neumann'schen Hierarchie identifiziert werden.
– Es stellt Modelle für alle konsistenten Theorien zur Verfügung.
– Unentscheidbare Aussagen über Mengen haben einen eindeutigen Wahrheitswert (realistische Position) oder könnten durch zusätzliche Axiome entschieden werden (formalistische Position). Sie haben keinen Einfluss auf die anwendbare Mathematik.
– Endliche Mengen können mit naiven endlichen Zusammenfassungen identifiziert werden.

Herausforderungen durch die Nonstandard-Analysis
– Das Universum der Hintergrundmengenlehre ist nicht absolut.
– Durch die konservativen Nichtstandarderweiterungen von ZFC erhält es unvertraute Eigenschaften unter Beibehaltung aller vertrauten Eigenschaften.
– Vertraute Mengen (zum Beispiel $\mathbb{N}$, $\mathbb{R}$) enthalten unvertraute Elemente (zum Beispiel Nichtstandardzahlen).
– Der Endlichkeitsbegriff ist nicht absolut. Insbesondere ist der mengentheoretische Endlichkeitsbegriff vom naiven Endlichkeitsbegriff zu unterscheiden.

5.5 Die natürlichen Zahlen

Die natürlichen Zahlen sind die ältesten Zahlen, die wir kennen. Wir benutzen sie als Ordinalzahlen, um Dinge in eine Reihenfolge zu bringen, als Kardinalzahlen beim Zählen von Dingen oder einfach zum Rechnen.

Der Prozess des Zählens, der die natürlichen Zahlen hervorbringt, kann in einfachster Weise durch fortgesetzte Wiederholung eines bestimmten Zeichens (zum Beispiel Striche auf einem Blatt Papier oder Kerben auf einem Knochen) dokumentiert werden. Strichlisten sind in vielen Bereichen des täglichen Lebens immer noch ein probates Mittel zur Repräsentation kleinerer natürlicher Zahlen, seien es die Anzahl konsumierter Getränke, ausgezählte Stimmen bei einer Wahl oder Punktestände in Spiel und Sport. Für größere Zahlen oder zum Rechnen verwenden wir in der Regel das Dezimalsystem, das uns so in Fleisch und Blut übergegangen ist, dass wir Zahlen vielfach mit ihrer Dezimaldarstellung identifizieren.

Die Frage, was natürliche Zahlen eigentlich sind, überlassen Mathematiker gerne den Philosophen, um sich selbst auf den axiomatischen Standpunkt zurückzuziehen. Das Spektrum der philosophischen Antworten reicht von „natürliche Zahlen sind real" bis „natürliche Zahlen sind nichts als die Zeichen, die zu ihrer Darstellung verwendet werden". Aber auch die mathematische, die axiomatische Antwort ist nicht so eindeutig, wie vielfach angenommen wird.

5.5.1 Peano-Strukturen

Was wir von den natürlichen Zahlen in der Mathematik erwarten, wird seit Peano und Dedekind durch die Peano-Dedekind'schen Axiome – meist kurz nur *Peano-Axiome* genannt – festgelegt. Sie charakterisieren die natürlichen Zahlen bis auf Isomorphie eindeutig, sind aber wegen des Induktionsaxioms nicht auf der ersten Stufe formulierbar. Mit der Konstanten 0, dem einstelligen Funktionssymbol σ (für die Nachfolgerfunktion) und der Prädikatsvariablen X sieht eine Formalisierung der Peano-Axiome auf der zweiten Stufe in moderner Notation zum Beispiel so aus (vgl. [62], S. 52 f.):

$$\forall x \forall y \, (\sigma x = \sigma y \rightarrow x = y), \tag{5.14}$$

$$\forall x \, \neg \sigma x = 0, \tag{5.15}$$

$$\forall X (X0 \wedge \forall x \, (Xx \rightarrow X\sigma x) \rightarrow \forall y \, Xy). \tag{5.16}$$

Die Axiome drücken aus, dass die Nachfolgerfunktion injektiv ist (ungleiche Zahlen haben auch ungleiche Nachfolger), dass die Null nicht Nachfolger einer Zahl ist und dass das Prinzip der vollständigen Induktion gilt (was für Null gilt und mit jeder Zahl auch für deren Nachfolger, das gilt für alle Zahlen). Die Modelle dieses auf der zweiten Stufe formulierten Axiomensystems sind gerade die *Peano-Strukturen*, also die Strukturen mit einer Trägermenge A und einer auf A definierten Funktion σ^A (die Interpretation von σ) und einem Element 0^A aus A (der Interpretation von 0), sodass gilt:

(P1) $\sigma^A : A \xrightarrow{\text{inj}} A$,

(P2) $0^A \notin \text{Bild}(\sigma^A)$,

(P3) $\forall B \, [B \subseteq A \wedge 0^A \in B \wedge \forall x \, (x \in B \Rightarrow \sigma^A(x) \in B) \Rightarrow B = A]$.

(P1) bis (P3) sind die *mengentheoretisch formulierten Peano-Axiome*. Nach dem Satz von Dedekind (siehe zum Beispiel [62], S. 53) sind alle Peano-Strukturen isomorph. Für den Mathematiker ist es daher gleichgültig, welche Peano-Struktur zur Definition der natürlichen Zahlen herangezogen wird.

In ZFC werden die natürlichen Zahlen üblicherweise als die Elemente der kleinsten Limeszahl ω definiert (siehe Abschnitt 5.2.2). Mit $0^\omega := \emptyset$ und $\sigma^\omega(z) := z \cup \{z\}$ ist $(\omega, 0^\omega, \sigma^\omega)$ eine Peano-Struktur (siehe [61], S. 67 f.).

5.5.2 Objektzahlen und Metazahlen

In einer Objektmengenlehre, welche die Definition von Peano-Strukturen und die Ableitung des Satzes von Dedekind erlaubt, müssen die natürlichen Zahlen der Objektsprache (kurz: *Objektzahlen*) von den natürlichen Zahlen der Metasprache (kurz: *Metazahlen*) unterschieden werden. Wir erläutern dies am Beispiel ZFC. Zur Verdeutlichung verwenden wir $\mathfrak{n}$ (statt n) als Platzhalter für Metazahlen.

Mit den gängigen definierten Funktionssymbolen $\cup$ und $\{.\}$ definiere man ein weiteres Funktionssymbol σ durch $\sigma x := x \cup \{x\}$. Dann gibt es zu jeder Metazahl $\mathfrak{n}$ einen objektsprachlichen Term

$$\sigma^{\mathfrak{n}} \emptyset := \underbrace{\sigma \cdots \sigma}_{\mathfrak{n}\text{-mal}} \emptyset,$$

der den $\mathfrak{n}$-fachen Nachfolger von $\emptyset$ bezeichnet. Zu jeder Metazahl $\mathfrak{n}$ gibt es somit eine entsprechende Objektzahl $\sigma^{\mathfrak{n}} \emptyset$. Soweit sind die Überlegungen rein syntaktischer Natur und kommen mit dem potentiell Unendlichen aus.

Setzt man eine Hintergrundmengenlehre voraus, die aktual unendliche Mengen und die Ableitung des Gödel'schen Vollständigkeitssatzes erlaubt, sind modelltheoretische Betrachtungen möglich. Für konsistente Axiomensysteme gibt es dann in der Hintergrundmengenlehre Modelle. Sei also (unter der Annahme der Konsistenz von ZFC) $\mathfrak{A}$ ein Modell von ZFC und A die Trägermenge des Modells. Die Interpretation des Symbols $\in$ und der (in der Objektsprache) definierten Symbole (wie $\emptyset$, ω, σ) wird jeweils durch das Superskript $\mathfrak{A}$ gekennzeichnet. Dann hat jeder Term $\sigma^{\mathfrak{n}} \emptyset$ eine eindeutige Interpretation in A, nämlich $(\sigma^{\mathfrak{n}} \emptyset)^{\mathfrak{A}} = (\sigma^{\mathfrak{A}})^{\mathfrak{n}}(\emptyset^{\mathfrak{A}})$ (die Funktion $\sigma^{\mathfrak{A}}$ $\mathfrak{n}$-mal auf $\emptyset^{\mathfrak{A}}$ angewendet). Damit hat jede Metazahl eine eindeutige Entsprechung im Modell (genauer, in der Trägermenge des Modells).

$\mathcal{M}$ bezeichne die Menge der Metazahlen, also die kleinste induktive Menge in der *Hintergrundmengenlehre*. Die Menge

$$\mathcal{N} := \{(\sigma^n\emptyset)^{\mathfrak{A}} \mid n \in \mathcal{M}\}$$

ist eine Teilmenge von A. Da sie ein Konstrukt der Hintergrundmengenlehre ist, steht sie in der Objektmengenlehre nicht zur Verfügung. Daher kann sie nicht zur Definition der Menge der natürlichen Zahlen innerhalb der Objektmengenlehre dienen. Man kann aber die Menge $\mathcal{N}$ in der Hintergrundmengenlehre mit der Menge

$$\mathcal{N}' := \{a \in A \mid a \in^{\mathfrak{A}} \omega^{\mathfrak{A}}\}$$

vergleichen. $\mathcal{N}$ enthält genau die Entsprechungen der Metazahlen im Modell. $\mathcal{N}'$ enthält genau die Objektzahlen, aber *extern* betrachtet (als Elemente der Trägermenge des Modells). Es gilt folgender

Metasprachlicher Satz. *Sei $\mathfrak{A}$ ein Modell von ZFC. Dann gilt: $\mathcal{N}$ ist eine Teilmenge von $\mathcal{N}'$.*

Beweis. Da $\mathfrak{A}$ ein Modell von ZFC ist, gilt $\emptyset^{\mathfrak{A}} \in^{\mathfrak{A}} \omega^{\mathfrak{A}}$ und für alle a aus A: wenn $a \in^{\mathfrak{A}} \omega^{\mathfrak{A}}$, dann $\sigma^{\mathfrak{A}}(a) \in^{\mathfrak{A}} \omega^{\mathfrak{A}}$. Mittels metasprachlicher Induktion folgt daraus für jede Metazahl n: $(\sigma^n\emptyset)^{\mathfrak{A}} \in^{\mathfrak{A}} \omega^{\mathfrak{A}}$. Also ist $\mathcal{N}$ eine Teilmenge von $\mathcal{N}'$. $\qquad\square$

Die Gleichheit von $\mathcal{N}$ und $\mathcal{N}'$ gilt im Allgemeinen nicht. Zwar gilt für alle a aus A mit induktiv$^{\mathfrak{A}}(a)$ auch $\omega^{\mathfrak{A}} \subseteq^{\mathfrak{A}} a$, es ist aber nicht gesagt, dass $\mathcal{N}$ überhaupt ein Element von A ist. Daher ist der Schluss auf $\mathcal{N}$ nicht anwendbar.

Vereinfacht gesagt gibt es möglicherweise „mehr" Objektzahlen als Metazahlen. Diese Möglichkeit ist zum Beispiel in den ZFC-Modellen realisiert, die den Erweiterungen aus Abschnitt 3.5 oder 3.6 genügen.

5.5.3 Welches sind die richtigen natürlichen Zahlen?

Die Notwendigkeit, zwischen den natürlichen Zahlen der verschiedenen Sprachebenen zu unterscheiden, mag zu der Frage verleiten, welches denn nun die „richtigen" natürlichen Zahlen sind. Allerdings verlassen wir mit einer solchen Frage den Zuständigkeitsbereich der Mathematik, zumindest der Mathematik, wie sie heute verstanden wird.

Formalisierte Mathematik – oder Mathematik, die den Anspruch erhebt, prinzipiell formalisierbar zu sein – setzt immer bereits die natürlichen Zahlen voraus (allein, um einen unbegrenzten Vorrat an Variablen zu haben). Solange man auf der syntaktischen Ebene bleibt und zum Beispiel Term-, Ausdrucks- oder Sequenzenkalküle mit beweistheoretischen Mitteln untersucht, kommt man mit dem potentiell Unendlichen aus (zum Beispiel auf der Basis von PRA). Sobald eine Semantik ins Spiel kommt, braucht man Modelle, und das bedeutet, man braucht eine (wiederum formalisierbare) Hintergrundmengenlehre – oder zumindest ein hinreichend starkes Teilsystem von Z_2, zum Beispiel WKL_0 (siehe Abschnitt 5.1.7). In diesen formalen Systemen sind die natürlichen Zahlen wieder Objektzahlen und von den Metazahlen (die dann genau genommen schon Metametazahlen sind) zu unterscheiden.

Was bedeutet dies für unsere Ausgangsfrage? Die Antwort hängt vom mathematik-philosophischen Standpunkt ab.

Der Formalismus ist finitistisch in Bezug auf die Metamathematik. Das heißt, der Anspruch, über eine aktual unendliche Gesamtheit aller Metazahlen zu sprechen, wird gar nicht erhoben. Demnach wären die nur potentiell unendlichen Metazahlen am ehesten als die „richtigen" natürlichen Zahlen zu bezeichnen. Alles, was darüber hinausgeht, führt zu Objektzahlen einer formalen Theorie, die von den Metazahlen zu unterscheiden sind. Sowohl für die Metazahlen als auch für Objektzahlen hat man das Phänomen der Unvollständigkeit in Kauf zu nehmen. Das heißt, es bleiben in jedem Fall unentscheidbare Aussagen.

Eine solche Antwort ist für Realisten nicht akzeptabel. Nach realistischer Auffassung muss jede arithmetische Aussage (auch eine unbeschränkt quantifizierende) eine eindeutige Antwort haben, unabhängig davon, ob wir diese innerhalb einer formalen Theorie ermitteln können. Wilholt nimmt eine pragmatische Haltung gegenüber Fragen der Konsistenz oder Vollständigkeit ein, solange es nur um formale Systeme geht, bezeichnet eine solche Haltung aber als „nicht hinnehmbar" ([211], S. 234) in Bezug auf die Kernbereiche der klassischen Mathematik (zu denen er insbesondere die elementare Arithmetik und die reelle Analysis zählt).

Wir wenden uns noch einmal seinem behutsamen mathematischen Realismus zu, wonach natürliche Zahlen Universalien ante rem sind, also Zahleigenschaften faktischer oder kontrafaktischer Aggregate (siehe Abschnitt 5.1.4). Ausgehend von den (vermutlich nicht unbegrenzt möglichen) physikalisch realen Aggregaten, kann ich in den kontrafaktischen Aggregaten (die entstehen würden, wenn es weitere kausale Prozesse gäbe, die man hinzufügen könnte) nur einen *potentiell* unendlichen Bereich erkennen. Ich sehe nicht, wie sich daraus eine Rechtfertigung ableitet, über die Gesamtheit *aller* Zahleigenschaften oder über *beliebige Gesamtheiten* von Zahleigenschaften zu sprechen, wie dies in (P3) ([211], S. 182) geschieht ((P3) dort ist eine für Aggregate formulierte Version des Peano'schen mengentheoretisch formulierten Induktionsaxioms, also (P3) in Abschnitt 5.5.1). Die aus dem behutsamen Realismus abgeleiteten natürlichen Zahlen passen also besser zur finitistischen Auffassung.

Ein Mengenlehre-Realist kann die „richtigen" natürlichen Zahlen mit den Elementen der *realen* Menge ω gleichsetzen. Allerdings kann man auch als Realist nicht sicher sein, dass das reale Mengenuniversum über ZFC hinaus nicht auch den Axiomen von IST (oder anderen Nichtstandarderweiterungen von ZFC) genügt. Für die Existenz von natürlichen Nichtstandardzahlen bestehen (nach den Überlegungen aus Abschnitt 5.4.8) mindestens folgende Optionen:

– Die Nichtstandardzahlen können gemäß der internen Perspektive als Elemente von ω angenommen werden.

– Die Nichtstandardzahlen können gemäß der Standardperspektive als fiktive Elemente den realen Zahlen hinzugedacht werden.
– Die Nichtstandardzahlen können durch eine Interpretation von BST (oder HST) in ZFC als real angesehen werden.

Wir halten fest: Sowohl aus einer formalistischen als auch aus einer realistischen Position heraus kann die Existenz arithmetisch-unendlicher natürlicher Zahlen nicht ausgeschlossen werden. Die Gleichsetzung der naiven, intuitiv gegebenen natürlichen Zahlen mit den Elementen von ω ist nicht haltbar.

5.5.4 Herausforderung: unendliche natürliche Zahlen

Die gewohnte Sichtweise
– In der Hintergrundmengenlehre gibt es ein (bis auf Isomorphie) eindeutig bestimmtes Modell $(\omega, 0^{\omega}, \sigma^{\omega})$ der Peano-Axiome.
– Die naiven natürlichen Zahlen können mit den Elementen von ω identifiziert werden.
– Es gibt keine unendlichen natürlichen Zahlen, da die endlichen Kardinalzahlen definitionsgemäß genau die natürlichen Zahlen sind.

Herausforderungen durch die Nonstandard-Analysis
– Die naiven natürlichen Zahlen sind von den natürlichen Zahlen der Hintergrundmengenlehre zu unterscheiden.
– Die natürlichen Zahlen der Hintergrundmengenlehre sind (definitionsgemäß) kardinal-endlich, sie können aber arithmetisch-unendlich sein.

6 Aus den mathematischen Grundlagen: Zum Status der Nichtstandardzahlen

In diesem Kapitel greifen wir noch einmal die philosophischen Grundfragen aus Abschnitt 5.1.3 auf, und zwar in Bezug auf Standard- und Nichtstandardzahlen. Wir beschränken uns dabei auf die Betrachtung der hyperreellen Zahlen in ZFC und der reellen Zahlen in den Nichtstandarderweiterungen der Mengenlehre. Diese sind erstens für die Nonstandard-Analysis besonders relevant, da für sie ein leistungsfähiges Transferprinzip gilt, und zweitens hinsichtlich der philosophischen Grundfragen wegen der nichtkonstruktiven Elemente in den jeweiligen Theorien besonders interessant. Andere Zahlensysteme, die unendlich große und unendlich kleine Zahlen beinhalten, wie die mit dem Filter Cof definierten Omegazahlen von Laugwitz (siehe Abschnitt 3.2) oder die superreellen Zahlen von Tall (siehe Abschnitt 4.3.3) lassen sich innerhalb von ZF definieren und gelten daher als weniger problematisch. Allerdings sind diese Zahlensysteme wegen des eingeschränkten bzw. fehlenden Transferprinzips bei Weitem nicht so leistungsfähig. Die Omegazahlen bilden zudem nur einen partiell geordneten Ring.

6.1 Ontologische Fragen

Beginnen wir also mit den ontologischen Fragen. Existieren Nichtstandardzahlen in der gleichen Weise wie Standardzahlen oder stehen sie auf einer niedrigeren ontologischen Stufe? Existieren sie überhaupt oder sind sie sogar widersprüchliche Begriffe? Es ist klar, dass ontologische Fragen in Abhängigkeit von philosophischen Grundüberzeugungen zu diskutieren sind. Widersprüchlichkeit ist allerdings für keine mathematikphilosophische Position mit Existenz verträglich. Wir stellen daher als Erstes die Frage:
– Sind Nichtstandardzahlen widersprüchlich?

Und dann:
– Existieren Nichtstandardzahlen?

Hierbei beleuchten wir realistische, formalistische und konstruktivistische Positionen, wie sie in Abschnitt 5.1 beschrieben worden sind.

6.1.1 Sind Nichtstandardzahlen widersprüchlich?

Infinitesimale Größen
Größen sind die historischen Vorläufer der reellen Zahlen und unendliche und infinitesimale Größen die historischen Vorläufer der unendlich großen bzw. unendlich kleinen Nichtstandardzahlen. Das unendlich Kleine bedingt dabei (durch Kehrwertbildung) das unendlich Große.

https://doi.org/10.1515/9783111229027-006

So nützlich unendlich kleine Größen in der damals neuen Infinitesimalrechnung von Newton und Leibniz waren, so umstritten waren sie auch. Von Anfang an hatten sie mit dem Vorwurf zu kämpfen, ein Ding der Unmöglichkeit zu sein. Eine Größe, die zu Beginn einer Rechnung ungleich null ist und dann im Verlauf der Rechnung auf wundersame Weise zu null wird, musste eine Provokation darstellen. George Berkeley legte hier genüsslich den Finger in die Wunde, wenn er die verschwindenden Inkremente „*o*" in Newtons Fluxionsrechnung kritisierte:

> I admit that Signs may be made to denote either any thing or nothing: And consequently that in the original Notation *x* + *o*, *o* might have signified either an Increment or nothing. But then which of these soever you make it signify, you must argue consistently with such its Signification, and not proceed upon a double Meaning: Which to do were a manifest Sophism ([31], S. 24).

Berühmt geworden ist Berkeleys Verspottung der verschwindenden Inkremente als „Geister verstorbener Größen" („ghosts of departed quantities", [31], S. 59).[1]

Auch Cantor hat heftig gegen die unendlich kleinen Größen polemisiert, zum Beispiel in seinem Brief an Giulio Vivanti vom 13. Dezember 1893, wo er sie den „infinitären Cholera-Bacillus" der Mathematik nennt und „papierne Größen", die „gar keine andere Existenz haben als auf dem Papiere ihrer Entdecker und Anhänger" ([147], S. 505 f.). Cantor war davon überzeugt, die Unmöglichkeit infinitesimaler Größen gezeigt zu haben. Allerdings beruhten seine Unmöglichkeitsbeweise auf unvereinbaren, aber nicht zwingenden Annahmen über die Größensysteme. Eine detaillierte Auseinandersetzung mit den Argumenten Cantors findet man in [65].

Die moderne Antwort

In der heutigen Nonstandard-Analysis sind die scheinbar widersprüchlichen Attribute von Infinitesimalien auf befriedigende Weise in Einklang gebracht. Infinitesimalien sind nicht erst ungleich null und dann gleich null, sie sind nicht variable oder verschwindende Größen, sondern feste Zahlen, wie Standardzahlen auch. *Infinitesimal* bedeutet *betragsmäßig kleiner als jede positive Standardzahl*. Damit ist Null die einzige infinitesimale Standardzahl. Infinitesimalien sind (wie schon bei Leibniz) beliebig weiter teilbar. Es gibt keine kleinste positive Infinitesimalzahl.

Die „verallgemeinerte Gleichheit" ist die Äquivalenzrelation „≈". Das wundersame „Zu-null-werden" eines infinitesimalen Unterschieds am Ende der Berechnung eines Differentialquotienten ist schlicht das Übergehen zum Standardteil, denn die Ableitung ist als Standardteil des Differentialquotienten definiert (analog für das Integral und andere Begriffe der Analysis).

---

1 Allerdings haben auch die Begründer der Infinitesimalrechnung nicht tatsächlich behauptet, dass ein und dieselbe Größe zunächst ungleich null und später gleich null sei, sondern eher, dass infinitesimale Anteile im Endergebnis verworfen werden können, etwa im Sinne der „verallgemeinerten Gleichheit" bei Leibniz (vgl. Abschnitt 2.1).

Ein großes Verdienst der Nonstandard-Analysis ist es, mit dem Transferprinzip präzise erklären zu können, welche Aussagen über Standardzahlen sich auf den erweiterten Zahlenbereich übertragen lassen. Im Robinson-Ansatz sind das die Aussagen erster Stufe. In den Nichtstandardmengenlehren entspricht dem Transferprinzip das Transferaxiom, das für interne Aussagen gilt.

So wie Konsistenz heute in der Regel verstanden wird, nämlich als relative Konsistenz über ZFC, kann man also feststellen: Infinitesimalien (und allgemeiner die Nichtstandardzahlen) sind nicht widersprüchlich.

6.1.2 Existieren Nichtstandardzahlen?

Die realistische Position

Aus ZFC folgt die Existenz von elementaren nichtarchimedischen Körpererweiterungen von $\mathbb{R}$ und, allgemeiner, die Existenz von Nichtstandardeinbettungen, wie in Abschnitt 3.4 beschrieben. Für einen ZFC-Realisten steht also die Existenz von Nichtstandardzahlen außer Frage. Für Multiversum-Realisten (siehe Abschnitt 5.4.9) sind darüber hinaus auch die Universen der verschiedenen Nichtstandardmengenlehren real, in denen Nichtstandardzahlen innerhalb der reellen Zahlen existieren können.

Reelle Nichtstandardzahlen existieren in verschiedenen konservativen Nichtstarderweiterungen von ZFC (zum Beispiel IST). Sie können daher auch von ZFC-Realisten (gemäß der internen Perspektive) als real angesehen oder (gemäß der Standardperspektive) dem realen Universum als Fiktionen hinzugedacht werden. Darüber hinaus können interpretierbare Nichtstandarderweiterungen von ZFC (zum Beispiel BST oder HST) als „real" (im Sinne der Interpretation) aufgefasst werden (siehe Abschnitt 5.4.8).

Ähnliche Aussagen gelten für ZF-Realisten und Vertreter des empirisch gebundenen Realismus, die die in ZF definierbaren Standardmodelle von $\mathbb{N}$ oder $\mathbb{R}$ für real halten: Da es konservative Nichtstandarderweiterungen von ZF gibt (siehe Hinweis am Ende von Abschnitt 5.4.10), können Nichtstandardzahlen (gemäß der internen Perspektive) als real angesehen oder (gemäß der Standardperspektive) dem realen Universum als Fiktionen hinzugedacht werden.

Die konstruktivistische Position

Für Konstruktivisten bedeutet Existenz Konstruierbarkeit (in endlich vielen Schritten über den natürlichen Zahlen). Unendliche Mengen, Funktionen, Folgen haben keine *Objekt*-Existenz, sondern existieren nur im Sinne eines explizit angebbaren Konstruktionsverfahrens, das eine *potentiell* unendliche Konstruktion erlaubt. Bedürftig und Murawski bezeichnen dies als „eingeschränkte Existenz" ([25], S. 179).

Nach Erret Bishop (vgl. [38], S. 67) besteht die Definition einer *Menge A* darin, anzugeben, was zu tun ist, um ein Element von *A* zu konstruieren, und was zu tun ist, um zu zeigen, dass zwei Elemente von A *gleich* sind (im Sinne einer Äquivalenzrelation $=_A$). Beispiel: Um ein Element der Menge $\mathbb{Q}$ zu konstruieren, bildet man ein Paar (p, q) mit $p, q \in \mathbb{Z}, q \neq 0$, und definiert

$$(p, q) =_{\mathbb{Q}} (p', q') \quad :\Leftrightarrow \quad pq' =_{\mathbb{Z}} p'q.$$

Zuvor kann man analog vorgehen, um $\mathbb{Z}$ auf der Basis von $\mathbb{N}$ zu definieren. Wenn der Kontext klar ist, wird der untere Index am Gleichheitszeichen zur Vereinfachung weggelassen.

Die Definition einer *Operation f* von A nach B (für zwei Mengen A, B) besteht darin, anzugeben, was zu tun ist, um zu einer gegebenen Konstruktion eines $a \in A$ eine Konstruktion von $f(a) \in B$ zu erhalten. Wenn dabei aus $a = a'$ stets $f(a) = f(a')$ folgt, heißt f eine *Funktion* oder *Abbildung*. Eine *Folge* ist eine Funktion mit Definitionsbereich $\mathbb{N}$.

Bevor wir zur Frage der Existenz von Nichtstandardzahlen kommen, ist es hilfreich, sich zu vergegenwärtigen, in welchem Sinne die reellen Zahlen oder die Menge $\mathbb{R}$ in der konstruktiven Analysis existieren. Ich beziehe mich hier wieder auf [38], S. 18.

Eine Folge (x_n) rationaler Zahlen heißt *regulär*, wenn gilt:

$$|x_m - x_n| \leq m^{-1} + n^{-1} \quad (m, n \in \mathbb{N}). \tag{6.1}$$

Eine *reelle Zahl* ist eine reguläre Folge rationaler Zahlen. Zwei reelle Zahlen $x \equiv (x_n)$ und $y \equiv (y_n)$ sind *gleich*, wenn gilt:

$$|x_n - y_n| \leq 2n^{-1} \quad (n \in \mathbb{N}). \tag{6.2}$$

Die so definierte „Gleichheit" zwischen reellen Zahlen ist, wie man leicht nachrechnen kann, eine *Äquivalenzrelation*.

Betrachten wir die einfache Aussage $\sqrt{2} \in [1, 2]$. Nach realistischer oder formalistischer Auffassung ist dies eine Aussage über zwei in Beziehung stehende (reale oder fiktive) Objekte: die reelle Zahl $\sqrt{2}$ und das reelle Intervall $[1, 2]$. Beide sind Entitäten in einem (realen oder fiktiven) Universum (zum Beispiel einem ZFC-Universum). Nicht so im Konstruktivismus. Dort haben unendliche Mengen, wie wir oben festgestellt haben, keine Objekt-Existenz, sondern nur eine eingeschränkte Existenz. Die Symbole $\sqrt{2}$ und $[1, 2]$ sind für sich genommen ohne Bedeutung. Eine Bedeutung ergibt sich erst in ihrer Verwendung innerhalb einer Aussage wie zum Beispiel $\sqrt{2} \in [1, 2]$. Dies ist aber lediglich eine abkürzende Schreibweise für eine Aussage über natürliche Zahlen.

Existenzformulierungen in Definitionen oder Sätzen müssen im Konstruktivismus immer die Konstruktion dessen, was existieren soll, einbeziehen. Die Stetigkeitsdefinition sieht dann zum Beispiel so aus (vgl. [38], S. 38):

Definition 31. Eine auf einem kompakten Intervall I definierte reellwertige Funktion f heißt *stetig* auf I, wenn für alle $\varepsilon > 0$ ein $\omega(\varepsilon)$ existiert, sodass für alle $x, y \in I$ mit

$|x - y| \leq \omega(\varepsilon)$ gilt: $|f(x) - f(y)| \leq \varepsilon$. Die Operation $\varepsilon \mapsto \omega(\varepsilon)$ heißt der *Modulus der Stetigkeit* für f.

Im Unterschied zur klassischen $\varepsilon\delta$-Definition muss also hier die Konstruktion eines geeigneten δ zu einem vorgegebenen ε explizit durch eine Operation (den Modulus) sichergestellt sein. Dies entspricht dem generellen Prinzip der konstruktivistischen Mathematik: Existenz bedeutet Konstruierbarkeit. Auf Basis dieser Definition kann zum Beispiel konstruktivistisch gezeigt werden, dass die Funktion $x \mapsto x^2$ auf $[0,1]$ stetig ist. Andere Ergebnisse der klassischen Analysis, wie zum Beispiel der Nullstellensatz für stetige Funktionen mit Vorzeichenwechsel, gelten konstruktivistisch nicht, da eine Nullstelle im Allgemeinen nicht konstruiert werden kann. Stattdessen kann nur gezeigt werden, dass eine reelle Zahl existiert (also konstruiert werden kann), deren Funktionswert betraglich beliebig klein ist (vgl. [38], S. 40).

Für Bishop liegt die Bedeutung einer Aussage in ihrem rechnerischen Inhalt, und eine solche Bedeutung sieht er in der formalistisch geprägten Mathematik vernachlässigt. Der Nonstandard-Analysis wirft er diesbezüglich sogar eine „Entkernung von Bedeutung" („debasement of meaning") vor. In *Crisis in Contemporary Mathematics* schreibt er:

> My interest in non-standard analysis is that attempts are being made to introduce it into calculus courses. It is difficult to believe that debasement of meaning could be carried so far ([37], S. 513 f.).

Entsprechend kritisch urteilt Bishop daher auch in seiner Rezension über Keislers Lehrbuch zur Nonstandard-Analysis, *Elementary Calculus*:

> Although it seems to be futile, I always tell my calculus students that mathematics is not esoteric: It is common sense. (Even the notorious ε, δ definition of limit is common sense, and moreover is central to the important practical problems of approximation and estimation.) They do not believe me. In fact the idea makes them uncomfortable because it contradicts their previous experience. Now we have a calculus text that can be used to confirm their experience of mathematics as an esoteric and meaningless exercise in technique ([35], S. 208).

Sanders setzt sich mit den Vorwürfen von Bishop und Connes auseinander, dass der Nonstandard-Analysis aufgrund ihrer Nichtkonstruktivität der rechnerische Inhalt (*computational content*) fehle.[2] In seinem Artikel *The Unreasonable Effectiveness of Nonstandard Analysis* stellt Sanders eine Schablone (*template*) bereit, $\mathfrak{CJ}$ genannt, mit der man einen reinen Nichtstandardsatz und seinen Beweis in eine konstruktive Version umwandeln kann. Mit „rein" ist hier gemeint, dass für Begriffe Stetigkeit, Ableitung, Integral etc. die Nichtstandarddefinitionen verwendet werden. Genauer gesagt, werden Sätze und Beweise aus den Systemen P oder H umgewandelt, die konservative Erwei-

---

2 Connes versteht „konstruktiv" dabei klassisch aus der Sicht von ZF (siehe Abschnitt 6.2.1), Bishop dagegen aus der Sicht des konstruktivistischen Grundlagenprogramms. Beide Aspekte werden von Sanders behandelt.

terungen der Peano- bzw. der Heyting-Arithmetik sind. Die Erweiterung ist jeweils ein Fragment der internen Mengenlehre von Nelson.

Sanders beschreibt die Wirkungsweise seiner Schablone so:

> Intuitively speaking, the 'effective version' of a mathematical theorem is obtained by replacing all its existential quantifiers by functionals providing the objects claimed to exist. In other words, the object claimed to exist by the theorem at hand can be computed (in a specific technical sense) from the other data present in the theorem ([175], S. 462).

Die Aussage „computed (in a specific technical sense)" bezieht sich hier auf eine Berechnung über primitiv rekursive Funktionen im Sinne von Gödels System T (siehe [81]).

Die Schablone $\mathcal{C J}$ ist laut Sanders anwendbar auf die meisten Sätze der „gewöhnlichen" (also nicht mengentheoretischen) Mathematik, wie sie in der reversen Mathematik auf Basis der „Big Five" verstanden wird (siehe Abschnitt 5.1.7). Im Detail sind die Untersuchungen technisch anspruchsvoll. Die Ergebnisse zeigen aber, dass die Aussagen der Nonstandard-Analysis sehr wohl einen rechnerischen Inhalt (und damit eine „Bedeutung" im Bishop'schen Sinne) haben.

Eine Objekt-Existenz, vergleichbar der Existenz natürlicher Zahlen, kommt im Konstruktivismus weder den reellen Zahlen noch den Nichtstandardzahlen zu.

Weitere Ausführungen zu konstruktivistischer Nonstandard-Analysis findet man zum Beispiel in [158] und [159] (Nichtstandardmodelle werden in Martin-Löfs konstruktiver Typentheorie konstruiert) sowie [30] (eine Version von Nelsons interner Mengenlehre, die mit Bishops konstruktiver Analysis kompatibel ist). Eine an die konstruktive Analysis von Weyl und Lorenzen anknüpfende konstruktive Nonstandard-Analysis hatte bereits Walter Schnitzspan in seiner Dissertation entwickelt ([177]).

Die formalistische Position

Die formalistische Position ist in Bezug auf die Ontologie die am wenigsten problematische, da mathematische Objekte nur eine formale Existenz im Rahmen einer als konsistent angenommenen Theorie beanspruchen. Üblicherweise nimmt man in der Mathematik heute an, dass ZFC konsistent ist. Da das Auswahlaxiom unabhängig von ZF ist, ist es in Bezug auf die Konsistenzfrage unproblematisch. Damit haben hyperreelle Zahlen aus formalistischer Sicht das gleiche Existenzrecht wie alles, dessen Existenz aus ZF ableitbar ist. Als konservative Erweiterungen von ZFC genießen IST, BST, HST das gleiche Vertrauen wie ZFC.

Sein oder Nichtsein, ist das hier die Frage?

Wie relevant sind ontologische Fragen für die Mathematik? Ist es wichtig, dass mathematische Objekte real existieren?

Die moderne, formalistisch geprägte Mathematik gibt keine ontologischen Antworten. Behrends weist in den Vorbemerkungen seines Analysis-Lehrbuchs darauf hin,

[...] dass Mathematik nicht untersucht, was ist, sondern was sich folgern lässt ([27], S. 5).

Aus einer solchen deduktivistischen Position heraus gibt es keine ontologischen Einwände gegen Nichtstandardzahlen, denn ihre Existenz kann im Rahmen konservativer Erweiterungen weithin akzeptierter Theorien wie ZF oder ZFC konsistent angenommen werden.

Erstaunlich modern klingt die Feststellung, mit der Leibniz bereits 1676 den Gebrauch unendlicher und infinitesimaler Größen in seinem Calculus verteidigt hat (und die wir bereits in Abschnitt 2.1 auszugsweise zitiert hatten):

> Und es kommt nicht darauf an, ob es derartige Quantitäten in der Natur der Dinge gibt, denn es reicht aus, sie durch eine Fiktion einzuführen, da sie Abkürzungen des Redens und Denkens und daher des Entdeckens ebenso wie des Beweisens liefern, so dass es nicht immer notwendig ist, Einbeschriebenes oder Umbeschriebenes zu benutzen und ad absurdum zu führen, und zu zeigen, dass der Fehler kleiner als ein beliebiger zuweisbarer ist ([133], S. 129).

Leibniz hat Infinitesimalien in dieser Hinsicht oft mit imaginären Wurzeln verglichen (zum Beispiel in [131]). An anderer Stelle ([132]) nennt er sie *wohlbegründete Fiktionen* („des fictions bien fondées").

Vertreter eines ZF-Realismus oder eines empirisch gebundenen Realismus (siehe Abschnitt 5.1.4) könnten zwar die reale Existenz von Nichtstandardzahlen leugnen, nicht aber die Möglichkeit, sie als nützliche Fiktonen einzuführen (im Rahmen konservativer Erweiterungen). Mehr verlangt die moderne Mathematik nicht. Und mehr hat auch Leibniz nicht verlangt.

6.1.3 Zusammenfassung der ontologischen Antworten

Nichtstandardzahlen sind Elemente konservativer Erweiterungen von ZF und ZFC. In diesem Sinne sind sie nicht widersprüchlich. Sie existieren für ZFC- oder Multiversum-Realisten als hyperreelle Zahlen bzw. als reelle Nichtstandardzahlen. Auch im ZF- oder im empirisch gebundenen Realismus kann ihre Existenz nicht ausgeschlossen werden. Mindestens können Nichtstandardzahlen als nützliche Fiktionen angenommen werden.

Für Konstruktivisten haben sowohl reelle Standardzahlen als auch Nichtstandardzahlen nur eine eingeschränkte Existenz und keine Objekt-Existenz, die der Existenz der natürlichen Zahlen vergleichbar wäre.

Für Formalisten stellt sich die Frage nach metaphysischer Existenz nicht. Nichtstandardzahlen existieren (wie auch die reellen Zahlen) im Rahmen geeigneter formaler Theorien, die als konsistent angenommen werden (und deren relative Konsistenz über ZF gesichert ist).

6.2 Epistemologische Fragen

Was können wir über Nichtstandardzahlen oder Nichtstandardobjekte wissen? Können wir, ihre Existenz vorausgesetzt, überhaupt etwas über sie wissen bzw. etwas Konkretes über sie aussagen? Und wenn ja: Ist unser Wissen über Nichtstandardobjekte genauso sicher (bzw. genauso unsicher) wie unser Wissen über Standardobjekte? Wir diskutieren dazu die folgenden Fragen:
- Wie bestimmt ist Nichtstandard?
- Wie sicher ist Nichtstandard?

6.2.1 Wie bestimmt ist Nichtstandard?

Wichtige reelle Zahlen (etwa $\sqrt{2}, \pi, e$) sowie die Menge $\mathbb{R}$ aller reellen Zahlen sind für die meisten Mathematiker (für solche, die ZF oder ZFC als Grundlage akzeptieren) konkrete und definierte Gegenstände. Sie sind in der Sprache der Mengenlehre, also (prinzipiell) durch $\in$-Ausdrücke auf der Basis der ZF-Axiome *definierbar*.[3] Genauer:
- Es gibt $\in$-Ausdrücke, die die Symbole $\mathbb{R}, 0^{\mathbb{R}}, 1^{\mathbb{R}}, +^{\mathbb{R}}, \cdot^{\mathbb{R}}, <^{\mathbb{R}}$ auf der Basis von ZF definieren, dergestalt, dass aus ZF folgt: $(\mathbb{R}, 0^{\mathbb{R}}, 1^{\mathbb{R}}, +^{\mathbb{R}}, \cdot^{\mathbb{R}}, <^{\mathbb{R}})$ ist ein vollständig angeordneter Körper.
- Aus ZF folgt außerdem: Alle vollständig angeordneten Körper sind in eindeutiger Weise isomorph zu $(\mathbb{R}, 0^{\mathbb{R}}, 1^{\mathbb{R}}, +^{\mathbb{R}}, \cdot^{\mathbb{R}}, <^{\mathbb{R}})$.
- Es gibt $\in$-Ausdrücke, die konkrete irrationale Zahlen definieren.

Entsprechende Aussagen gelten für $^{*}\mathbb{R}$ bzw. Nichtstandardzahlen in $^{*}\mathbb{R}$ nicht. Die Konstruktion der hyperreellen Zahlen (und allgemeiner der zugehörigen Nichtstandardwelt) verwendet einen δ-unvollständigen Ultrafilter $\mathcal{U}$ über einer geeigneten Indexmenge J (siehe Abschnitt 3.4.11). Die Existenz eines solchen Ultrafilters (bei festgelegtem J) folgt zwar aus ZFC (wobei das Auswahlaxiom wesentlich ist), dieser ist aber keineswegs eindeutig bestimmt. Wegen der Nichtkonstruktivität des Existenzbeweises ist es auch nicht möglich, willkürlich einen bestimmten Ultrafilter festzulegen. Daher ist $^{*}\mathbb{R}$ nicht in der Weise bestimmt, wie es $\mathbb{R}$ ist.

Die Zahlbereicherweiterung $^{*}\mathbb{R} \supset \mathbb{R}$ ist nicht kanonisch

Die Zahlbereicherweiterungen der Kette $\mathbb{C} \supset \mathbb{R} \supset \mathbb{Q} \supset \mathbb{Z} \supset \mathbb{N}$ sind jeweils motiviert durch gewisse Abgeschlossenheitsforderungen, entweder algebraischer Art oder, im Fall $\mathbb{R} \supset \mathbb{Q}$, gegenüber Grenzwertbildung. Die Erweiterungen sind in dem Sinne *kanonisch*, als dass sie (bis auf Isomorphie) die eindeutige oder zumindest

---

[3] Zum Begriff der *Definition* von Konstanten, Funktions- und Relationssymbolen in formalen Sprachen siehe zum Beispiel [62], S. 135.

die sparsamste Antwort auf die motivierende Problemstellung darstellen. $\mathbb{Z}$ ist der kleinste Ring, der $\mathbb{N}$ umfasst, $\mathbb{Q}$ der kleinste Körper, der $\mathbb{Z}$ umfasst, $\mathbb{R}$ *die* Erweiterung von $\mathbb{Q}$ zu einem vollständig angeordneten Körper und $\mathbb{C}$ *der* algebraische Abschluss von $\mathbb{R}$.

Im Gegensatz dazu ist der Übergang von $\mathbb{R}$ zu einem nichtarchimedischen, elementar äquivalenten Erweiterungskörper $^*\mathbb{R}$ *nicht* kanonisch. Es gibt unendlich viele solche Erweiterungen mit wesentlich verschiedenen Eigenschaften, zum Beispiel beliebig großer Kardinalität. Daher sind unterschiedliche Konstruktionen von $^*\mathbb{R}$ im Allgemeinen nicht isomorph. Bell und Machover konstatieren:

> We therefore regard nonstandard analysis as an important tool of clarification, exposition and research – often beautiful, sometimes very powerful, but never exclusive ([29], S. 573).

Gibt es definierbare Nichtstandardzahlen?

In der Nonstandard-Analysis wird keine einzige hyperreelle Nichtstandardzahl konkret definiert (also durch die Angabe eines definierenden Ausdrucks eindeutig bestimmt). Bezogen auf eine Konstruktion der hyperreellen Zahlen mittels Ultrafilter kann man zwar Repräsentantenfolgen für gewisse Nichtstandardzahlen konkret angeben, zum Beispiel die Folge $(1, 2, 3, \dots)$ für „die" hypernatürliche Zahl Ω, aber welche Zahl das ist (etwa, ob sie gerade oder ungerade ist), hängt vom Ultrafilter ab, und ein konkreter Ultrafilter kann nicht angegeben werden. Streng genommen müsste man bei solchen Bezeichnungen hyperreeller Zahlen den Utrafilter mitführen und zum Beispiel $(1, 2, 3, \dots)_{\mathcal{U}}$ schreiben. Diese Zahl ist ebenso unbestimmt, wie es der Ultrafilter $\mathcal{U}$ ist.

Sind also überhaupt konkrete Nichtstandardzahlen definierbar? Alain Connes argumentiert folgendermaßen: Jede gegebene Nichtstandardzahl produziert in kanonischer Weise eine nicht Lebesgue-messbare Teilmenge des reellen Intervalls $[0, 1]$. Aus Arbeiten von Cohen und Solovay folgt aber, dass es unmöglich ist, eine solche Teilmenge explizit anzugeben ([51], S. 14).

> So, what this says is that for instance in this example, nobody will actually be able to name a non standard number. A nonstandard number is some sort of chimera which is impossible to grasp and certainly not a concrete object ([51], S. 14).

Connes bezieht sich hier auf eine Arbeit von Solovay, die mittels Cohens Forcing-Methode zeigt, dass es ein ZF-Modell gibt, in dem jede Teilmenge von $\mathbb{R}$ Lebesgue-messbar ist (siehe [188]).[4] In diesem Modell gilt nicht das volle Auswahlaxiom AC, aber die schwächere Version DC (siehe Abschnitt 5.4.10). Das bedeutet: ZF und DC reichen

---

4 Genauer besagt das Ergebnis von Solovay: Wenn es ein Modell von ZFC + „Es existieren stark unerreichbare Kardinalzahlen" gibt, dann gibt es ein Modell von ZF, in dem jede Teilmenge von $\mathbb{R}$ Lebesgue-messbar ist.

zusammen nicht aus, um nicht Lebesgue-messbare Teilmengen von $\mathbb{R}$ zu konstruieren.[5]

Auf der anderen Seite gibt es sehr wohl (relativ) konsistente Erweiterungen von ZF, in denen konkrete Nichtstandardzahlen und nicht Lebesgue-messbare Teilmengen von $\mathbb{R}$ definierbar sind. So folgen aus ZF plus Gödels Konstruktibilitätsaxiom **V = L** das Auswahlaxiom und die Existenz einer explizit angebbaren Wohlordnung aller Mengen (siehe Abschnitt 5.4.3). Damit ist sowohl eine bestimmte Erweiterung $^*\mathbb{R} \supset \mathbb{R}$ (zum Beispiel die mit dem gemäß Wohlordnung ersten Ultrafilter konstruierte) als auch eine bestimmte Nichtstandardzahl (zum Beispiel die gemäß Wohlordnung erste) definierbar (vgl. [164], 3.1).

In Nelsons interner Mengenlehre und in verwandten axiomatischen Zugängen (siehe Abschnitte 3.5 und 3.6) entfällt zwar die Notwendigkeit einer Ultrafilterkonstruktion von $^*\mathbb{R}$, denn die Nichtstandardzahlen sind in der definierbaren Menge $\mathbb{R}$ zu finden, eine konkrete Nichtstandardzahl ist aber auch dort nicht zu fassen. Das Idealisierungsaxiom sorgt zwar für die Existenz von Nichtstandardobjekten, gibt aber keine Möglichkeit, ein bestimmtes herauszugreifen. Alle durch interne Prädikate definierbaren Objekte sind wegen des Transferaxioms standard. Externe Prädikate sind nur in Verbindung mit dem Standardisierungsaxiom erlaubt, das ebenfalls nur Standardobjekte liefert.

Definierbare Modelle

Die Unbestimmtheit der Körpererweiterung $^*\mathbb{R} \supset \mathbb{R}$ im Allgemeinen schließt nicht aus, dass Modelle, die gewisse Zusatzbedingungen erfüllen, eindeutig bestimmt sein können (bis auf Isomorphie). Ich zitiere hierzu ein Ergebnis von Kanovei und Shelah (vgl. [110], Theorem 1):

Satz 56. *Es gibt eine definierbare, abzählbar saturierte Erweiterung $^*\mathbb{R} \supset \mathbb{R}$, die elementar ist (im Sinne der Sprache, die für jede Relation über $\mathbb{R}$ ein Symbol enthält).*

Und allgemeiner (vgl. [110], Abschnitt 4, Punkte 1 und 2):

Satz 57. *Zu jeder unendlichen Kardinalzahl κ gibt es eine definierbare, κ-saturierte elementare Erweiterung $^*\mathbb{R} \supset \mathbb{R}$ mit κ als einzigem Parameter der Definition.[6] Es gibt spe-*

---

5 Eine detaillierte, kritische Auseinandersetzung mit Connes' Argument findet man in [108]. Unter anderem weisen die Autoren auf eine Zirkularität hin, die darin besteht, dass die laut Connes kanonisch konstruierte nicht messbare Menge dieselbe Information wie ein Ultrafilter trägt und andererseits die Konstruktion das Transferprinzip benutzt, welches auf dem Gebrauch von Ultrafiltern beruht.

6 Definierbarkeit heißt hier *Ordinalzahl-Definierbarkeit* (siehe [106], S. 194). Eine Menge X heißt *Ordinalzahl-definierbar* (engl. *ordinal-definable*), wenn es einen $\in$-Ausdruck φ und Ordinalzahlen $\alpha_1, \ldots, \alpha_n$ gibt mit $X = \{u \mid \varphi(u, \alpha_1, \ldots, \alpha_n)\}$. Ordinalzahl-Definierbarkeit ist in der Objektsprache der Mengenlehre ausdrückbar, obwohl dort nicht über $\in$-Ausdrücke quantifiziert werden kann. Es lässt sich nämlich zeigen, dass die Ordinalzahl-definierbaren Mengen gerade die Elemente der Klasse

zielle *elementare Erweiterungen von* ℝ *beliebig großer Kardinalität. Spezielle Modelle gleicher Kardinalität sind isomorph.*

Satz 57 macht eine Aussage über sogenannte *spezielle Modelle.* Ein Modell 𝔄 mit Träger A heißt *speziell*, wenn es die Vereinigung einer elementaren Kette von Modellen $𝔄_\beta$ ist mit Kardinalzahlen $\beta <$ card(A), wobei die $𝔄_\beta$ jeweils β^+-saturiert sind (β^+ bezeichnet die nächstgrößere Kardinalzahl nach β). Spezielle Modelle gleicher Kardinalität sind isomorph (vgl. [45], S. 292–295).

Wie wichtig ist Bestimmtheit?

Wie oben erläutert, ist die Körpererweiterung $^*ℝ \supset ℝ$ nicht kanonisch. Dies muss jedoch nicht als Nachteil verstanden werden. Im Gegenteil: Man kann für unterschiedliche Zwecke jeweils eine passende Körpererweiterung wählen.[7]

Um die Nichtstandardzahlen in der Analysis nutzbringend einzusetzen, ist es nicht notwendig, ein konkretes, definierbares Modell für $^*ℝ$ zu haben. Es reicht, von der Existenz geeigneter Modelle Kenntnis zu haben. Für die elementare Analysis ist jede beliebige Ultrafilterkonstruktion geeignet, für fortgeschrittene Anwendungen hingegen ist eine ausreichend saturierte Nichtstandardeinbettung erforderlich.

Es ist ebenfalls nicht notwendig, konkrete Nichtstandardzahlen zu definieren, denn Nichtstandardzahlen werden stets in einem qualitativen Sinne gebraucht. Es kommt nie darauf an, eine ganz bestimmte Nichtstandardzahl zu verwenden. Beim Beweis des Zwischenwertsatzes etwa konnte eine beliebige infinitesimale Zahl zur Zerlegung des Intervalls genommen werden. Und die Nichtstandarddefinitionen von Stetigkeit, Ableitung, Integral sind von der Art „… wenn für alle $h \approx 0$ gilt …" Selbst in einer Mengenlehre, in der konkrete Nichtstandardzahlen definierbar sind (zum Beispiel in ZF + (**V** = **L**)), könnte man getrost auf die Verwendung explizit definierter Nichtstandardzahlen verzichten, da sie für die Analysis keinen Mehrwert haben.

Machover gesteht zu, dass die Nichtstandarddefinition, zum Beispiel von Stetigkeit, intuitiver und einfacher anwendbar sei als die klassische $\varepsilon\delta$-Definition und dass es daher verführerisch sei, in Analysiskursen nur die Nichtstandarddefinition zu verwenden. Diese könne aber die Standarddefinition nicht ersetzen, da Invarianz von der gewählten Erweiterung gezeigt werden müsste. Dies gehe aber auf einfache Weise nur, indem man die Äquivalenz zur Standarddefinition zeige ([140], S. 208).

Kanovei, Katz und Mormann weisen jedoch zu Recht darauf hin, dass es bei einem didaktisch motivierten Einsatz von Nonstandard-Analysis nicht darum geht, Standard

---

$OD = \bigcup_{\alpha \in \text{Ord}}$ cl$\{V_\beta \mid \beta < \alpha\}$ sind, wobei cl den *Gödel-Abschluss* bezeichnet, also den Abschluss unter den *Gödel-Operationen* $G_1, \dots G_{10}$ (siehe [106], S. 177 f.).

7 In [108] wird diesbezüglich eine Parallele zur Erweiterung von ℚ zu algebraischen Zahlkörpern gezogen. Diese ist ebenfalls nicht kanonisch. Für unterschiedliche Zwecke können jeweils andere Erweiterungen sinnvoll sein.

durch Nichtstandard zu ersetzen, sondern vielmehr darum, den Einstieg in die Begriffswelt der Analysis durch die intuitiveren Nichtstandarddefinitionen zu erleichtern. Es geht also nicht um ein Entweder-oder, sondern um die zeitliche Reihenfolge ([108], S. 32).

Außerdem steht bei einer Einführung in die Analysis das Arbeiten auf einer axiomatischen Grundlage im Vordergrund. Fragen der Konstruktion von Modellen oder der Kategorizität des Axiomensystems sind methodisch und didaktisch zunächst von untergeordneter Bedeutung.

6.2.2 Wie sicher ist Nichtstandard?

Die kurze Antwort lautet: relativ sicher (also so sicher wie Standard). In Abschnitt 3.5 wurde dargelegt, dass IST konservativ über ZFC ist: Jeder interne Satz, der in IST beweisbar ist, ist auch in ZFC beweisbar. Damit ist IST insbesondere konsistent relativ zu ZFC: Wenn ZFC widerspruchsfrei ist (wovon allgemein ausgegangen wird), dann auch IST. Da das Auswahlaxiom unabhängig von ZF ist, ist IST damit auch relativ konsistent zu ZF.

Darüber hinaus gilt nach [103]: Die ZF-Erweiterung SPOT ist konservativ über ZF, und dies ist in ZF beweisbar. Die Konservativität ist (bei geeigneter Kodierung) als Π_2^0-Satz in WKL_0 formulierbar und daher sogar finitistisch (das heißt in PRA) beweisbar (vgl. Definition 26 in Abschnitt 5.1.7).

6.2.3 Zusammenfassung der epistemologischen Antworten

–   Nichtstandardzahlen sind im Vergleich zu konkret definierten Standardzahlen nur qualitativ bestimmt (zum Beispiel durch $x \approx 0$ oder $n \gg 1$).
–   Eine weitergehende Bestimmtheit ist für die Nützlichkeit von Nichtstandardzahlen nicht wichtig.
–   Nichtstandard ist genauso sicher wie Standard.

6.3 Fragen zur Anwendbarkeit

Bei den reellen Zahlen ist der Name Programm. Sie sind angetreten, um zahlenmäßig zu erfassen, was augenscheinlich real ist: die kontinuierlichen Phänomene in Raum und Zeit. Demgegenüber scheinen die hyperreellen Zahlen schon dem Namen nach über das Ziel hinauszuschießen; sie scheinen mehr zu sein, als man zur Beschreibung der realen Welt braucht. Wir fragen daher:

–   Welche Bedeutung haben Nichtstandardzahlen für die reale Welt?

Und dann:

–   Ist Nonstandard-Analysis auf die reale Welt anwendbar?

Bei der Behandlung dieser Fragen interessiert uns insbesondere, ob es in der Bedeutung für die reale Welt einen Unterschied zwischen Standardzahlen und Nichtstandardzahlen gibt bzw. ob es hinsichtlich der Anwendbarkeit auf die reale Welt einen Unterschied zwischen Standard-Analysis und Nonstandard-Analysis gibt. Unter der „realen Welt" verstehen wir hier zusammenfassend und ganz allgemein den Untersuchungsgegenstand der Erfahrungswissenschaften.

6.3.1 Welche Bedeutung haben Nichtstandardzahlen für die reale Welt?

Nichtstandardzahlen können offenbar nicht das Ergebnis einer physikalischen Messung sein. Das Gleiche gilt für irrationale Standardzahlen. Physikalische Messgeräte decken immer nur einen konkret begrenzten Messbereich ab und erlauben nur eine konkret begrenzte Messgenauigkeit. Bei digitalen Messgeräten hängt beides von der Anzahl der verfügbaren Anzeigestellen ab, bei analogen Messgeräten von der Ausdehnung des Anzeigefeldes und der Feinheit der Ableseskala. Eine physikalische Messung ist letztlich nichts anderes als eine Zählung von Einheiten.

Besteht also überhaupt ein Unterschied zwischen irrationalen Zahlen und Nichtstandardzahlen hinsichtlich ihrer Bedeutung für die reale Welt? Stellen wir uns eine Apparatur vor, mit der wir eine physikalische Größe, zum Beispiel eine angelegte Spannung stufenlos verändern können. Die Spannung werde allmählich von 0 Volt (zum Zeitpunkt t_0) auf 1 Volt (zum Zeitpunkt t_1) erhöht. Vergleichen wir folgende Aussagen:
- Es gibt einen Zeitpunkt zwischen t_0 und t_1, an dem die angelegte Spannung $\frac{\pi}{4}$ Volt betrug.
- Es gibt einen Zeitpunkt zwischen t_0 und t_1, an dem die angelegte Spannung infinitesimal war.

Welche dieser Aussagen ist physikalisch sinnvoll? Geht man davon aus, dass physikalische Größen (eventuell auch Raum und Zeit) gequantelt sind, kann man beide Aussagen infrage stellen, denn irrationale oder infinitesimale Spannungen haben dann keine physikalische Bedeutung. In einer klassischen physikalischen Beschreibung sind beide Aussagen sinnvoll, bezogen auf ein *mathematisches Modell*, das irrationale und infinitesimale Zahlen enthält.

Die Analyse in den vorangegangenen Abschnitten (speziell 5.3 bis 5.5 sowie 6.1) hat gezeigt, dass eine Gleichsetzung des physikalischen oder des anschaulichen Kontinuums mit dem mathematischen Modell der reellen Zahlen nicht zulässig ist. Das Kontinuum kann archimedisch (durch $\mathbb{R}$) oder nichtarchimedisch (durch die verschiedenen $^*\mathbb{R}$) modelliert werden. Und selbst wenn wir uns für das Modell $\mathbb{R}$ entscheiden, sind Infinitesimalien nicht ausgeschlossen. Die reellen Zahlen sind ein Konstrukt der Mengenlehre und ob es unter ihnen unendlich große und unendlich kleine gibt, hängt davon ab, welche Annahmen wir über das Mengenuniversum machen, dem wir die reellen Zahlen entnehmen. Es ändert daher auch nichts, wenn wir die reellen Zahlen axiomatisch in einer Sprache der zweiten Stufe einführen, denn die Modelle dieser Theorie sind innerhalb einer transfiniten Mengenlehre definiert, in der Metazahlen und Objektzahlen zu unterscheiden sind (siehe Abschnitt 5.5.2). In keinem Fall kann die Existenz von Nichtstandardzahlen in $\mathbb{R}$ ausgeschlossen werden. Man kann lediglich die Entscheidung treffen, über Nichtstandardzahlen nicht sprechen zu wollen. Schon aus diesem Grund ist die Gleichsetzung der (positiven) reellen Zahlen mit realen Größenverhältnissen (ante rem) problematisch.

Die Bedeutung der reellen Zahlen in IST[8] oder der hyperreellen Zahlen in ZFC für die reale Welt liegt darin, dass sie Elemente einer mathematischen Struktur sind, mit der sich viele Phänomene der realen Welt gut modellieren lassen, das heißt, theoretische Vorhersagen werden durch reale Beobachtungen hinreichend gut bestätigt. Das gilt für die Nonstandard-Analysis mindestens in dem Maße, wie es für die Standard-Analysis gilt, denn alle Ergebnisse der Standard-Analysis lassen sich in der Nonstandard-Analysis reproduzieren. Darüber hinaus bietet Nonstandard-Analysis zusätzliche Möglichkeiten der Modellierung (siehe Abschnitt 6.3.3).

In der Praxis, also als tatsächliche Messergebnisse, kommen weder irrationale Standardzahlen noch Nichtstandardzahlen vor. In der Theorie (zum Beispiel in Formeln, die Phänomene der realen Welt modellieren sollen) können hingegen sowohl irrationale Standardzahlen (zum Beispiel $\pi, e, \sqrt{2}$) als auch Nichtstandardzahlen vorkommen. Die Besonderheit der Nichtstandardzahlen in diesem Zusammenhang ist, dass sie nur qualitativ bestimmt sind, zum Beispiel als $\xi \approx 0$ oder $\nu \gg 1$ (siehe hierzu etwa die Beispiele aus Abschnitt 6.3.3). Dass keine Nichtstandardzahl durch eine definierte Konstante bezeichnet werden kann, wurde bereits in Abschnitt 6.2.1 besprochen. Die Nichtstandardzahlen teilen dieses Schicksal mit fast allen Standardzahlen.

6.3.2 Ist Nonstandard-Analysis auf die reale Welt anwendbar?

Die Quintessenz des letzten Abschnitts war, dass $\mathbb{R}$ oder $^*\mathbb{R}$ nur als mengentheoretisch konstruierte Modelle auf die reale Welt anwendbar sind und dass die Ableitbarkeit der Existenz von Nichtstandardzahlen in $\mathbb{R}$ von der vorausgesetzten Mengenlehre abhängt. In ZFC ist das Auswahlaxiom entscheidend für die Konstruktion von $^*\mathbb{R}$. In IST ist das Auswahlaxiom ebenfalls enthalten und selbst IST ohne Auswahlaxiom impliziert den Ultrafiltersatz (siehe Abschnitt 5.4.10). Im Bezug auf das Auswahlaxiom ist bekannt, dass es Konsequenzen hat, die der Anschauung zuwiderlaufen, zum Beispiel die Existenz nicht Lebesgue-messbarer Teilmengen von $\mathbb{R}$ und das Banach-Tarski-Paradoxon. Man kann daher fragen, ob Modelle, deren Existenzbeweis vom Auswahlaxiom abhängt, überhaupt geeignet sind, um sie auf die reale Welt anzuwenden. Selbst in Büchern über

---

8 Die folgenden Überlegungen gelten analog für die in Abschnitt 3.6 besprochenen Nichtstandarderweiterungen von ZFC.

Nonstandard-Analysis findet man diesbezüglich skeptische Aussagen, so zum Beispiel bei Väth:

> However, the use of nonstandard analysis has the drawback that even the simplest results make use of the axiom of choice [...]
> The above observation is an essential disadvantage since this means in the author's opinion that nonstandard analysis is not a good model for "real world" phenomena ([208], S. 85).

Demgegenüber hatten Landers und Rogge festgestellt (vgl. das Zitat auf S. 129): „Gerade in den angewandten Wissenschaften hat sich gezeigt, daß der Nichtstandard-Bereich $^*\mathbb{R}$ zur Modellbildung häufig besser geeignet ist als der klassische Bereich $\mathbb{R}$ der reellen Zahlen" ([123], S. 2). Was stimmt also? Die Frage ist, wann ein Modell ein *gutes* Modell für Phänomene der realen Welt ist. Müssen die Elemente des Modells dazu Entsprechungen in der realen Welt haben? Wenn das der Fall wäre, müsste man, wie wir gesehen haben, auch das Modell der reellen Zahlen infrage stellen. Muss ein gutes Modell vom Auswahlaxiom unabhängig sein? Zwar benötigt die Konstruktion der reellen Zahlen im Gegensatz zur Konstruktion der hyperreellen Zahlen das Auswahlaxiom nicht, viele Anwendungen der Standard-Analysis kommen dennoch nicht ohne Auswahlaxiom (zumindest in seiner abzählbaren Version) aus.[9] Zudem wurde in Abschnitt 5.4.10 dargelegt, dass es konservative Erweiterungen von ZF gibt, die Nichtstandardzahlen und ein Transferaxiom bereitstellen. Es stimmt also nicht, dass Nonstandard-Analysis zwingend vom Auswahlaxiom abhängt.

Unbestreitbar wird Nonstandard-Analysis in den Erfahrungswissenschaften erfolgreich eingesetzt, sei es in Ökonomie ([137]), Finanzmathematik ([6]) oder Physik ([58, 6]). Mathematische Modellierungen (standard oder nichtstandard) in den Erfahrungswissenschaften gehen fast immer mit Idealisierungen einher. Die Stärke der Nonstandard-Analysis, liegt dabei oft darin, dass (zusätzlich zum Standard) eine andere Art der Idealisierung zur Verfügung steht, die in gewisser Weise näher an der Realität liegt und einfacher zu handhaben ist, etwa indem eine sehr große Anzahl (zum Beispiel von Marktteilnehmern, Atomen, Raumregionen oder Ereignissen) durch eine unendlich große Anzahl N (eine Nichtstandardzahl) ersetzt wird, die dennoch wie eine endliche Anzahl behandelt werden kann.[10] In Abschnitt 6.3.3 betrachten wir dazu ein Beispiel aus der Wahrscheinlichkeitstheorie.

Es sei noch einmal darauf hingewiesen, dass die reellen Zahlen (ebenso wie die hyperreellen Zahlen) ein Konstrukt der Mengenlehre sind und eine Gleichsetzung mit physikalischen Phänomenen problematisch ist (vgl. Abschnitt 6.3.1). Selbst wenn es

---

9 In [16] weisen die Autoren darauf hin, dass zum Beispiel die σ-Additivität des Lebesgue-Maßes nicht in ZF beweisbar ist (S. 851).

10 Die Andersartigkeit der Idealisierung in der Nonstandard-Analysis führt dabei bisweilen zu Missverständnissen. Siehe zum Beispiel die Einwände in [212, 60, 163, 164, 160] und die Entgegnungen in [16, 40, 41].

wahr sein sollte, dass bestimmte Standardzahlen mit physikalischen Längenverhältnissen korrespondieren (so wie es manche Formen des Realismus postulieren, vgl. Abschnitt 5.1.4) und Nichtstandardzahlen ausschließlich Idealisierungen innerhalb mathematischer Modelle sind, besteht kein Grund, diese Modelle nicht auf die reale Welt anzuwenden oder sie für weniger anwendbar zu halten. Die Nützlichkeit ist Rechtfertigung genug. Die Abhängigkeit der hyperreellen Zahlen vom Auswahlaxiom steht dem nicht entgegen, ebenso wenig die Feststellung, dass die Erweiterung $^*\mathbb{R} \supset \mathbb{R}$ nicht kanonisch ist oder dass keine konkrete Nichtstandardzahl definierbar ist.

Schon für Leibniz war es offensichtlich, dass man die Frage nach der Anwendbarkeit von der Frage der metaphysischen Existenz trennen muss. In einem Brief von 1716 an Samuel Masson betont er, dass die Infinitesimalrechnung nützlich sei, wenn es darum gehe, die Mathematik auf die Physik anzuwenden, er behaupte aber nicht, damit die Natur der Dinge zu erklären, denn er betrachte infinitesimale Größen als nützliche Fiktionen.[11]

6.3.3 Ein Beispiel aus der Wahrscheinlichkeitstheorie

Stellen wir uns ein Zufallsexperiment mit einer Art Glücksrad vor, das zufällig und ohne Präferenz einen beliebigen Punkt auf dem Kreis auswählt. Der Einfachheit halber identifizieren wir den Kreis mit dem Intervall $[0,1[$. Eine typische Modellierung eines solchen Experiments ist eine gleichverteilte Zufallsvariable X über dem Wahrscheinlichkeitsraum $(\Omega, \mathcal{A}, P)$, wobei die Ergebnismenge Ω das reelle Intervall $[0,1[$ ist, das Ereignissystem $\mathcal{A}$ die Borel'sche σ-Algebra in Ω und P das Borel-Maß. In diesem Modell hat jedes Elementarereignis $\{\omega\}$, mit $\omega \in \Omega$, die Wahrscheinlichkeit 0. Wegen der σ-Additivität von P hat auch jedes abzählbare Ereignis die Wahrscheinlichkeit 0.

In einer diskreten Modellierung verwendet man zum Beispiel (für ein fest gewähltes $n \in \mathbb{N}$) die Ergebnismenge

$$\Omega_n := \left\{ \frac{k}{n} \mid k = 0, \ldots, n-1 \right\}$$

und den Wahrscheinlichkeitsraum $(\Omega_n, \mathcal{P}(\Omega_n), P_n)$ mit $P_n(A) = \frac{|A|}{|\Omega_n|} = \frac{|A|}{n}$. Jedes Elementarereignis $\{\omega\}$ mit $\omega \in \Omega_n$ hat dann die Wahrscheinlichkeit $\frac{1}{n}$. Hier hat nur das unmögliche Ereignis $\emptyset$ die Wahrscheinlichkeit 0.

Jedes physikalische Experiment mit einem materiellen Glücksrad kann mit einem solchen diskreten Modell (und hinreichend großem n) angemessen beschrieben werden, denn die Messgenauigkeit ist bei physikalischen Experimenten begrenzt. Die stetige

---

11 Im Original: „Le calcul infinitesimal est utile, quand il s'agit d'appliquer la Mathematique à la Physique, cependant ce n'est point par là que je pretends rendre compte de la nature des choses. Car je considere les quantités infinitesimales comme des fictions utiles" ([130], S.629).

Modellierung abstrahiert von physikalischen Begrenzungen, stellt also eine Idealisierung der realen Situation dar.

Die stetige Modellierung ist jedoch nicht die einzig mögliche Idealisierung. In den hyperreellen Zahlen bietet sich eine Modellierung durch den Wahrscheinlichkeitsraum $(\Omega_v, {}^*\mathcal{P}(\Omega_v), P_v)$ an, wobei v eine unendliche hypernatürliche Zahl ist.

Zwischen der stetigen reellen Modellierung mit Maß P und der diskreten hyperreellen Modellierung mit Maß P_v besteht folgender Zusammenhang: Für alle $A \in \mathcal{A}$ gilt

$$P(A) \approx P_v({}^*A \cap \Omega_v).$$

Alexander Pruss hat eingewandt (siehe [164]), dass hyperreelle Wahrscheinlichkeiten *unterbestimmt* (*underdetermined*) seien in dem Sinne, dass

1. Elementarereignissen keine eindeutige infinitesimale Wahrscheinlichkeit zugewiesen werden kann und

2. es zu jedem hyperreellwertigen Wahrscheinlichkeitsmaß überabzählbar viele weitere gibt, die zu den gleichen entscheidungstheoretischen Präferenzen führen (und damit für die Modellierung realer Zufallsexperimente gleichwertig sind).[12]

Botazzi und Katz haben jedoch darauf hingewiesen, dass die Wahrscheinlichkeit der Elementarereignisse eindeutig bestimmt ist, sobald man die hyperendliche Ergebnismenge festgelegt hat (im Beispiel oben also die hypernatürliche Zahl v), und dass das Wahrscheinlichkeitsmaß eindeutig bestimmt ist, wenn man es als intern voraussetzt ([41]).[13] Dies ist in der Robinson'schen Nonstandard-Analysis eine natürliche Voraussetzung. Tatsächlich ist $P(A)$ als hyperendliche Summe $\sum_{\omega \in A} P(\omega)$ nur für interne P wohldefiniert.[14]

Modelliert man nicht mit hyperreellen Zahlen, sondern in IST, tritt die Einschränkung auf interne Maße und Ereignisse gar nicht in Erscheinung, da alle Mengen intern sind. Nelson entwickelt in seinem Buch *Radically Elementary Probability Theory* ([155]) mit minimalen Mitteln aus seiner internen Mengenlehre eine Wahrscheinlichkeitstheorie, die so leistungsfähig ist, dass selbst anspruchsvolle Themen wie die Brown'sche Bewegung behandelt werden können. Radikal elementar ist diese Wahrscheinlichkeitstheorie, weil sie ganz im Endlichen bleibt und ohne Maß- und Integrationstheorie aus-

---

12 Zu einem gegebenen Wahrscheinlichkeitsmaß P definiert Pruss für jedes positive $a \in \mathbb{R}$ ein Wahrscheinlichkeitsmaß P_a durch $P_a(A) = \mathrm{Std}\, P(A) + a\,\mathrm{Inf}\, P(A)$, wobei Std und Inf hier den Standardteil bzw. den infinitesimalen Anteil finiter hyperreeller Zahlen bezeichnen. Mit seinem Theorem 1 spezifiziert er die entscheidungstheoretische Gleichwertigkeit von P und allen P_a.

13 Einen analogen Einwand bringt Pruss für Wahrscheinlichkeitsmaße, die das Ω-Limit-Axiom erfüllen. Auch die Argumentation in [41] gegen diesen Einwand verläuft analog. Die Unterbestimmtheit verschwindet, wenn man sich auf interne Wahrscheinlichkeitsmaße beschränkt.

14 Das bedeutet nicht, dass in der Robinson'schen Nonstandard-Analysis nur interne Maße betrachtet werden (vgl. zum Beispiel [123], § 31, zum Thema *Loeb-Maße*).

kommt. Ein *endlicher Wahrscheinlichkeitsraum* ist ein Paar (Ω, P), bestehend aus einer endlichen Ergebnismenge Ω und einer Funktion $P : \Omega \to \mathbb{R}^+$ mit $\sum_{\omega \in \Omega} P(\omega) = 1$. Ein *Ereignis* ist eine beliebige Teilmenge von Ω. Die Wahrscheinlichkeit eines Ereignisses A ist definiert als $P(A) = \sum_{\omega \in A} P(\omega)$.[15] Eine *Zufallsvariable* ist eine beliebige Funktion $X : \Omega \to \mathbb{R}$. Der *Erwartungswert* einer Zufallsvariable X ist definiert als $E(X) = \sum_{\omega \in \Omega} X(\omega) P(\omega)$. Ein *stochastischer Prozess* ist eine Abbildung $\xi : T \to \mathbb{R}^\Omega$ mit einer endlichen Indexmenge T. Für jedes $t \in T$ ist $\xi(t)$ dann eine Zufallsvariable (oft mit X_t bezeichnet). Ist zum Beispiel $T = \{1, \dots, \nu\}$ und X eine Zufallsvariable auf (Ω, P), dann ist (Ω^ν, P^ν) mit

$$P^\nu(\omega_1, \dots, \omega_\nu) := \prod_{n=1}^{\nu} P(\omega_n)$$

ein endlicher Wahrscheinlichkeitsraum, und die Zufallsvariablen X_n mit

$$X_n(\omega_1, \dots, \omega_\nu) := X(\omega_n), \quad 1 \le n \le \nu,$$

sind unabhängig. Dieser stochastische Prozess beschreibt die ν-fache unabhängige Wiederholung eines durch X gegebenen Zufallsexperiments. In Nelsons radikal elementarer Wahrscheinlichkeitstheorie kann nun für ν eine Nichtstandardzahl gewählt werden, um zum Beispiel die Gesetze der großen Zahlen zu formulieren ([155], Kapitel 16).

In der konventionellen Wahrscheinlichkeitstheorie nimmt man zur Formulierung der Gesetze der großen Zahlen eine unendliche Folge von Zufallsvariablen $(X_n)_{n \in \mathbb{N}}$ an. Man vergegenwärtige sich, welcher Aufwand notwendig ist, um unendliche Produkte von Wahrscheinlichkeitsräumen zu definieren und die Existenz unendlicher Familien unabhängiger Zufallsvariablen zu zeigen (vgl. [18], § 9). Selbst wenn Ω nur zwei Elemente enthält (zum Beispiel bei der Modellierung eines Münzwurfs), ist $\Omega^\mathbb{N}$ eine überabzählbare Ergebnismenge. Jedes Elementarereignis des Produktraums (das Ergebnis eines unendlich wiederholten Münzwurfs) hat die Wahrscheinlichkeit 0. Nur bestimmte (messbare) Teilmengen von $\Omega^\mathbb{N}$ sind Ereignisse. Die Wahrscheinlichkeit eines Ereignisses ist nicht mehr die Summe der Wahrscheinlichkeiten der umfassten Elementarereignisse, sondern ein Integral und so weiter.

Entscheidend ist die Feststellung, dass sowohl die konventionelle Modellierung mit $(X_n)_{n \in \mathbb{N}}$ als auch die Nichtstandardmodellierung mit $X_1, \dots, X_\nu$ ($\nu \gg 1$) gegenüber realen Experimenten eine Idealisierung darstellen. Nelson schreibt:

> The conventional approach involves an idealization, because one cannot actually complete an infinite number of observations. The second approach also involves an idealization, because one cannot actually complete a nonstandard number of observations. In fact it is the nature of mathematics to deal with idealizations ([155], S. 13).

---

[15] Die hierdurch auf $\mathcal{P}(\Omega)$ definierte Funktion wird wieder mit P bezeichnet, da keine Missverständnisse zu befürchten sind.

Die Idealisierung besteht in beiden Fällen darin, einen quantitativen, aber vom realen Anwendungskontext abhängigen Begriff („groß") durch einen qualitativen theoretischen Begriff („unendlich groß") zu ersetzen. Der Unterschied liegt im jeweils verwendeten Unendlichkeitskonzept (siehe Abschnitt 5.2).

6.3.4 Zusammenfassung der Antworten zur Anwendbarkeit

– Sowohl $\mathbb{R}$ als auch $^*\mathbb{R}$ sind mengentheoretisch konstruierte Modelle und in ihrer Anwendung auf die reale Welt Idealisierungen.
– Idealisierungen können auf unterschiedlichen Unendlichkeitskonzepten beruhen. Die Nonstandard-Analysis stellt neben unendlichen Mengen auch unendlich große und unendlich kleine Zahlen zur Idealisierung bereit.
– Ob die Existenz von Nichtstandardzahlen in $\mathbb{R}$ ableitbar ist, hängt von der verwendeten Mengenlehre ab.
– Es gibt konservative Erweiterungen von ZF, die Nichtstandardzahlen und ein Transferaxiom bereitstellen.
– Nichtstandardzahlen sind (sofern sie in Modellierungen realer Phänomene explizit auftreten) nur qualitativ bestimmt.
– Die Nützlichkeit von Nichtstandardzahlen bei der Modellierung von Phänomenen der realen Welt hängt nicht vom ontologischen Status der Nichtstandardzahlen ab.

7 Schlussbetrachtung

7.1 Zusammenfassung und Einordnung der Ergebnisse

7.1.1 Zur Bedeutung der Nonstandard-Analysis in der Hochschullehre

Die Lehrbücher, die üblicherweise als vorlesungsbegleitende Literatur zur Analysis empfohlen werden, wählen durchweg einen klassischen Zugang auf der Basis des Weierstraß'schen Grenzwertbegriffs (vgl. Abschnitt 4.2). Nonstandard-Analysis wird in diesen Lehrbüchern, von wenigen Ausnahmen abgesehen, nicht erwähnt. Infinitesimalien kommen, wenn überhaupt, in historischen Anmerkungen zur Sprache. Explizite Angebote zur Nonstandard-Analysis sind in Vorlesungsverzeichnissen nur vereinzelt zu finden (vgl. Abschnitt 4.1).

Die in Abschnitt 4.5 behandelte Umfrage hat das Bild, das sich in den Lehrbüchern und im Veranstaltungsangebot widerspiegelt, bestätigt: Nonstandard-Analysis spielt bei der Einführung in die Analysis an der Hochschule so gut wie keine Rolle. Keiner der 50 Lehrenden, die sich an der Umfrage beteiligt haben, setzte Elemente und Methoden der Nonstandard-Analysis in den Vorlesungen Analysis I oder II ein.

7.1.2 Die Einschätzung der Lehrenden

Die Antworten zur Einschätzung der Lehrenden, was die Eignung von Nonstandard-Analysis für die Lehre anbelangt, ergeben ein differenzierteres Bild, wenn man verschiedene Veranstaltungsarten betrachtet (vgl. Abschnitt 4.5.2). Insgesamt lässt sich feststellen, dass die Lehrenden, die eine Einschätzung abgegeben haben, zwar fast einhellig der Ansicht waren, dass Nonstandard-Analysis für die Grundvorlesungen ungeeignet ist, dass aber fast jeder Dritte mindestens einem Einsatz in ergänzenden Veranstaltungen gegenüber positiv eingestellt war.

Evaluiert man die Argumente der Lehrenden für bzw. gegen den Einsatz von Nonstandard-Analysis (vgl. Abschnitt 4.5.3), so findet man auf der Seite der Befürworter Aspekte des kognitiven Vorteils (verständnisfördernd, Entwicklung von Intuition, elegantere und intuitivere Beweise), die Möglichkeit zur Stoffwiederholung sowie die Förderung von Grundlagenbewusstsein. Als Gegenargumente wurden ungünstige Rahmenbedingungen (fehlende Zeit in den Grundvorlesungen, andere inhaltliche Vorgaben, geringe Zahl geeigneter Lehrbücher, fehlende personelle Ressourcen und fehlende Kompetenz bei den Lehrenden), Überforderung oder Verwirrung der Studierenden (wegen fehlender Voraussetzungen, hohen Abstraktionsgrades oder mühsamer, hinderlicher Notation), die geringe Relevanz für die Mathematik und der fehlende Nutzen (geringer Mehrwert gegenüber Standard-Analysis, fehlender Nutzen für späteres Studium) angeführt.

https://doi.org/10.1515/9783111229027-007

7.1.3 Zur ablehnenden Haltung gegenüber Nichtstandard

Zur Analyse möglicher Gründe für eine ablehnende Haltung gegenüber Nichtstandard in der Lehre haben wir den Fokus auf die Bewertungskategorien gelegt, die auf mögliche Konflikte mit Denkgewohnheiten oder Wertvorstellungen schließen lassen, und nicht auf die Bewertungskategorien, die auf ungünstige Rahmenbedingungen verweisen.[1]

Aufgrund der in der Umfrage genannten Argumente *fehlende Voraussetzungen*, *Überforderung der Studierenden*, *geringe Relevanz für die Mathematik* und *fehlender Nutzen* haben sich in Abschnitt 4.5.4 folgende Ansatzpunkte für eine ablehnende Haltung gegenüber Nichtstandard in der Lehre ergeben:

– Konflikt mit der Wertvorstellung „mathematische Strenge" in der Hochschullehre,
– Konflikt mit anerkannten didaktischen Prinzipien (nicht verwirren, nicht überfordern, keine unangemessen hohe Abstraktion gleich zu Beginn),
– Konflikt mit dem Anspruch, etwas Relevantes zu lehren,
– Konflikt mit dem Anspruch, etwas Nützliches zu lehren.

Die relativ häufige Nennung des Gegenarguments *geringe Relevanz* (in 14 von 29 Interviews) hat dazu Anlass gegeben, in Kapitel 5 das typische, in einem Mathematikstudium vermittelte Bild von Mathematik auf Denkgewohnheiten hin zu untersuchen, die in besonderer Weise durch Nichtstandardzugänge herausgefordert werden und daher zu einer ablehnenden Haltung bei den Lehrenden führen können, die als Vermittler dieses Mathematikbildes auftreten. Die Denkgewohnheiten betreffen in erster Linie den Unendlichkeitsbegriff, den Zahlbegriff, die Kontinuumsvorstellung und die Rolle der Mengenlehre.

Aktual unendliche Mengen sind im Mathematikstudium gleich von Beginn an selbstverständliche Gegenstände der Mathematik, während unendlich große Zahlen zunächst überhaupt nicht, später eventuell als unendliche Ordinal- und Kardinalzahlen oder als uneigentliche Zahlen $\pm\infty$ bei der Kompaktifizierung von $\mathbb{R}$ vorkommen. Solche unendlichen Zahlen sind keine Körperelemente und führen nicht zu unendlich kleinen Zahlen. In Analysislehrbüchern wird darauf hingewiesen, dass die Symbole dx und dy im Differentialquotienten $\frac{dy}{dx}$ historische Schreibfiguren sind und nicht als eigenständige Größen verwendet werden dürfen (vgl. zum Beispiel [27], S. 247). Dieser Hinweis ist für die Standard-Analysis durchaus angebracht, hinterlässt aber möglicherweise den Eindruck, unendlich kleine Zahlen seien grundsätzlich dubios. Nichtarchimedische Körpererweiterungen von $\mathbb{Q}$ oder $\mathbb{R}$ sind zwar durch Körperadjunktion leicht herzustellen, spielen aber im Studium kaum eine Rolle, ebenso wie kompliziertere nichtarchimedi-

---

1 Auch die berichteten institutionellen Widerstände gegen experimentelle Nichtstandard-Analysiskurse hatten ihre Ursache in einer ablehnenden Haltung oder einer vermuteten ablehnenden Haltung von Personen gegenüber der Nonstandard-Analysis (vgl. Abschnitt 4.4.4).

sche Körper, und so ist es gut möglich, ein Mathematikstudium zu beenden, ohne jemals mit unendlich kleinen Zahlen in Berührung gekommen zu sein.

Ebenfalls von Beginn an wird im Mathematikstudium der axiomatisch-deduktive Charakter der Mathematik betont. Wir erinnern an das Zitat von Behrends auf S. 185, „dass Mathematik nicht untersucht, was ist, sondern was sich folgern lässt", ([27], S. 5) und das Zitat von Tall auf S. 133 über die *„consequence* of advanced mathematics, based on abstract entities which the individual must construct through deductions from formal definitions" ([197], S. 20, Hervorhebungen im Original). Aber die Axiome, die am Anfang der Deduktion stehen, kommen nicht aus dem Nichts. Das Vollständigkeitsaxiom in der Analysis (zum Beispiel in Gestalt des Dedekind'schen Schnittaxioms) ist eine Übertragung der (geschichtlich relativ jungen) Cantor-Dedekind'schen Kontinuumsvorstellung, also der Vorstellung des Linearkontinuums als einer ($\mathbb{Q}$ umfassenden) Menge ausdehnungsloser Punkte, bei der jede Auftrennung in einen linken und einen rechten Teil durch genau einen Punkt hervorgebracht wird. In der Folge ist das Kontinuum überabzählbar und archimedisch geordnet. Es entsteht leicht der Eindruck, durch die Axiome der reellen Zahlen würde das anschauliche Kontinuum *beschrieben* und nicht eine *Vereinbarung* über eine abstrakte Menge getroffen, deren Elemente gedanklich in das anschauliche Kontinuum projiziert werden. Wie abstrakt die reellen Zahlen sind, wird erst deutlich, wenn man sie tatsächlich mengentheoretisch mit allen Zwischenschritten konstruiert. Wohl kaum jemand stellt sich diese Konstruktion von mehrfach ineinander geschachtelten aktual unendlichen Mengen vor, wenn er an reelle Zahlen denkt. Wohlweislich wird in Analysisvorlesungen in der Regel auf die Konstruktion verzichtet.

Auch wenn Mengenlehre- und Logikvorlesungen keine Pflichtveranstaltungen im Rahmen eines Mathematikstudiums sind, vermittelt ein solches Studium in der Regel doch ein bestimmtes Grundlagenverständnis, das auf Mengenlehre und Logik fußt und das quasi zum *common sense* der modernen Mathematik geworden ist. Dazu zählt die Annahme der Existenz eines Mengenuniversums, das durch geeignete Axiomensysteme (zum Beispiel ZFC) beschrieben werden kann und das als Reservoir für Modelle konsistenter Theorien dient. Dieses Universum der Hintergrundmengenlehre ist damit gewissermaßen die „Realität" hinter dem offiziellen Formalismus, etwas, auf das Mathematikerinnen und Mathematiker vertrauen, wenn sie sich nicht gerade selbst mit mathematischen Grundlagenkonzepten befassen (vgl. Abschnitt 5.4). In dieser als real empfundenen Hintergrundmengenlehre gibt es einen (bis auf Isomorphie) eindeutig bestimmten vollständig angeordneten Körper $\mathbb{R}$ und eine (bis auf Isomorphie) eindeutig bestimmte Peano-Struktur ω, die man zum Beispiel als kleinste induktive Unterstruktur von $\mathbb{R}$ wiederfindet und dann üblicherweise $\mathbb{N}_0$ (oder $\mathbb{N}$) nennt. Daher liegt es nahe (nicht in einem ontologischen, aber in einem strukturalistischen Sinne), die Elemente von $\mathbb{N}$ als *die* natürlichen Zahlen und (bedingt durch die oben beschriebene Kontinuumsvorstellung) $\mathbb{R}$ als *das* Kontinuum anzusehen.

Selbst in Lehrbüchern, in denen die Unterscheidung zwischen den theoretischen natürlichen Zahlen und den metasprachlich verwendeten, naiven natürlichen Zahlen thematisiert wird, ist die Wahrnehmung für diese Unterscheidung nicht durchgängig vorhanden. Wir erinnern an die Formulierungen bei Forster, Behrends und Heuser, die die natürlichen Zahlen mit den Einsensummen gleichsetzen (vgl. Abschnitt 1.3.2). In der Folge verschwimmt auch der Unterschied zwischen dem theoretischen und dem naiven Endlichkeitsbegriff (vgl. Abschnitt 1.3.5). Unendliche natürliche Zahlen sind in diesem Bild von vornherein ausgeschlossen, ebenso unendlich kleine reelle Zahlen (ungleich null).

Nichtstandardmathematik kann Widerstand hervorrufen, weil sie dazu zwingt, das gewohnte Bild der Mathematik infrage zu stellen. Neben den dominierenden Cantor'schen Unendlichkeitsbegriff (und die uneigentlichen Zahlen $\pm\infty$) tritt ein weiterer Unendlichkeitsbegriff mit ganz anderen Eigenschaften (vgl. Abschnitt 5.2.2). Unendlich große und unendlich kleine Zahlen sind plötzlich ganz selbstverständliche Gegenstände der Mathematik. Das arithmetische Unendlich und das kardinale Unendlich stehen gleichberechtigt nebeneinander und beanspruchen, gleichermaßen nützliche Konzepte für die Mathematik zu sein.

Der neue arithmetische Unendlichkeitsbegriff wirkt auch auf die Kontinuumsvorstellung. Das Linearkontinuum kann nicht mehr einfach mit der reellen Zahlengerade identifiziert werden. Vielmehr ist es vorteilhaft, sich das Kontinuum gar nicht von vornherein als Punktmenge vorzustellen, sondern es (wie vor Erfindung der Mengenlehre) als eigenständige mathematische *Leitidee*, unabhängig vom Mengenbegriff, zu verstehen.[2] Mengentheoretische Konstruktionen wie $\mathbb{R}$ oder $^*\mathbb{R}$ können bestimmte Aspekte dieser Leitidee nachbilden und sind in diesem Sinne *Modelle* des anschaulichen Kontinuums, aber nicht mit diesem identisch.

Eine besondere Herausforderung stellt die interne Mengenlehre (IST) von Edward Nelson dar (vgl. Abschnitt 3.5), da sie als konservative Erweiterung von ZFC die oben beschriebene mathematische „Realität" zwar einerseits erhält, aber andererseits vertraute Gegenstände unvertraut erscheinen lässt und in besonderer Weise die Notwendigkeit der Unterscheidung von Sprachebenen und der Unterscheidung zwischen theoretischen und naiven Begriffen vor Augen führt. Das mengentheoretische *endlich* ist nicht das naive *endlich*, die Elemente von $\mathbb{N}_0(:= \omega)$ sind nicht die naiven natürlichen Zahlen. Das gilt in ZFC genauso wie in IST, aber in IST ist der Unterschied explizit und offenkundig. $\mathbb{N}_0$ enthält Nichtstandardzahlen, die größer sind als jede Einsensumme, $\mathbb{R}$ enthält positive Zahlen, die kleiner sind als der Kehrwert jeder Einsensumme. Jede unendliche Menge enthält Nichtstandardobjekte. Andererseits gibt es eine endliche Menge, die *alle* Standardobjekte (unter anderem alle Einsensummen) enthält. Solche scheinbaren Paradoxa sind mit dem Standardbild der Mathematik nur schwer vereinbar.

Und als sei das noch nicht Zumutung genug, verlangt die durch IST nahegelegte *interne Perspektive* (vgl. Abschnitt 5.4.8) von uns, anzunehmen, dass all die Nichtstandardobjekte auch in unserem vertrauten ZFC-Universum schon existiert haben, nur von

---

2 Weyl nannte das Kontinuum ein „Medium freien Werdens" ([210], S. 49).

uns nicht *gesehen* wurden. Das *Sichtbarmachen* gelingt in IST (und verwandten Theorien) durch Spracherweiterung (vgl. Abschnitt 3.5.1).

7.1.4 Kritische Reflexion der Ablehnungsgründe

Die Analyse in Abschnitt 4.5 hat gezeigt, dass die mathematisch oder didaktisch begründete Ablehnung von Nichtstandard in der Lehre im Wesentlichen auf Vorurteilen der Lehrenden beruht. Dies betrifft sowohl das befürchtete Dilemma, die Studierenden entweder zu überfordern oder Abstriche bei der mathematischen Strenge machen zu müssen, als auch die Einschätzung, mit Nichtstandard etwas Nutzloses oder Irrelevantes zu lehren.

Mit einer einzigen zusätzlichen Voraussetzung – dem elementaren Erweiterungsprinzip – können Nichtstandardbeweise der elementaren Analysis mit der gleichen mathematischen Strenge geführt werden wie Standardbeweise (vgl. Abschnitt 4.5.5). Es sind dazu keine unangemessen abstrakten Konzepte (formale Prädikatenlogik, Modelltheorie oder Ultrafilter) erforderlich. Nach den bisherigen Erfahrungen mit experimentellen Analysiskursen werden Studierende durch einen Nichtstandardeinstieg weder verwirrt, noch überfordert. Vielmehr gibt es Hinweise darauf, dass ein solcher Einstieg den vorhandenen Begriffsvorstellungen von Studierenden entgegenkommt und das intuitive Verständnis der Grundbegriffe fördert (vgl. Abschnitte 4.4.1, 4.4.2 und 4.4.3). Die Rückmeldungen der Studierenden selbst sind ebenfalls positiv. Für Studierende der Natur-, Ingenieur- oder Wirtschaftswissenschaften besteht zusätzlich der Vorteil, dass der Nichtstandardeinstieg näher an der Argumentation ist, die in diesen Fächern bei der Anwendung von Analysis gepflegt wird.

Ein genereller Nutzen der Nichtstandardmathematik liegt in der Erweiterung des Horizonts (zum Beispiel in Bezug auf Grundlagenfragen und die historische Perspektive) und in der Bereicherung des Methodenspektrums. Letztere ist auch der Hauptgrund für die Relevanz von Nichtstandard innerhalb und außerhalb der Mathematik (vgl. Abschnitt 4.5.6).

Neben den didaktischen Ablehnungsgründen, die unmittelbar aus den Antworten der Lehrenden herauszulesen waren, liegt ein großes Potential für Widerstand gegen Nichtstandardmathematik (in der Lehre und im Allgemeinen) in den Denkgewohnheiten, die mit dem oben beschriebenen Standardbild der Mathematik einhergehen und die durch Nichtstandardansätze herausgefordert werden (vgl. Abschnitt 7.1.3). Zu diesen Denkgewohnheiten zählt das Primat des Cantor'schen Unendlichkeitsbegriffs, der sich im Unendlichkeitsaxiom von ZFC manifestiert und der die moderne Mathematik auf der Basis von Mengenlehre erst ermöglicht hat. Doch Cantors Auffassung ist nicht die einzig mögliche und nicht die ursprüngliche Weise, das aktual Unendliche in der Mathematik zu denken. Wir erinnern uns daran, dass Leibniz unendliche Größen als Fiktionen zugelassen, aber unendliche Vielheiten, die das Teil-Ganzes-Axiom verletzen, abgelehnt hat (vgl. Abschnitt 5.2.2). Da beide Unendlichkeitskonzepte in ZFC oder in konservativen Erweiterungen von ZFC problemlos koexistieren und fruchtbar für die Mathematik sind, besteht kein Anlass zu einer einseitigen Bevorzugung des Cantor'schen Unendlich.[3]

Die zweite relevante Denkgewohnheit betrifft das Primat der Standardmodelle, verbunden mit dem Cantor-Dedekind-Postulat (der Gleichsetzung des Linearkontinuums mit $\mathbb{R}$) und der Standardmodellhypothese, also der impliziten Annahme, dass die Elemente der kleinsten induktiven Menge der Hintergrundmengenlehre den intuitiv gegebenen natürlichen Zahlen entsprechen (vgl. Abschnitte 5.3.3, 5.4.7, 5.5.3). Eine solche Sichtweise ist jedoch nicht haltbar. Das Cantor-Dedekind-Postulat ist, wie oben beschrieben, eine (nicht zwingende) Setzung und kein Faktum, und die Gleichsetzung von Objektzahlen (einer axiomatischen Hintergrundmengenlehre) und (intuitiv gegebenen) Metazahlen ist nicht zulässig (vgl. Abschnitt 5.5.2). Die ausgezeichnete Stellung von $\mathbb{N}$ und $\mathbb{R}$ (als Träger gewisser Standardmodelle) ergibt sich immer erst im Rahmen einer bereits vorausgesetzten transfiniten Hintergrundmengenlehre. Sie lässt sich nicht allein aus einem empirisch gebundenen Realismus, der zum Beispiel natürliche Zahlen als Universalien realer Aggregate und positive reelle Zahlen als Universalien realer Größenverhältnisse versteht, ableiten. Solche der erfahrbaren Realität entnommenen Zahlen führen (auch bei kontrafaktischer Extrapolation) maximal auf potentiell unendliche Zahlbereiche (vgl. Abschnitte 5.5.3 und 6.3.1). Aktual unendliche Modelle, die im Rahmen einer transfiniten Hintergrundmengenlehre betrachtet werden, bedingen immer die Unterscheidung von Metazahlen und Objektzahlen und damit auch die Möglichkeit von Nichtstandardzahlen (vgl. Abschnitt 5.5.2).

Vorbehalte gegenüber Nichtstandard werden oft damit begründet, dass die Zahlbereichserweiterung $^{*}\mathbb{R} \supset \mathbb{R}$ nicht kanonisch ist, das Auswahlaxiom erfordert und nicht erlaubt, auch nur eine einzige Nichtstandardzahl explizit anzugeben (vgl. Abschnitt 6.2.1). Die hyperreellen Zahlen scheinen damit ontologisch, epistemologisch und in Bezug auf ihre Anwendbarkeit auf die reale Welt gegenüber den reellen Zahlen im Hintertreffen zu sein. Die Ausführungen in Kapitel 6 haben aber gezeigt, dass diese Einschätzung als Argument gegen Nichtstandardmathematik einer genaueren Analyse nicht standhält, und zwar unabhängig von der eingenommenen philosophischen Grundlagenposition. Dass die Erweiterung $^{*}\mathbb{R} \supset \mathbb{R}$ nicht kanonisch ist, ist kein Nachteil, sondern eher ein Vorteil, da bei Bedarf Erweiterungen mit zusätzlichen Eigenschaften (zum Beispiel einer bestimmten Saturiertheit) gewählt werden können. Konkret definierte Nichtstandardzahlen werden in der Nonstandard-Analysis nicht gebraucht. So kommt es in den Nichtstandarddefinitionen von Stetigkeit, Ableitung, Folgengrenzwerten und so weiter nur auf die qualitative Bestimmtheit der verwendeten Nichtstandardzahlen an (zum Beispiel, dass sie infinitesimal oder unendlich groß sind). Das Auswahlaxiom wird zwar in ZFC für die Konstruktion der hyperreellen Zahlen gebraucht. Es gibt aber konservative Erweiterungen von ZF, die reelle Nichtstan-

---

3 Es besteht sogar die Möglichkeit, Nonstandard-Analysis in „schwachen Theorien" zu entwickeln, die gar kein Cantor'sches Unendlich beinhalten (siehe zum Beispiel [7]).

dardzahlen enthalten. Daher ist das Auswahlaxiom für die Nonstandard-Analysis nicht zwingend erforderlich (vgl. Abschnitt 5.4.10). Nichtstandard ist damit genauso sicher wie Standard und braucht nicht notwendig stärkere Voraussetzungen als Standard (vgl. Abschnitt 6.2.2).

In Bezug auf ihre Anwendung in den Erfahrungswissenschaften sind sowohl die reellen als auch die hyperreellen Zahlen Idealisierungen, denn ihre Konstruktion erfordert den Einsatz aktual unendlicher Mengen, die in unserer Erfahrung keine Entsprechung haben (vgl. Abschnitte 6.3.1 und 6.3.2). Die Nonstandard-Analysis stellt neben unendlichen Mengen auch unendlich große und unendlich kleine Zahlen zur Idealisierung bereit. Sofern solche Zahlen in Modellierungen realer Phänomene explizit auftreten, sind sie nur qualitativ bestimmt (zum Beispiel als $x \approx 0$ oder $n \gg 1$), was aber ihre Nützlichkeit bei der Modellierung nicht schmälert (vgl. Abschnitt 6.3.3). Wie die interne Mengenlehre zeigt, existieren unendlich kleine und unendlich große Zahlen sogar in $\mathbb{R}$ (wenn man ZFC zu IST erweitert). Da diese Erweiterung konservativ ist, ist sie epistemologisch unbedenklich.

Die Frage nach der Existenz von Nichtstandardzahlen haben wir in Abschnitt 6.1.2 unter verschiedenen philosophischen Grundlagenpositionen beleuchtet. Die meisten Mathematikerinnen und Mathematiker akzeptieren heute ZFC als Grundlage für die Mathematik, gleich ob als Realisten oder als Formalisten. Nichtstandardzahlen existieren für ZFC- oder Multiversum-Realisten als hyperreelle Zahlen bzw. als reelle Nichtstandardzahlen. Auch im ZF- oder im empirisch gebundenen Realismus kann ihre Existenz nicht ausgeschlossen werden. Mindestens können Nichtstandardzahlen als nützliche Fiktionen angenommen werden, so wie es Leibniz bereits empfohlen hat. Für Formalisten stellt sich die Frage nach metaphysischer Existenz nicht. Nichtstandardzahlen existieren (wie auch die reellen Zahlen) im Rahmen geeigneter formaler Theorien, die als konsistent angenommen werden (und deren relative Konsistenz über ZF gesichert ist). Konstruktivisten lehnen aktual unendliche Mengen ab. Daher existieren für sie weder die reellen noch die hyperreellen Zahlen (zumindest nicht in der Weise, wie sie üblicherweise konstruiert werden). Auf der anderen Seite gibt es konstruktivistische Varianten sowohl der Standard- als auch der Nonstandard-Analysis.

Unabhängig von den diskutierten philosophischen Grundlagenpositionen lässt sich also hinsichtlich Ontologie, Epistemologie und Anwendbarkeit eine kategorische Unterscheidung zwischen Standardzahlen und Nichtstandardzahlen nicht aufrechterhalten.

7.2 Fazit

7.2.1 Mögliche Konsequenzen für die Lehre

Die experimentellen Analysiskurse von Keisler sowie die aktuelleren Lehrerfahrungen von Katz und Ely zeigen, dass eine Nichtstandardeinführung in die Analysis mit einer nachgelagerten Behandlung des Weierstraß'schen Grenzwertbegriffs möglich ist und positive Effekte auf die Motivation und den Lernerfolg der Studierenden haben kann (vgl. Abschnitte 4.4.1 und 4.4.3). Allerdings bedeutet ein solches Vorgehen gegenüber den Standardvorlesungskonzepten eine tiefgreifende Umstellung, und die Bereitschaft zum Experimentieren mit den Grundvorlesungen ist nicht sehr groß, was zum einen an den in der Lehre herrschenden Rahmenbedingungen, zum anderen an den besprochenen Vorbehalten gegenüber der Nonstandard-Analysis liegen dürfte (vgl. die in Abschnitt 4.5.3 angeführten Argumente der Lehrenden).

In der Umfrage zur Einschätzung der Einsatzmöglichkeiten von Nonstandard-Analysis in der Lehre waren die Rückmeldungen der Lehrenden nur vereinzelt positiv in Bezug auf den Einsatz in den Grundvorlesungen, aber zu fast einem Drittel positiv in Bezug auf den Einsatz in ergänzenden Veranstaltungen (vgl. die Zusammenfassung in Abschnitt 7.1.2). Dieser Anteil ist höher, als es das tatsächliche Angebot an Nichtstandardveranstaltungen vermuten lässt (vgl. Abschnitt 7.1.1).

Es stellt sich daher die Frage, wie sich diese Bereitschaft nutzen und das Potential der Nonstandard-Analysis für die Lehre besser ausschöpfen lässt. Ich sehe mindestens drei Szenarien, wie Elemente der Nonstandard-Analysis in die Lehre integriert werden könnten, ohne die Grundvorlesungen umfangreich umzugestalten.[4]

Integration in die Grundvorlesung (konstruktiver Ansatz mit Fréchet-Filter)
Mit geringfügigen Ergänzungen zum Standardvorgehen kann man sich die suggestive Kraft der Nichtstandardnotation zunutze machen in der Weise, wie es Laugwitz bereits praktiziert hat und wie es [87] anregt (vgl. Abschnitt 4.3.1). Durch die Nutzung des Fréchet-Filters bleibt der unmittelbare Bezug zur Standard-Analysis gewahrt, aber der Effekt ist dennoch enorm, gerade für die Begriffe Folgengrenzwert, Funktionsgrenzwert, Stetigkeit, gleichmäßige Stetigkeit, Ableitung. Die Absorption von Quantoren in den Notationen $x \approx 0$ und $n \gg 1$ schafft eine kognitive Brücke von der Intuition zur Definition oder – in den Begriffen von Tall – zwischen dem *concept image* und der *concept definition*.

Vorlesungsbegleitende Veranstaltung (axiomatischer Ansatz mit elementarem Erweiterungsprinzip)
In einer vorlesungsbegleitenden Veranstaltung (zum Beispiel einem Proseminar) kann die Analysis noch einmal unter Ausnutzung des elementaren Erweiterungsprinzips mit hyperreellen Zahlen aufgebaut werden. Bezüge zur Grundvorlesung und Überlegungen zur Äquivalenz beider Zugänge bieten die Gelegenheit, sich noch einmal intensiv mit den Standarddefinitionen auseinanderzusetzen und zugleich ein intuitives Bild für diese Begriffe zu entwickeln. Die Konstruktion der hyperreellen Zahlen oder zumindest

---

4 Die Möglichkeit, zusätzlich vertiefende Vorlesungen und Seminare zur Nonstandard-Analysis für mittlere und höhere Semester anzubieten, bleibt hiervon unberührt.

eine Andeutung derselben, könnte am Schluss einer solchen Veranstaltung stehen, wenn die Zahlbereichserweiterung $^{*}\mathbb{R} \supset \mathbb{R}$ durch die Anwendungen ausreichend motiviert ist.

Vorlesungsergänzende Veranstaltung (axiomatischer Ansatz mit Spracherweiterung)

Als dritte Möglichkeit kann man die historischen und philosophischen Aspekte stärker betonen und die Schärfung des Grundlagenbewusstseins durch eine vorlesungsergänzende Veranstaltung (zum Beispiel einem Proseminar ab dem zweiten Semester), wie sie in Kapitel 2 skizziert worden ist, in den Vordergrund stellen. Die Wiederholung von Stoff aus den Grundvorlesungen unter einem neuen Blickwinkel ist hierbei ein positiver Nebeneffekt. Weitere Ziele einer solchen Veranstaltung wurden zu Beginn von Kapitel 2 angegeben.

7.2.2 Schlusswort

Im letzten Abschnitt wurden verschiedene Szenarien aufgezeigt, wie Elemente der Nonstandard-Analysis in der Lehre eingesetzt werden könnten. Wünschenswert wären hierzu jeweils praktische Erfahrungen und Untersuchungen des Effekts aus der Sicht der Lehrenden und aus der Sicht der Studierenden. Dies gilt insbesondere für das dritte Szenario, das in diesem Buch (mit Abschnitt 1.1) als Einstieg gewählt und (mit Kapitel 2) als Schwerpunkt gesetzt wurde.

Herausforderungen durch Nichtstandard für gewohnte Sichtweisen auf die Mathematik wie dem Cantor-Dedekind-Postulat oder der Standardmodellhypothese wurden in Kapitel 5 ausführlich diskutiert und in diesem Kapitel noch einmal zusammenfassend angesprochen. Insgesamt wurden mathematische, philosophische und didaktische Argumente gegen Nichtstandard analysiert, reflektiert und bewertet mit dem Ergebnis, dass diese vielfach auf Routinen und vorgefassten Meinungen beruhen. Ich hoffe, mit diesem Buch Denkanstöße für einen vorurteilsfreien Diskurs über die Nonstandard-Analysis und ihre Einsatzmöglichkeiten in der Lehre gegeben zu haben.

Literatur

[1]   Sergio Albeverio u. a. *Nonstandard methods in stochastic analysis and mathematical physics*. Bd. 122.
       Pure and applied mathematics. Orlando u. a.: Academic Press, 1986.

[2]   Robert Anderson. "Infinitesimal Methods in Mathematical Economics". In: *SSRN* (2008). URL:
       https://dx.doi.org/10.2139/ssrn.3769003.

[3]   Carolin Antos u. a. "Multiverse Conceptions in Set Theory". In: *Synthese* 192.8 (2015), S. 2463–2488.
       URL: https://doi.org/10.1007/s11229-015-0819-9.

[4]   Tom Archibald u. a. "A Question of Fundamental Methodology: Reply to Mikhail Katz and His
       Coauthors". In: *The Mathematical Intelligencer* (2022), S. 1–4.

[5]   Aristoteles. *Aristoteles' Metaphysik. Zweiter Halbband: Bücher VII (Z) bis XIV (N). Neubearbeitung der
       Übersetzung von Hermann Bonitz*. Hrsg. von Horst Seidl. 4. Aufl. Bd. 308. Philosophische Bibliothek.
       Hamburg: Felix Meiner Verlag, 2009.

[6]   Leif O. Arkeryd, Nigel J. Cutland und C. Ward Henson. *Nonstandard Analysis: Theory and Applications*.
       Bd. 493. Mathematical and Physical Sciences. Dordrecht: Springer Science+Business Media, 1997.
       URL: https://doi.org/10.1017/CBO9781139172110.

[7]   Jeremy Avigad. "Weak theories of nonstandard arithmetic and analysis". In: *Reverse mathematics
       2001* ([183]). 2001, S. 19–46.

[8]   Steve Awodey. "From Sets to Types, to Categories, to Sets". In: *Foundational Theories of Classical and
       Constructive Mathematics*. Bd. 76. Western Ontario Series in Philosophy of Sience. Dordrecht, London:
       Springer, 2011, S. 113–126.

[9]   Paul Bachmann. *Vorlesungen über die Natur der Irrationalzahlen*. Leipzig: Teubner, 1892.

[10]   Jacques Bair u. a. "Cauchy's Work on Integral Geometry, Centers of Curvature, and Other
       Applications of Infinitesimals". In: *Real Analysis Exchange* 45.1 (2020), S. 127–150. DOI:
       10.14321/realanalexch.45.1.0127. URL: https://doi.org/10.14321/realanalexch.45.1.0127.

[11]   Jacques Bair u. a. "Historical infinitesimalists and modern historiography of infinitesimals". In:
       Antiquitates Mathematicae (2022), S. 189–257. URL: https://doi.org/10.14708/am.v16i1.7169.

[12]   Jacques Bair u. a. "Is Pluralism in the History of Mathematics Possible?" In: *The Mathematical
       Intelligencer* 45.8 (2023). URL: https://doi.org/10.1007/s00283-022-10248-0.

[13]   Jacques Bair u. a. "Leibniz's well-founded fictions and their interpretations". In: *Matematychni Studii*
       49.2 (2018), S. 186–224. URL: https://doi.org/10.15330/ms.49.2.186-224.

[14]   Jacques Bair u. a. "Procedures of Leibnizian infinitesimal calculus: an account in three
       modern frameworks". In: *British Journal for the History of Mathematics* (2021), S. 1–40. URL:
       https://doi.org/10.1080/26375451.2020.1851120.

[15]   Jon Barwise. *Admissible sets and structures: an approach to definability theory*. Berlin, Heidelberg:
       Springer, 1975.

[16]   Tiziana Bascelli u. a. "Fermat, Leibniz, Euler, and the gang: The true history of the concepts of limit
       and shadow". In: *Notices of the American Mathematical Society* 61.8 (2014), S. 848–864.

[17]   Heinz Bauer. *Maß-und Integrationstheorie*. 2. Aufl. Berlin, New York: Walter de Gruyter, 1992.

[18]   Heinz Bauer. *Wahrscheinlichkeitstheorie*. 5. Aufl. Berlin, New York: Walter de Gruyter, 2002.

[19]   Ludwig Bauer. "Mathematik, Intuition, Formalisierung: eine Untersuchung von Schülerinnen-
       und Schülervorstellungen zu $0,\overline{9}$". In: *Journal für Mathematik-Didaktik* 32.1 (2011), S. 79–102. URL:
       https://link.springer.com/content/pdf/10.1007/s13138-010-0024-9.pdf.

[20]   Peter Baumann und Thomas Kirski. *Infinitesimalrechnung. Analysis mit hyperreellen Zahlen*. Springer
       Spektrum, 2019. URL: https://doi.org/10.1007/978-3-662-56792-0.

[21]   Thomas Bedürftig. "Über die Grundproblematik der Grenzwerte". In: *Mathematische Semesterberichte*
       65.2 (2018), S. 277–298. URL: https://doi.org/10.1007/s00591-018-0220-0.

[22]   Thomas Bedürftig, Peter Baumann und Volkhardt Fuhrmann, Hrsg. *Über die Elemente der Analysis –
       Standard und Nonstandard*. Springer Spektrum, 2022. URL: https://doi.org/10.1007/978-3-662-64789-9.

https://doi.org/10.1515/9783111229027-008

[23]   Thomas Bedürftig und Karl Kuhlemann. *Grenzwerte oder infinitesimale Zahlen?* Springer Spektrum, 2020. URL: https://link.springer.com/content/pdf/10.1007/978-3-658-31908-3.pdf.

[24]   Thomas Bedürftig und Roman Murawski. *Philosophie der Mathematik*. 3. Aufl. Berlin, Boston: de Gruyter, 2015.

[25]   Thomas Bedürftig und Roman Murawski. *Philosophie der Mathematik*. 4. Aufl. Berlin, Boston: de Gruyter, 2019.

[26]   Thomas Bedürftig und Roman Murawski. *Zählen. Grundlage der elementaren Arithmetik*. Bd. 7. Studium und Lehre Mathematik. Hildesheim, Berlin: Franzbecker, 2001.

[27]   Ehrhard Behrends. *Analysis Band 1. Ein Lernbuch für den sanften Wechsel von der Schule zur Uni. Von Studenten mitentwickelt*. 6. Aufl. Wiesbaden: Springer Spektrum, 2015.

[28]   John Lane Bell. *A primer of infinitesimal analysis*. 2. Aufl. Cambridge University Press, 2008.

[29]   John Lane Bell und Moshé Machover. *A course in mathematical logic*. Amsterdam u. a.: North-Holland Publ. Comp., 1977.

[30]   Benno van den Berg, Eyvind Briseid und Pavol Safarik. "A functional interpretation for nonstandard arithmetic". In: *Annals of Pure and Applied Logic* 163.12 (2012), S. 1962–1994. URL: https://doi.org/10.1016/j.apal.2012.07.003.

[31]   George Berkeley. *The analyst; or, a discourse addressed to an infidel mathematician. Wherein it is examined whether the object, Principles, and inferences of the modern analysis are more distinctly conceived, or more evidently deduced, than religious mysteries and Points of Faith. By the author of The minute philosopher*. London: printed for J. Tonson in the Strand, 1734.

[32]   Allen R. Bernstein und Abraham Robinson. "Solution of an invariant subspace problem of K. T. Smith and P. R. Halmos". In: *Pacific Journal of Mathematics* 16.3 (1966), S. 421–431.

[33]   Martin Berz. "Calculus and Numerics on Levi-Civita Fields". In: *Computational Differentiation: Techniques, Applications, and Tools*. 1996, S. 19–37.

[34]   Jan Bezuidenhout. "Limits and continuity: some conceptions of first-year students". In: *International journal of mathematical education in science and technology* 32.4 (2001), S. 487–500. URL: https://doi.org/10.1080/00207390010022590.

[35]   Errett Bishop. "Book review: Elementary calculus". In: *Bull. Amer. Math. Soc* 83.2 (1977), S. 205–208.

[36]   Errett Bishop. *Foundations of constructive analysis*. Bd. 60. McGraw-Hill series in higher mathematics. New York u. a.: McGraw-Hill, 1967.

[37]   Errett Bishop. "The crisis in contemporary mathematics". In: *Historia Mathematica* 2.4 (1975), S. 507–517.

[38]   Errett Bishop und Douglas Bridges. *Constructive analysis*. Bd. 279. Grundlehren der mathematischen Wissenschaften, A Series of Comprehensive Studies in Mathematics. Berlin, Heidelberg: Springer, 1985. URL: https://doi.org/10.1007/978-3-642-61667-9.

[39]   Fabio C. M. Bosinelli. "Über Leibniz' Unendlichkeitstheorie". In: *Studia Leibnitiana 23*. 2 (1991), S. 151–169. URL: http://www.jstor.org/stable/40694174.

[40]   Emanuele Bottazzi und Mikhail G. Katz. "Infinite Lotteries, Spinners, Applicability of Hyperreals". In: *Philosophia Mathematica* 29.1 (Okt. 2020), S. 88–109. URL: https://doi.org/10.1093/philmat/nkaa032.

[41]   Emanuele Bottazzi und Mikhail G. Katz. "Internality, transfer, and infinitesimal modeling of infinite processes". In: *Philosophia Mathematica* 29.2 (Sep. 2020), S. 256–277. URL: https://doi.org/10.1093/philmat/nkaa033.

[42]   David Bressoud u. a. *Teaching and learning of calculus*. Cham: Springer Nature, 2016. URL: https://doi.org/10.1007/978-3-319-32975-8.

[43]   Georg Cantor. *Gesammelte Abhandlungen mathematischen und philosophischen Inhalts*. Hrsg. von Ernst Zermelo. Berlin, Heidelberg: Springer, 1932. URL: https://doi.org/10.1007/978-3-662-00274-2.

[44]   Georg Cantor. "Über die Ausdehnung eines Satzes aus der Theorie der trigonometrischen Reihen". In: *Mathematische Annalen* 5.1 (1872), S. 123–132. URL: https://doi.org/10.1007/BF01446327.

[45]   Chen Chung Chang und H. Jerome Keisler. *Model theory*. 3. Aufl. Bd. 73. Studies in logic and the foundations of mathematics. Amsterdam, New York: North-Holland Press, 1990.

[46] Chitat Chong u. a., Hrsg. *Infinity and Truth*. Bd. 25. Lecture Notes Series, Institute for Mathematical Sciences, National University of Singapore. World Scientific, 2014.

[47] Paul J. Cohen. "Comments on the foundations of set theory". In: *Axiomatic Set Theory, Part 1* ([178]). 1971, S. 9–15.

[48] Paul J. Cohen. *Set theory and the continuum hypothesis*. Reading, Mass., New York u. a.: Benjamin, 1966.

[49] Paul J. Cohen. "The independence of the continuum hypothesis". In: *Proceedings of the National Academy of Sciences of the United States of America* 50.1 (1963), S. 1143–1148.

[50] Paul J. Cohen. "The independence of the continuum hypothesis, II". In: *Proceedings of the National Academy of Sciences of the United States of America* 51.1 (1964), S. 105–110.

[51] Alain Connes. "Cyclic Cohomology, Noncommutative Geometry and Quantum Group Symmetries". In: *Dez*. 2003, S. 1–71. URL: https://doi.org/10.1007/978-3-540-39702-1_1.

[52] Bernard Cornu. "Limits". In: *Advanced mathematical thinking* ([197]). 1991, S. 153–166.

[53] Martin Davis. *Applied nonstandard analysis*. New York u. a.: Wiley, 1977.

[54] Philip J. Davis und Reuben Hersh. *Erfahrung Mathematik*. Basel: Birkhäuser, 1994. URL: https://doi.org/10.1007/978-3-0348-5040-7.

[55] Richard Dedekind. *Was sind und was sollen die Zahlen? Stetigkeit und Irrationale Zahlen*. Klassische Texte der Wissenschaft. Berlin: Springer Spektrum, 2017. URL: https://doi.org/10.1007/978-3-662-54339-9.

[56] Anton Deitmar. *Analysis*. 3. Aufl. Berlin, Heidelberg: Springer Spektrum, 2021. URL: https://doi.org/10.1007/978-3-662-62858-4.

[57] André Deledicq und Marc Diener. *Leçons de calcul infinitésimal*. Paris: Armand Colin, 1989.

[58] Francine Diener und Marc Diener, Hrsg. *Nonstandard Analysis in Practice*. Berlin, Heidelberg: Springer, 1995.

[59] Bruno Dinis und Imme van den Berg. *Neutrices and external numbers: A flexible number system*. Boca Raton: Chapman und Hall/CRC, 2019. URL: https://doi.org/10.1201/9780429291456.

[60] Kenny Easwaran. "Regularity and hyperreal credences". In: *Philosophical Review* 123.1 (2014), S. 1–41. URL: https://www.jstor.org/stable/44282331.

[61] Heinz-Dieter Ebbinghaus. *Einführung in die Mengenlehre*. 5. Aufl. Berlin, Heidelberg: Springer Spektrum, 2021. URL: https://doi.org/10.1007/978-3-662-63866-8.

[62] Heinz-Dieter Ebbinghaus, *Jörg Flum und Wolfgang Thomas. Einführung in die mathematische Logik*. 6. Aufl. Springer Spektrum, 2018. URL: https://doi.org/10.1007/978-3-662-58029-5.

[63] Heinz-Dieter Ebbinghaus u. a. *Zahlen*. 3. Aufl. Berlin, Heidelberg: Springer, 1992. URL: https://doi.org/10.1007/978-3-642-58155-7.

[64] Philip Ehrlich. "The absolute arithmetic continuum and the unification of all numbers great and small". In: *Bulletin of Symbolic Logic* 18.1 (2012), S. 1–45. URL: https://doi.org/10.2178/bsl/1327328438.

[65] Philip Ehrlich. "The Rise of non-Archimedean Mathematics and the Roots of a Misconception I: The Emergence of non-Archimedean Systems of Magnitudes". In: *Archive for History of Exact Sciences* 60 (2006), S. 1–121. URL: https://doi.org/10.1007/s00407-005-0102-4.

[66] Robert Ely. "Nonstandard student conceptions about infinitesimals". In: *Journal for Research in Mathematics Education* 41.2 (2010), S. 117–146. URL: https://www.jstor.org/stable/20720128.

[67] Robert Ely. *Student Obstacles and Historical Obstacles to Foundational Concepts of Calculus*. University of Wisconsin–Madison, 2007. URL: https://hdl.handle.net/2027/wu.89097475107.

[68] Robert Ely. "Teaching calculus with infinitesimals and differentials". In: *ZDM Mathematics Education* 53 (2020), S. 591–604. URL: https://doi.org/10.1007/s11858-020-01194-2.

[69] Euklid. *Die Elemente: Buch I-XIII. Nach Heibergs Text aus dem Griechischen übersetzt und herausgegeben von Clemens Thaer*. Darmstadt: Wissenschaftliche Buchgesellschaft, 1975.

[70] Peter Fletcher u. a. "Approaches to analysis with infinitesimals following Robinson, Nelson, and others". In: *Real Analysis Exchange* 42.2 (2017), S. 193–252. URL: https://doi.org/10.14321/realanalexch.42.2.0193.

[71]   Otto Forster. *Analysis 1*. 4. Aufl. Braunschweig, Wiesbaden: Friedr. Vieweg & Sohn, 1983.

[72]   Otto Forster. *Analysis 1*. 12. Aufl. Wiesbaden: Springer Spektrum, 2016.

[73]   Abraham Adolf Fraenkel. *Einleitung in die Mengenlehre*. 3. Aufl. Bd. 9. Die Grundlehren
         der Mathematischen Wissenschaften in Einzeldarstellungen mit besonderer
         Berücksichtigung der Anwendungsgebiete. Berlin, Heidelberg: Springer, 1928. URL:
         https://doi.org/10.1007/978-3-662-42029-4.

[74]   Harvey Friedman. "Some systems of second order arithmetic and their use". In: *Proceedings of the
         international congress of mathematicians (Vancouver, BC, 1974)*. Bd. 1. Citeseer. 1975, S. 235–242.

[75]   Carl Immanuel Gerhardt, Hrsg. *Die philosophischen Schriften von Gottfried Wilhelm Leibniz*. Berlin:
         Weidmann, 1875–1890.

[76]   Victoria Gitman und Joel David Hamkins. "A Natural Model of the Multiverse Axioms". In: *Notre Dame
         Journal of Formal Logic* 51.4 (2010), S. 475–484. URL: https://doi.org/10.1215/00294527-2010-030.

[77]   Kurt Gödel. "Consistency-proof for the generalized continuum-hypothesis". In: *Proc. Nat. Acad. Sci.* 25
         (1939), S. 220–224.

[78]   Kurt Gödel. "Russell's mathematical logic". In: *The philosophy of Bertrand Russell*. Hrsg. von Paul
         Arthur Schilpp. Evanstown: Northwestern University, 1944, S. 123–153.

[79]   Kurt Gödel. "The consistency of the axiom of choice and the generalized continuum hypothesis". In:
         Proc. Nat. Acad. Sci. 24 (1938), S. 556–557.

[80]   Kurt Gödel. *The consistency of the continuum hypothesis*. Annals of Mathematics Studies No. 3.
         Princeton, N. J.: Princeton University Press, 1940.

[81]   Kurt Gödel. "Über eine bisher noch nicht benützte Erweiterung des finiten Standpunktes". In:
         Dialectica 12.3–4 (1958), S. 280–287.

[82]   Robert Goldblatt. *Lectures on the Hyperreals: An Introduction to Nonstandard Analysis*.
         Bd. 188. Graduate Texts in Mathematics. New York, NY: Springer, 1998. URL:
         https://doi.org/10.1007/978-1-4612-0615-6.

[83]   Ursula Goldenbaum und Douglas Jesseph, Hrsg. *Infinitesimal differences: Controversies between Leibniz
         and his contemporaries*. Berlin, New York: Walter de Gruyter, 2008.

[84]   Daniel Grieser. *Analysis I: Eine Einführung in die Mathematik des Kontinuums*. Wiesbaden: Springer
         Spektrum, 2015. URL: https://doi.org/10.1007/978-3-658-05947-7.

[85]   Joel David Hamkins. "Are we correct in thinking we have an absolute concept of the finite?" In:
         Infinity and Truth ([46]). 2014, S. 230–231.

[86]   Joel David Hamkins. "The set-theoretic multiverse". In: *The Review of Symbolic Logic* 5.3 (2012),
         S. 416–449. URL: https://doi.org/10.1017/S1755020311000359.

[87]   James M. Henle. "Non-nonstandard analysis: real infinitesimals". In: *The Mathematical Intelligencer*
         21.1 (1999), S. 67–73.

[88]   James M. Henle und Eugene M. Kleinberg. *Infinitesimal calculus*. Cambridge, MA: MIT Press, 1979.

[89]   C. Ward Henson. "Foundations of nonstandard analysis". In: *Nonstandard analysis* (siehe [6]).
         Springer, 1997, S. 1–50.

[90]   C. Ward Henson. "The isomorphism property in nonstandard analysis and its use in the
         theory of Banach spaces". In: *The Journal of Symbolic Logic* 39.4 (1974), S. 717–731. URL:
         https://doi.org/10.2307/2272856.

[91]   Luz Marina Hernandez und Jorge M. Lopez Fernandez. "Teaching Calculus with Infinitesimals: New
         Perspectives". In: *The Mathematics Enthusiast* 15.3 (2018), S. 371–390. URL: https://scholarworks.umt.
         edu/tme/vol15/iss3/2.

[92]   Harro Heuser. *Lehrbuch der Analysis Teil 1*. 17. Aufl. Wiesbaden: Vieweg+Teubner, 2009.

[93]   Harro Heuser. *Lehrbuch der Analysis Teil 2*. 14. Aufl. Wiesbaden: Vieweg+Teubner, 2008.

[94]   Arend Heyting. "Die formalen Regeln der intuitionistischen Logik". In: *Sitzungsbericht Preußische
         Akademie der Wissenschaften Berlin, physikalisch-mathematisch Klasse II* (1930), S. 42–56.

[95]   David Hilbert. "Über das Unendliche". In: *Mathematische Annalen* 95.1 (1926), S. 161–190. URL:
         https://doi.org/10.1007/BF01206605.

[96]   David Hilbert. "Über den Zahlbegriff". In: *Jahresberichte der DMV* 8 (1900).

[97]   Joram Hirschfeld. "The Nonstandard Treatment of Hilbert's Fifth Problem". In: *Transactions of the American Mathematical Society* 321.1 (1990), S. 379–400. URL: https://doi.org/10.2307/2001608.

[98]   Paul Howard und Jean E. Rubin. *Consequences of the Axiom of Choice*. Bd. 59. Mathematical surveys and monographs. Providence, RI: American Mathematical Society, 1998.

[99]   Karel Hrbaček. "Axiom of Choice in nonstandard set theory". In: *Journal of Logic and Analysis* 4.8 (Apr. 2012), S. 1–9. URL: https://doi.org/10.4115/jla.2012.4.8.

[100] Karel Hrbaček. "Axiomatic foundations for nonstandard analysis". In: *Fundamenta Math.* 98 (1978), S. 1–19.

[101] Karel Hrbaček. "Relative set theory: Internal view". In: *Journal of Logic and Analysis* 1.8 (2009), S. 1–108. URL: https://doi.org/10.4115/jla.2009.1.8.

[102] Karel Hrbaček. "Relative set theory: Some external issues". In: *Journal of Logic and Analysis* 2.8 (2010), S. 1–37. URL: https://doi.org/10.4115/jla.2010.2.8.

[103] Karel Hrbaček und Mikhail G. Katz. "Infinitesimal analysis without the axiom of choice". In: *Annals of Pure and Applied Logic* 172.6 (2021), S. 102959. URL: https://doi.org/10.1016/j.apal.2021.102959.

[104] Karel Hrbaček, Olivier Lessmann und Richard O'Donovan. *Analysis with ultrasmall numbers*. Boca Raton, London, New York: Chapman-Hall/CRC Press, 2014.

[105] Hans Niels Jahnke, Hrsg. *Geschichte der Analysis*. Heidelberg, Berlin: Spektrum Akademischer Verlag, 1999.

[106] Thomas J. Jech. *Set theory*. 3. Aufl. Berlin. Heidelberg: Springer, 2003. URL: https://doi.org/10.1007/3-540-44761-X.

[107] Thomas J. Jech. *The axiom of choice*. Bd. 75. Studies in logic and the foundations of mathematics. Amsterdam u. a.: North-Holland Publ. Co., 1973.

[108] Vladimir Kanovei, Mikhail G. Katz und Thomas Mormann. "Tools, objects, and chimeras: Connes on the role of hyperreals in mathematics". In: *Foundations of Science* 18.2 (2013), S. 259–296. URL: https://doi.org/10.1007/s10699-012-9316-5.

[109] Vladimir Kanovei und Michael Reeken. *Nonstandard Analysis: Axiomatically*. Berlin, Heidelberg, New York: Springer-Verlag, 2004.

[110] Vladimir Kanovei und Saharon Shelah. "A definable nonstandard model of the reals". In: *The Journal of Symbolic Logic* 69.1 (2004), S. 159–164. URL: https://doi.org/10.2178/jsl/1080938834.

[111] Vladimir G. Kanovei. "Undecidable hypotheses in Edward Nelson's internal set theory". In: *Russian Mathematical Surveys* 46.6 (1991), S. 1–54. URL: https://doi.org/10.1070/RM1991v046n06ABEH002870.

[112] Mikhail G. Katz und Luie Polev. "From Pythagoreans and Weierstrassians to True Infinitesimal Calculus". In: *Journal of Humanistic Mathematics* 7.1 (2017), S. 87–104. URL: https://doi.org/10.5642/jhummath.201701.07.

[113] Mikhail G. Katz u. a. "Two-track depictions of Leibniz's fictions". In: *The Mathematical Intelligencer* 44.3 (2022), S. 261–266.

[114] H. Jerome Keisler. *Elementary Calculus – An Infinitesimal Approach*. 1. Aufl. Boston, Massachusetts: Prindle, Weber & Schmidt, 1976.

[115] H. Jerome Keisler. *Elementary Calculus – An Infinitesimal Approach*. 3. Aufl. Dover Publications Inc., 2012.

[116] H. Jerome Keisler. *Elementary Calculus: An Infinitesimal Approach*. Madison: University of Wisconsin, 2012. URL: https://people.math.wisc.edu/~keisler/calc.html (besucht am 21.08.2021).

[117] H. Jerome Keisler. *Foundations Of Elementary Calculus*. Madison: University of Wisconsin, 2007. URL: https://people.math.wisc.edu/~keisler/foundations.html (besucht am 21.08.2021).

[118] Hans-Heinrich Körle. *Die phantastische Geschichte der Analysis: Ihre Probleme und Methoden seit Demokrit und Archimedes. Dazu die Grundbegriffe von heute*. 2. Aufl. Oldenbourg Wissenschaftsverlag, 2012. URL: https://doi.org/10.1524/9783486716252.

[119] Karl Kuhlemann. *Der Untergang von Mathemagika: ein Roman über eine Welt jenseits unserer Vorstellung*. Springer-Verlag, 2015.

[120] Karl Kuhlemann. "Nichtstandard in der elementaren Analysis. Mathematische, logische, philosophische und didaktische Studien zur Bedeutung der Nichtstandardanalysis in der Lehre". Dissertation. Gottfried Wilhelm Leibniz Universität Hannover, 2022. URL: https://doi.org/10.15488/12105.

[121] Karl Kuhlemann. "Über die Technik der infiniten Vergrößerung und ihre mathematische Rechtfertigung". In: *Siegener Beiträge zur Geschichte und Philosophie der Mathematik*. Hrsg. von Ralf Krömer und Gregor Nickel. Bd. 10. 2018, S. 47–65. URL: https://nbn-resolving.org/urn:nbn:de:hbz: 467-14260.

[122] Konrad Königsberger. *Analysis 1*. 6. Aufl. Berlin, Heidelberg: Springer-Verlag, 2004.

[123] Dieter Landers und Lothar Rogge. *Nichtstandard Analysis*. Berlin Heidelberg: Springer, 1994.

[124] Detlef Laugwitz. *Infinitesimalkalkül: Eine elementare Einführung in die Nichtstandard-Analysis*. Mannheim, Wien, Zürich: Bibliographisches Institut, 1978.

[125] Detlef Laugwitz. *Zahlen und Kontinuum*. Mannheim, Wien, Zürich: Bibliographisches Institut, 1986.

[126] F. William Lawvere. "Categorical dynamics". In: *Topos theoretic methods in geometry*. Hrsg. von Anders Kock. Bd. 30. Various publications series. Mathematisk Institut, Aarhus Universitet, 1979, S. 1–28.

[127] F. William Lawvere. "Toward the description in a smooth topos of the dynamically possible motions and deformations of a continuous body". In: *Cahiers de topologie et géométrie différentielle catégoriques* 21.4 (1980), S. 377–392. URL: http://www.numdam.org/article/CTGDC_1980__21_4_377_0. pdf (besucht am 22.08.2021).

[128] Gottfried Wilhelm Leibniz. *Brief an l'Hospital vom 14./24. Juni 1695*. A.III, 6, N. 135. 1695.

[129] Gottfried Wilhelm Leibniz. *Brief an Pinsson Ende September 1701*. A.I, 20, N. 290. 1701.

[130] Gottfried Wilhelm Leibniz. *Brief an Samuel Masson*. in [75], Bd. VI, S. 624–629. 1716.

[131] Gottfried Wilhelm Leibniz. *Brief an Varignon vom 2. Februar 1702*. A.III, 9, N. 5. 1702.

[132] Gottfried Wilhelm Leibniz. *Brief an Varignon vom 20. Juni 1702*. A.III, 9, N. 35. 1702.

[133] Gottfried Wilhelm Leibniz. *De quadratura arithmetica circuli ellipseos et hyperbolae*. Hrsg. von Eberhard Knobloch. Berlin, Heidelberg: Springer Spektrum, 2016. URL: https://doi.org/10.1007/978-3-662-52803-7.

[134] Gottfried Wilhelm Leibniz. *Gottfried Wilhelm Leibniz: Die mathematischen Zeitschriftenartikel*. Hrsg. von Hans-Jürgen Heß und Malte-Ludof Babin. Hildesheim, Zürich, New York: Georg Olms Verlag, 2011.

[135] Gottfried Wilhelm Leibniz. *Leibniz-Edition, Akademie-Ausgabe. Sämtliche Schriften und Briefe*. Zitiert als A.Reihe, Band, Nummer (zum Beispiel A.III, 9, N. 4). 1923–. URL: https://leibnizedition.de.

[136] Wilfried Lingenberg. *Nichtstandardanalysis für die Schule*. 2. Aufl. Books on Demand, 2023. URL: https://www.bod.de/buchshop/nichtstandardanalysis-fuer-die-schule-wilfried-lingenberg-9783757847111.

[137] Peter A. Loeb und Manfred P. H. Wolff. *Nonstandard Analysis for the Working Mathematician*. 2. Aufl. Dordrecht u. a.: Springer, 2015. URL: https://doi.org/10.1007/978-94-017-7327-0.

[138] Paul Lorenzen. *Differential und Integral: eine konstruktive Einführung in die klassische Analysis*. Frankfurt am Main: Akademische Verlagsgesellschaft, 1965.

[139] Robert Lutz und Michel Goze. *Nonstandard Analysis: A Practical Guide with Applications*. Bd. 881. Lecture Notes in Mathematics. Berlin, Heidelberg, New York: Springer, 1981. URL: https://doi.org/10.1007/BFb0093397.

[140] Moshe Machover. "The place of nonstandard analysis in mathematics and in mathematics teaching". In: *The British journal for the philosophy of science* 44.2 (1993), S. 205–212. URL: https://doi.org/10.1093/bjps/44.2.205.

[141] Penelope Maddy. *Naturalism in mathematics*. Oxford: Clarendon Press, 1997.

[142] Penelope Maddy. *Realism in mathematics*. Oxford: Clarendon Press, 1990.

[143] Penelope Maddy u. a. *Second philosophy: A naturalistic method*. Oxford u. a.: Oxford University Press, 2007.

[144] Klaus Mainzer. "Natürliche, ganze und rationale Zahlen". In: *Zahlen* ([63]). Berlin, Heidelberg: Springer, 1988, S. 9–22.

[145] Klaus Mainzer. "Reelle Zahlen". In: *Zahlen* ([63]). Berlin, Heidelberg: Springer, 1988, S. 23–44.

[146] Philipp Mayring. *Qualitative Inhaltsanalyse*. 12. Aufl. Weinheim, Basel: Beltz Verlag, 2015.

[147] Herbert Meschkowski. "Aus den Briefbüchern Georg Cantors". In: *Archive for History of Exact Sciences* 2.6 (1965), S. 503–519. URL: https://doi.org/10.1007/BF00324881.

[148] John Stuart Mill. *A system of logic, ratiocinative and inductive: Being a connected view of the principles of evidence and the methods of scientific investigation*. London: Longmans, Green, Reader, and Dyer, 1875. URL: https://nl.sub.uni-goettingen.de/volumes/id/F101006848.

[149] James Donald Monk. *Mathematical logic*. Bd. 37. Graduate Texts in Mathematics. New York, Heidelberg, Berlin: Springer-Verlag, 1976. URL: https://doi.org/10.1007/978-1-4684-9452-5.

[150] Gregory H. Moore. *Zermelo's axiom of choice: Its origins, development, and influence*. New York, Heidelberg, Berlin: Springer-Verlag, 1982. URL: https://doi.org/10.1007/978-1-4613-9478-5.

[151] Roman Murawski. "On the Philosophical Meaning of Reverse Mathematics". In: *Philosophie der Mathematik: Akten des 15. Internationalen Wittgenstein-Symposiums: 16. bis 23. August 1992, Kirchberg am Wechsel (Österreich)*. Bd. 1. Wien: Hölder-Pichler-Tempsky, 1993, S. 173–184.

[152] Edward Nelson. *Hilbert's Mistake*. 2007. URL: www.math.princeton.edu/~nelson/papers/hm.pdf (besucht am 25.08.2021).

[153] Edward Nelson. "Internal Set Theory: A New Approach to Nonstandard Analysis". In: *Bulletin of the American Mathematical Society* 83.6 (1977), S. 1165–1198.

[154] Edward Nelson. *Predicative Arithmetic*. Bd. 32. Mathematical notes. Princeton, NJ u. a.: Princeton University Press, 1986.

[155] Edward Nelson. *Radically elementary probability theory, Annals of mathematics studies*. Bd. 117. Annals of Mathematics Studies. Princeton, NJ u. a.: Princeton University Press, 1987. URL: https://doi.org/10.1515/9781400882144.

[156] Michael Oehrtman. "Collapsing dimensions, physical limitation, and other student metaphors for limit concepts". In: *Journal for Research in Mathematics Education* 40.4 (2009), S. 396–426. URL: https://www.jstor.org/stable/40539345.

[157] Michael Oehrtman, Craig Swinyard und Jason Martin. "Problems and solutions in students' reinvention of a definition for sequence convergence". In: *The Journal of Mathematical Behavior* 33 (2014), S. 131–148. URL: https://doi.org/10.1016/j.jmathb.2013.11.006.

[158] Erik Palmgren. "A sheaf-theoretic foundation for nonstandard analysis". In: *Annals of Pure and Applied Logic* 85.1 (1997), S. 69–86.

[159] Erik Palmgren. "Developments in constructive nonstandard analysis". In: *Bulletin of Symbolic Logic* (1998), S. 233–272. URL: https://www.jstor.org/stable/421031.

[160] Matthew W. Parker. "Symmetry arguments against regular probability: A reply to recent objections". In: *European Journal for Philosophy of Science* 9.1 (2019), S. 1–21.

[161] Yves Péraire. "Théorie relative des ensembles internes". In: *Osaka Journal of Mathematics* 29.2 (1992), S. 267–297.

[162] Siegmund Probst. "Indivisibles and Infinitesimals in Early Mathematical Texts of Leibniz". In: *Infinitesimal Differences: Controversies between Leibniz and his Contemporaries* ([83]). Hrsg. von Ursula Goldenbaum und Douglas Jesseph. Berlin, New York: Walter de Gruyter, 2008, S. 95–106. URL: https://doi.org/10.1515/9783110211863.95.

[163] Alexander R. Pruss. "Infinitesimals are too small for countably infinite fair lotteries". In: *Synthese* 191.6 (2014), S. 1051–1057. URL: https://doi.org/10.1007/s11229-013-0307-z.

[164] Alexander R. Pruss. "Underdetermination of infinitesimal probabilities". In: *Synthese* 198.1 (2021), S. 777–799. URL: https://doi.org/10.1007/s11229-018-02064-x.

[165] Walter Purkert. "Infinitesimalrechnung für Ingenieure—Kontroversen im 19. Jahrhundert". In: *Rechnen mit dem Unendlichen* ([192]). Springer, 1990, S. 179–192.

[166] Hilary Putnam. "What is mathematical truth?" In: *Historia Mathematica* 2.4 (1975), S. 529–533. URL: https://doi.org/10.1016/0315-0860(75)90116-0.

[167] David Rabouin und Richard T. W. Arthur. "Leibniz's syncategorematic infinitesimals II: their existence, their use and their role in the justification of the differential calculus". In: *Archive for History of Exact Sciences* 74 (2020), S. 401–443. URL: https://doi.org/10.1007/s00407-020-00249-w.

[168] Alain M. Robert. *Nonstandard Analysis*. New York u. a.: John Wiley & Sons, 1988.
[169] Abraham Robinson. "Formalism 64". In: *Logic, methodology and philosophy of science: proceedings of the 1964 international congress, held at the Hebrew University of Jerusalem, Israel, from August 26 to September 2, 1964*. Amsterdam u. a.: North-Holland, 1965, S. 228–246.
[170] Abraham Robinson. "Non-standard analysis". In: *Indagationes Mathematicae* 23 (1961), S. 432–440.
[171] Abraham Robinson. *Non-standard analysis*. Studies in logic and the foundations of mathematics. Amsterdam: North-Holland Pub. Co., 1966.
[172] Abraham Robinson. *Non-standard analysis*. 2. Aufl. Studies in logic and the foundations of mathematics. Amsterdam: North-Holland Pub. Co., 1974.
[173] Abraham Robinson und Elias Zakon. "A set-theoretical characterization of enlargements". In: *Applications of model theory to algebra, analysis and probability (Proceedings of the 1967 International Symposium, California Institute of Technology)*. Hrsg. von Wilhelmus Anthonius Josephus Luxemburg. New York u. a.: Holt, Rinehart and Winston, 1969, S. 109–122.
[174] Walter Rudin. *Principles of mathematical analysis*. 3. Aufl. New York u. a.: McGraw-Hill, 1976.
[175] Sam Sanders. "The unreasonable effectiveness of Nonstandard Analysis". In: *Journal of Logic and Computation* 30.1 (2020), S. 459–524. URL: https://doi.org/10.1093/logcom/exaa019.
[176] Curt Schmieden und Detlef Laugwitz. "Eine Erweiterung der Infinitesimalrechnung". In: *Math. Zeitschr.* 69 (1958), S. 1–39. URL: https://doi.org/10.1007/BF01187391.
[177] Walter Schnitzspan. "Konstruktive Nonstandard-Analysis". Diss. Technische Hochschule Darmstadt, 1976.
[178] Dana S. Scott und Thomas J. Jech, Hrsg. *Axiomatic Set Theory, Part 1*. Bd. 13, 1. Proceedings of symposia in pure mathematics. Providence, RI: American Mathematical Society, 1971.
[179] John Selden und Annie Selden. "Unpacking the logic of mathematical statements". In: *Educational Studies in Mathematics* 29.2 (1995), S. 123–151.
[180] Stewart Shapiro. *Philosophy of mathematics: Structure and ontology*. Oxford u. a.: Oxford University Press, 1997.
[181] Joseph R. Shoenfield. *Mathematical logic*. Boca Raton, London, New York: CRC Press, 1967. URL: https://doi.org/10.1201/9780203749456.
[182] Stephen G. Simpson. *Potential versus actual infinity: insights from reverse mathematics*. Annual Logic Lecture, Group in Philosophical and Mathematical Logic, University of Connecticut, April 1–3, 2015. 2015. URL: http://www.personal.psu.edu/t20/talks/uconn1504/talk.pdf (besucht am 28.08.2021).
[183] Stephen G. Simpson, Hrsg. *Reverse mathematics 2001*. Bd. 21. Lecture notes in logic. Cambridge: Cambridge University Press, 2016. URL: https://doi.org/10.1017/9781316755846.
[184] Stephen G. Simpson. *Subsystems of second order arithmetic*. 2. Aufl. Cambridge: Cambridge University Press, 2009. URL: https://doi.org/10.1017/CBO9780511581007.
[185] Stephen G. Simpson. "Toward objectivity in mathematics". In: *Infinity and Truth* ([46]). World Scientific, 2014, S. 157–169.
[186] Thoralf Skolem. *Begründung der elementaren Arithmetik durch die rekurrierende Denkweise ohne Anwendung scheinbarer Veränderlichen mit unendlichem Ausdehnungsbereich*. Videnskapsselskapets Skrifter. 1. Mat.-Naturv. Klasse. 1923. No. 6. Kristiania: Jacob Dybwad, 1923.
[187] Thoralf Skolem. "Über die Nicht-charakterisierbarkeit der Zahlenreihe mittels endlich oder abzählbar unendlich vieler Aussagen mit ausschliesslich Zahlenvariablen". In: *Fundamenta mathematicae* 23.1 (1934), S. 150–161.
[188] Robert M. Solovay. "A model of set-theory in which every set of reals is Lebesgue measurable". In: *Annals of Mathematics* 92.1 (1970), S. 1–56. URL: https://www.jstor.org/stable/1970696.
[189] Thomas Sonar. *3000 Jahre Analysis: Geschichte – Kulturen – Menschen*. 2. Aufl. Berlin, Heidelberg: Springer Spektrum, 2016. URL: https://doi.org/10.1007/978-3-662-48918-5.
[190] Detlef D. Spalt. *Die Analysis im Wandel und Widerstreit*. Freiburg, München: Karl Alber, 2015.
[191] Detlef D. Spalt. *Eine kurze Geschichte der Analysis: für Mathematiker und Philosophen*. Berlin: Springer Spektrum, 2019. URL: https://doi.org/10.1007/978-3-662-57816-2.

[192] Detlef D. Spalt. *Rechnen mit dem Unendlichen: Beiträge zur Entwicklung eines kontroversen Gegenstandes*. Basel, Boston Berlin: Birkhäuser, 1990. URL: https://doi.org/10.1007/978-3-0348-5242-5.

[193] Kathleen Sullivan. "The teaching of elementary calculus using the nonstandard analysis approach". In: *The American Mathematical Monthly* 83.5 (1976), S. 370–375. URL: https://doi.org/10.1080/00029890.1976.11994130.

[194] Craig Swinyard. "Reinventing the formal definition of limit: The case of Amy and Mike". In: *The Journal of Mathematical Behavior* 30.2 (2011), S. 93–114. URL: https://doi.org/10.1016/j.jmathb.2011.01.001.

[195] Craig Swinyard und Sean Larsen. "Coming to understand the formal definition of limit: Insights gained from engaging students in reinvention". In: *Journal for Research in Mathematics Education* 43.4 (2012), S. 465–493. URL: https://doi.org/10.5951/jresematheduc.43.4.0465.

[196] William W. Tait. "Finitism". In: *The Journal of Philosophy* 78.9 (1981), S. 524–546. URL: https://www.jstor.org/stable/2026089.

[197] David O. Tall, Hrsg. *Advanced mathematical thinking*. Bd. 11. Mathematics Education Library. New York, Dordrecht, London: Kluwer Academic Publishers, 1991.

[198] David O. Tall. "Inconsistencies in the learning of calculus and analysis". In: *Focus on Learning Problems in mathematics* 12.3 & 4 (1990), S. 49–63. URL: http://homepages.warwick.ac.uk/staff/David.Tall/pdfs/dot1990b-inconsist-focus.pdf (besucht am 29.08.2021).

[199] David O. Tall. *Intuitive infinitesimals in the calculus*. Poster presented at the Fourth International Congress on Mathematical Education, Berkeley, 1980, with abstract appearing in Abstracts of short communications, page C5. 1980. URL: http://homepages.warwick.ac.uk/staff/David.Tall/pdfs/dot1980c-intuitive-infls.pdf (besucht am 29.08.2021).

[200] David O. Tall. "Looking at graphs through infinitesimal microscopes, windows and telescopes". In: *The Mathematical Gazette* 64.427 (1980), S. 22–49. URL: https://www.jstor.org/stable/3615886.

[201] David O. Tall und Shlomo Vinner. "Concept image and concept definition in mathematics with particular reference to limits and continuity". In: *Educational Studies in Mathematics* 12.2 (1981), S. 151–169. URL: https://doi.org/10.1007/BF00305619.

[202] Terence Tao. *A cheap version of nonstandard analysis*. 2012. URL: https://terrytao.wordpress.com/2012/04/02/a-cheap-version-of-nonstandard-analysis/ (besucht am 03.04.2021).

[203] Terence Tao. *Hilbert's fifth problem and related topics*. Bd. 153. Graduate Studies in Mathematics. Providence, Rhode Island: American Mathematical Society, 2014.

[204] Alfred Tarski. *Einführung in die mathematische Logik und die Methodologie der Mathematik*. Wien: Julius Springer, 1937. URL: https://doi.org/10.1007/978-3-7091-5928-6.

[205] Grzegorz Tomkowicz und Stan Wagon. *The Banach-Tarski Paradox*. Bd. 163. Encyclopedia of mathematics and its applications. Cambridge, New York: Cambridge University Press, 2016. URL: https://doi.org/10.1017/CBO9781107337145.

[206] Rebecca Vinsonhaler. "Teaching calculus with infinitesimals". In: *Journal of Humanistic Mathematics* 6.1 (2016), S. 249–276. URL: https://scholarship.claremont.edu/jhm/vol6/iss1/17.

[207] Petr Vopěnka. *Mathematics in Alernative Set Theory*. Leipzig: Teubner, 1979.

[208] Martin Väth. *Nonstandard Analysis*. Basel, Bosten, Berlin: Birkhäuser Verlag, 2007.

[209] Frank Wattenberg. "Unterricht im Infinitesimalkalkül: Erfahrungen in den USA". In: *MU. Der Mathematikunterricht* 4.83 (1983), S. 7–36.

[210] Hermann Weyl. "Über die neue Grundlagenkrise der Mathematik". In: *Mathematische Zeitschrift* 10.1–2 (1921), S. 39–79. URL: https://doi.org/10.1007/BF02102305.

[211] Torsten Wilholt. *Zahl und Wirklichkeit: eine philosophische Untersuchung über die Anwendbarkeit der Mathematik*. Paderborn: mentis, 2004.

[212] Timothy Williamson. "How probable is an infinite sequence of heads?" In: *Analysis* 67.3 (2007), S. 173–180. URL: https://doi.org/10.1093/analys/67.3.173.

[213] W. Hugh Woodin. "In Search of Ultimate-L the 19th Midrasha Mathematicae Lectures". In: *Bulletin of symbolic logic* 23.1 (2017), S. 1–109. URL: http://nrs.harvard.edu/urn-3:HUL.InstRepos:34649600.

Stichwortverzeichnis

https://doi.org/10.1515/9783111229027-009

www.ingramcontent.com/pod-product-compliance
Lightning Source LLC
Chambersburg PA
CBHW061408210326
41598CB00035B/6136